玩到极致 The New iPad 完全攻略

许曙宏 编著

人民邮电出版社
北 京

图书在版编目（C I P）数据

玩到极致The New iPad完全攻略 / 许曙宏编著. --
北京 : 人民邮电出版社, 2012.5
ISBN 978-7-115-27811-1

Ⅰ. ①玩… Ⅱ. ①许… Ⅲ. ①便携式计算机－基本知
识 Ⅳ. ①TP368.32

中国版本图书馆CIP数据核字(2012)第048756号

内 容 提 要

iPad 的“好玩”是众所周知的，如今全新 iPad 面市，分辨率更高的屏幕和更多的无线网络支持，使得 iPad 无论是玩游戏、看影视、用网络，还是阅读、学习、日常办公，所有的体验都更加“好看”了。

本书共 5 章。第 1 章，告诉你全新 iPad 的方方面面；第 2 章，讲解 iPad 激活、iTunes 和 Apple ID 相关知识；第 3 章，详细介绍全新 iPad 的“革命性”功能和操作技巧，特别是最新的 iOS 5 和 iCloud 内容，特别适合刚入手全新 iPad 的用户；第 4 章，详解从 App Store 中精选的 20 多款生活、工作、娱乐、旅游、理财等应用程序，一尝 iPad 应用程序的“鲜”；第 5 章是 iPad 玩家的秘密，第一次全方位讲解与 iPad“越狱”的相关各种术语、知识、技巧和工具，数十款 Cydia 程序推荐，更让你的 iPad 突破极限。

如果你爱玩全新 iPad，喜欢钻研各种使用方法，又喜欢挑战各种可能，那本书就非常适合你。

玩到极致 The New iPad 完全攻略

◆ 编　　著　许曙宏
　责任编辑　孟　飞
◆ 人民邮电出版社出版发行　　北京市崇文区夕照寺街 14 号
　邮编　100061　　电子邮件　315@ptpress.com.cn
　网址　http://www.ptpress.com.cn
　北京画中画印刷有限公司印刷
◆ 开本：880×1230　1/24
　印张：16.167
　字数：515 千字　　　　2012 年 5 月第 1 版
　印数：1- 4 000 册　　　2012 年 5 月北京第 1 次印刷

ISBN 978-7-115-27811-1

定价：59.00 元

读者服务热线：(010) 67132692　印装质量热线：(010) 67129223
反盗版热线：(010) 67171154

谨以此书献给

折腾

的男男女女

序

全新 iPad，带来的可以想“见”的未来。

北京时间 2012 年 3 月 8 日，全新 iPad 发布。不叫 iPad 3，也不叫 iPad HD，更不叫 iPad 2S。从图片和视频上看去，似乎全新 iPad 与 iPad 2 完全一样。不过一旦全新 iPad 放到你的手上，你马上就能发现它巨大的变化：屏幕，全新的 Retina 屏幕。

全新 iPad 配备了分辨率高达 2048 × 1536 的超高像素密度的液晶屏，即苹果公司所说的 Retina 屏幕。这种屏幕从 iPhone 4 开始，逐渐让世人领略了其无以伦比的画面显示，几乎看不到常见的像素颗粒高清效果。如今，这种效果也将放在全新 iPad 那 9.7 英寸的屏幕上。

由此，全新iPad，带来了很多可以想“见”的未来。

1. 就文字效果而言，人们发现iPad上的书籍已经比绝大多数印刷图书还要精美；
2. iPad电子画册中的图片质量，好像比市面上彩页时尚杂志还要清晰；
3. iPad上绝大多数应用程序的界面，比其他任何平台上的效果都要细腻；
4. 哪怕是1080p，大小超过9G的高清视频，在iPad上播放也绰绰有余；
5. 通过iPad摄像头拍摄的1080p高清视频，可以轻松地在iPad上编辑；
6. iPad摄像头拍摄的照片，即使满屏显示，也有足够绚丽而清晰的细节；
7. 我们甚至能在iPad上创作出色彩极其丰富、细节极其繁复的画面效果；
8. 就算是三维游戏，iPad平台上的画面效果，也似乎比其他平台要高出一筹；

……

当然，全新 iPad 仍然“There is more than meets the eye”（远非所见那么简单），更强的图形处理器、更大容量的电池、更快速的无线网络支持、更流畅的 iOS 操作界面等，都是值得亲自尝试的。

Contents 目录

第1章 iPad 全新视界

第2章　iPad 上手指南

第3章　iPad 轻松玩转

第4章　iPad 程序精选

第5章　iPad 越狱篇

"求知若饥，虚心若愚。"

"Stay hungry, Stay foolish."

1 iPad 全新视界

全新iPad具有“革命性”的升级吗？期待已久的Retina屏幕这次真的来了，这使得全新iPad的用户可以看到更清晰的，在其上呈现的内容，无论是网页、图片、视频、程序还是游戏。不得不承认，iPad再次站在了行业最前沿。

我们只是对我们所做的事情充满热情。

——史蒂夫·乔布斯

全新iPad

又一次改变一切了吗

北京时间2012年3月8日凌晨，全新iPad（The new iPad）发布。这是Apple公司新任CEO蒂姆·库克（Tim Cook）第1次发布iPad。

这次新的iPad命名，并没有用大家原先以为的“iPad 3”或者“iPad HD”，而直接就叫iPad。这样iPad与苹果公司的Mac（个人电脑）和iPod（音乐播放器）系列产品，有了一致的命名规则，配置更新，但名称不变。估计今后更新的iPad，也仍然是“iPad”。

全新iPad，看上去似乎与iPad 2一样，尺寸、厚度、颜色等。同样，全新iPad也提供了黑、白两个版本可供选择。

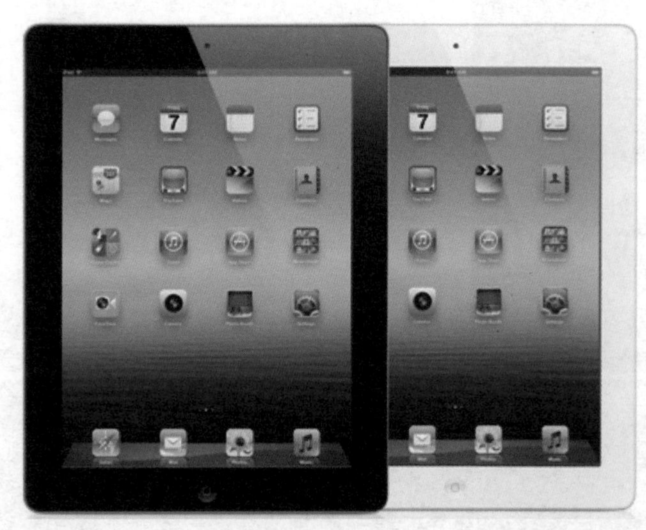

从3月16日开始，全新iPad开始在美国、加拿大、英国等国家和地区发售；1周后，开始在意大利、西班牙、瑞典等其他26个国家和地区发售。至于何时在中国大陆正式发售，目前还不清楚。估计和前2代iPad一样，估计也得到5月之后，前提是苹果和深圳唯冠公司的商标之争解决得比较顺利的话。

第一代iPad是在2010年1月28日发布的，它“重新定义了一个平板电脑产品类型”，以至于如今各品牌平板风行世界。iPad 2在2011年3月3日发布，它提升了平板电脑的设计和使用体验，电池足够耐用，操作足够流畅。

如今，全新iPad第一次在平板电脑上使用了分辨率更高的Retina屏幕，这让人们对平板电脑的未来有了更多想象。更高的分辨率，意味着在新iPad上所有显示的一切，都可以更加清晰，无论是查看邮件、浏览网页、整理图片，还是观看视频、阅读书籍、把玩游戏等各种场合。

同时，新升级的iSight摄像头，让iPad也能拍摄高清图片和视频了。

Retina屏幕

如果有人问我，全新iPad最重要的升级是什么？毫无疑问，是屏幕。

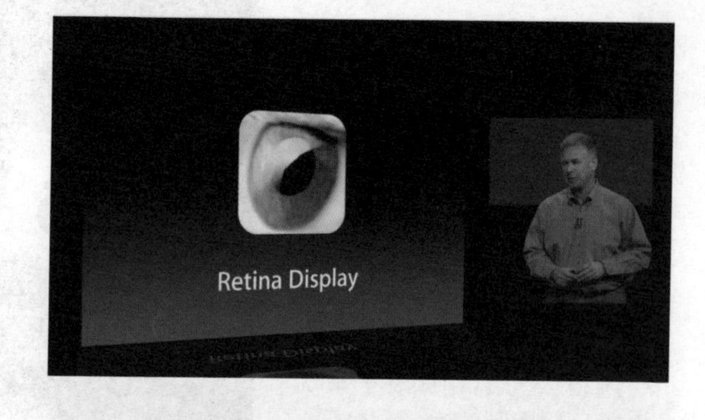

iPhone 4S和iPhone 4采用了Retina显示屏，全球的用户都感受到了Retina显示屏细腻的图形显示效果。正常使用状态下，人眼已经看不出其中的像素颗粒，所示看上去非常细腻，没有颗粒感。

如今，新的iPad也用上了Retina显示屏，分辨率为2048 × 1536，是iPad 2的4倍，每英寸的长度里有264个像素，即264ppi的分辨率。

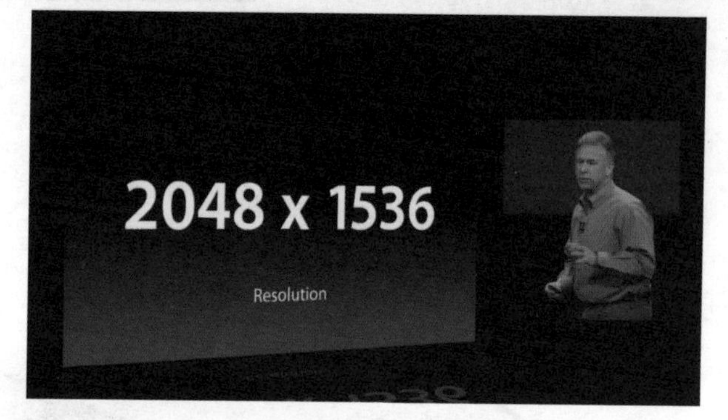

光看数字，或许无法体会这个屏幕升级带来的效果。打个不是很恰当的比方，这个Retina屏幕给iPad带来了彩印杂志（打印分辨率一般在200～300ppi）般的清晰效果。这也就是苹果官方网站的全新iPad“创新看得见”的用意所在。

发布会上， 副总裁菲尔·席勒解释了，虽然全新iPad虽然每英寸的像素分辨率虽然不如iPhone（326ppi）高，但在实际使用时，因为iPad往往离我们眼睛更远些，所以看上去的效果还是非常清晰。

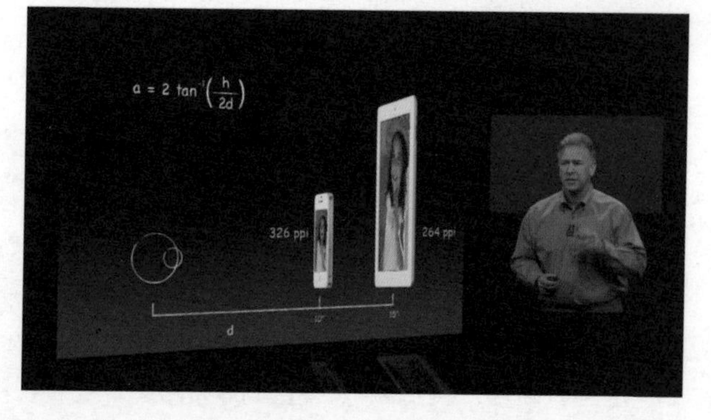

可以想见，未来1～2年里，更新的iPad在屏幕分辨率上，仍将沿用这种规格。这也足够令其他平板厂商追赶一阵子了。

总之，全新iPad采用了Retina显示屏，使它再一次站在了行业内前沿，引领新一阶段的平板电脑竞争。

A5X芯片

全新iPad升级到了Retina显示屏，意味着图形处理需求的大量增加，因此全新iPad的芯片也从A5（iPad 2的芯片）升级到了A5X。

X代表了4倍图像处理性能，即在A5芯片的基础上，再提升一倍。A5芯片是两个CPU和两个GPU；新的A5X是2 CPU，4 GPU。

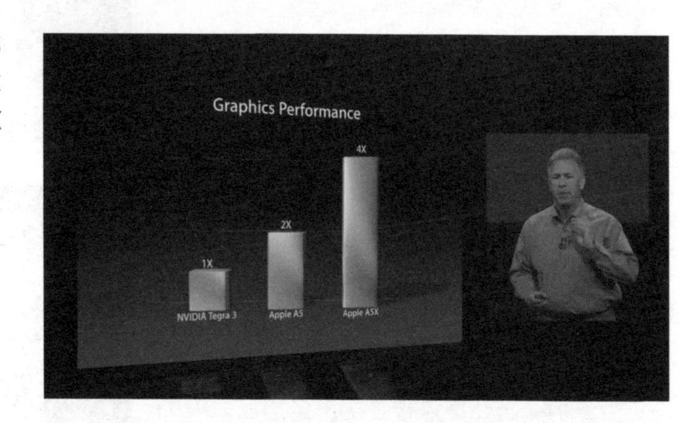

Retina显示屏加上A5X，整体上提示的全新iPad的图形表现效果，因此有了更高的分辨率、很好的色彩表现力。

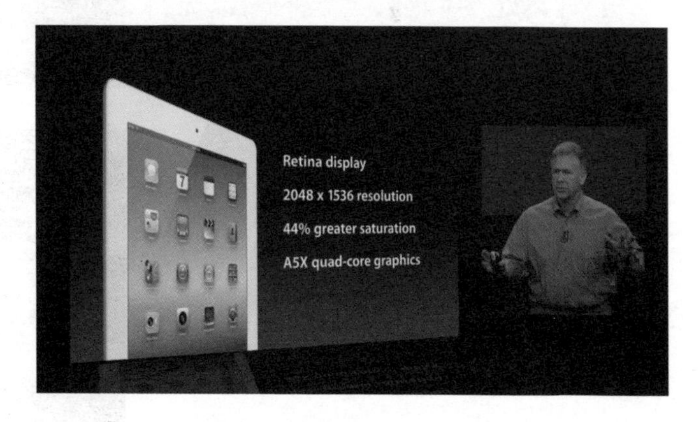

算不上亮点，席勒也没说，其实内存（RAM）也从iPad 2的512MB升级到了1024MB。

iSight摄像头

iSight，也不得不说的，其实就是常说的iPad上正反两个摄像头，这次苹果公司给它用上了新名字。iPad 2比起iPad 1，增加了前后两个摄像头，但分辨率都在100万像素以下，用来进行FaceTime（视频聊天）和拍摄视频（720P高清）的，固然够用，但和其他平板电脑比起来，显然是比较落伍的。

这次的升级，弥补了这方面的不足。全新iPad的前置摄像头为130万像素，后置摄像头为500万像素。特别是后置摄像头（主要的拍摄摄像头）还拥有了一组高级光学元件和滤镜，能自动设别人脸、调节白平衡。

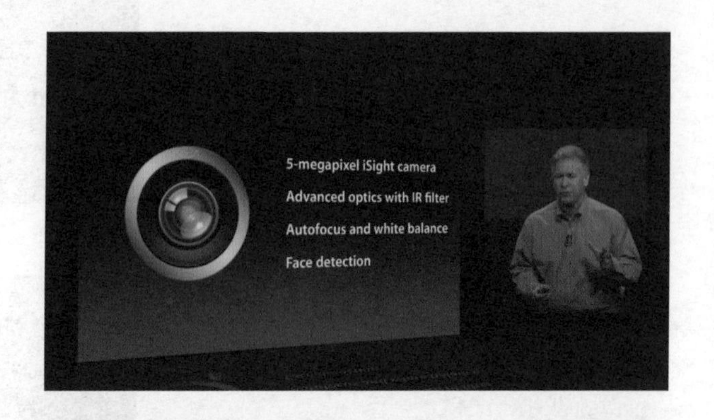

全新iPad的后置摄像头，具有相对严密的光学结构，可以更精准的矫正光线入射，提升画面锐利度30%。

新的感光元件采用背部照度传感器，该技术在数码相机领域已经十分成熟，更好的受光效果能带来更出色的画质表现。新增红外线滤镜，可以降低感光元件对红外光的敏感性，能提升画质和减轻画面纯净度。

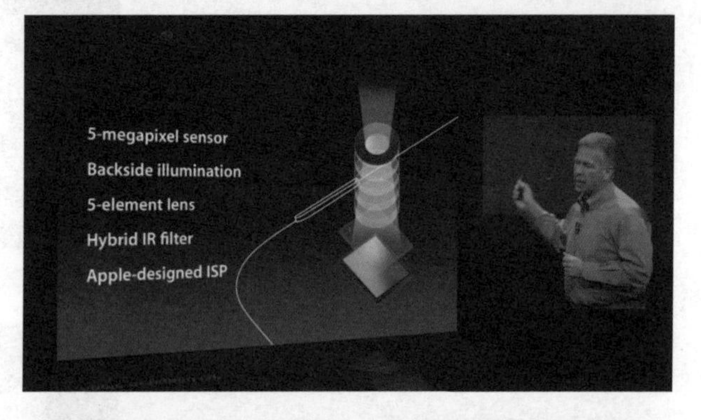

得益于新的A5X芯片和摄像头，全新iPad现在也可以支持拍摄1080p高清视频，并加入视频防抖动技术、脸部辨识、噪点控制技术，拍摄也更加顺畅快速。

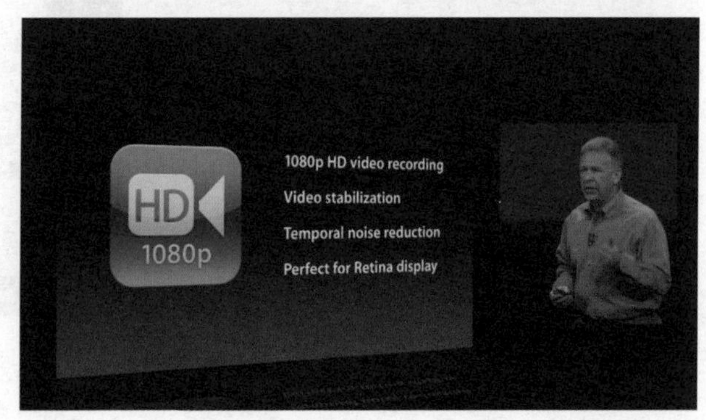

4G无线网络

大范围覆盖的无线网络，对iPad来说至关重要。没有无线网络，iPad几乎等同于普通视频播放器。如今，全新iPad支持支持了新一代更快的无线网络，即4G LTE。

全新iPad的Wi-Fi+4G版本，又分为at&t和verizon两个版本，因为at&t和verizon采用不同的4G制式，正如国内的联通和电信采用不同的3G制式。

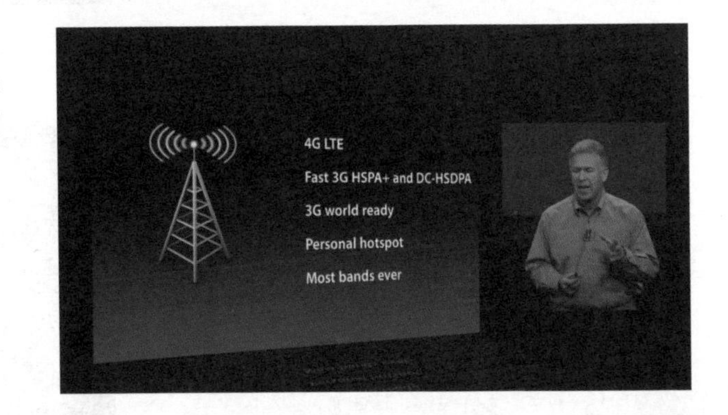

当然，国内目前还有正式商用的4G无线网络。不过不用担心，全新iPad也同时支持3G网络，即从技术上说，中国联通・沃和中国电信・天翼都可以在国内运营全新iPad 的Wi-Fi+4G版本的3G网络。

iPad对网络的需求无疑是大大增加了，因此更快速的无线接入，显得尤为重要了。

厚度

厚度，非常敏感的参数，就好比人的身材一样。iPad 2在厚度上下的工夫，真是叹为观止。第一代iPad厚度为13.4毫米，iPad 2直接降到8.8 毫米，薄了整整1/3。

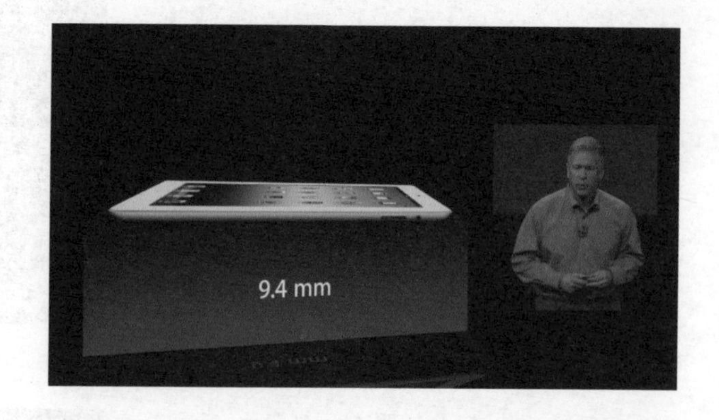

不过这次全新iPad却比iPad 2厚了0.6毫米，为9.4毫米，这主要是因为Retina屏幕需要更多电池支持，因此增加了一点厚度。

重量

以Wi-Fi版为例，iPad 1为680克，iPad 2的重量为601克，而全新iPad为652克（1.4磅）。同样主要是因为电池的原因，导致新iPad比iPad 2要重一些。全新iPad（Wi-Fi+4G版）是662克。

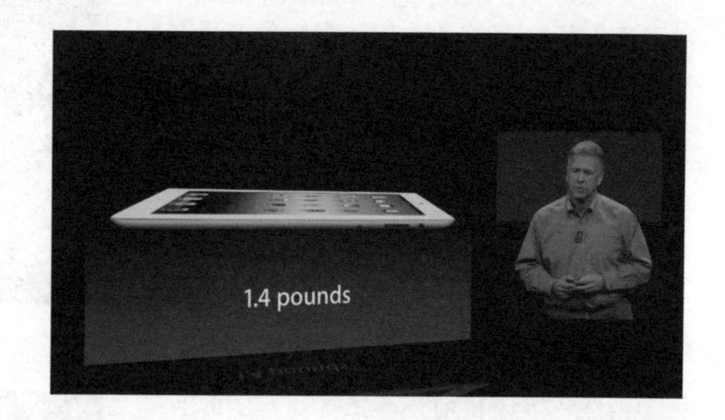

值得称赞的后起之秀，三星Galaxy Tab 10.1，在厚度和重量上已超过iPad 2，达到8.6mm和568克，更薄，也更轻。不可否认，iPad 2为它们树立了榜样。

零售

价格，无疑也是苹果公司极具杀伤力的武器。虽然有如此多的软件和硬件升级，全新iPad零售价格仍然iPad 2和第一代iPad发布时的价格持平。Wi-Fi版，从499美元起，至699美元；Wi-Fi + 4G版，629美元起，至829美元。

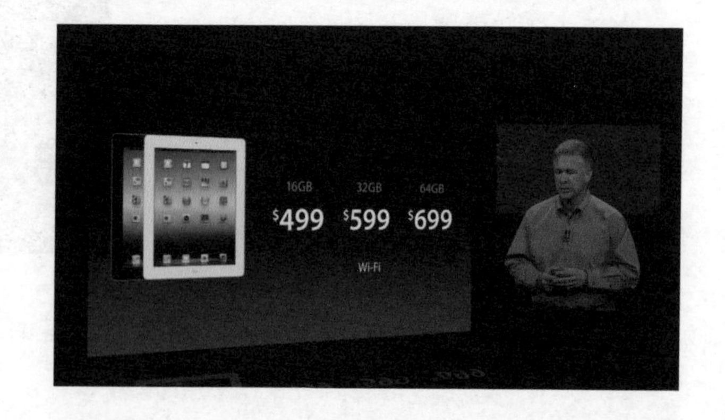

我国大陆地区目前还没有零售，如果和iPad 2价格保持一致，那么Wi-Fi版本价格分别为3688元、4488元和5288元；Wi-Fi + 4G版分别为4688元、5488元和6288元。

在国内具体的上市时间，还不能确认，苹果官方目前也没有说明。

支持 WLAN 的 iPad

通过 WLAN 连接到互联网。

了解更多 ›

16 GB[1]：	32 GB[1]：	64 GB[1]：
RMB 3,688	RMB 4,488	RMB 5,288
黑色	黑色	黑色
白色	白色	白色

App Store

数以数十万计的各类应用程序，也是iPad迷人之处。几乎每一个用户都能在其中找到自己喜欢的应用程序。

App Store（程序商店）中有20万款专门为iPad设计的程序，又是各平板电脑同行在短期内无法超越甚至复制的，其累计下载量已经超过250亿次。

Android平板电脑，在硬件上已经逐渐赶上，甚至超过iPad；但在内容的提供上，仍然比较落后，特别是特别优化的各类应用程序。我们也非常乐意看到Android平板有更多、更好的应用程序。

一路走来

基于苹果公司财力、技术、渠道等多方面强大的优势，iPad自2010年发布至2012年第一季度，累积销量已达5500万台，即使平均算下来，每季度都售出近700万台。

如果把iPad也作为个人电脑，那么它在2011年第四季度的发货量就已达1540万台，超过了包括惠普、联想、戴尔和宏基在内的任一传统个人电脑生产商。难怪如今不少人都认为，平板电脑取代传统个人电脑的时代很快就要来临了。

即使如今，苹果公司早已成为全球市值最大的公司，超过5000亿美元，超过第2名埃克森美孚1000亿美元以上。但对于iPad和苹果公司，人们仍然有太多的期待。一起来听听已逝的苹果公司创始人和曾经的CEO史蒂夫·乔布斯本人是对平板电脑这个行业的看法吧。

“很多人正在涌进平板市场，把它当作下一个 PC。软件、硬件由不同的公司完成，像谈 PC 那样强调速度。我身体里的每一根骨头都在说这条路是错的。”

“只靠技术远远不够。需要把技术与自由艺术和人文结合起来。我们的竞争对手认为，平板电脑是下一个PC市场。这不是正确的方向。平板电脑是后PC时代的设备，要比PC更容易使用，更依赖用户的直觉。”

“与PC相比，平板电脑更要求软硬件的结合。我认为，我们正走在正确的道路上”。一年一款新iPad。过去3年我们见证了其诞生与不断成长，未来我们将更加期待其进一步的发展和完善。

全新iPad到底如何

一识庐山真面目

要说明白全新iPad到底如何，让绝大多数人明白，还真是不太容易。外观容易看明白，内部构件就相对麻烦些。那么一层层来说吧。

全新iPad长什么样？

全新iPad大致感觉和iPad 2还是比较接近。不过稍厚，是9.4毫米，大致相当于一本100页的纸质书；652克，一本不厚的彩页杂志的重量。

iPad的定位

可以这么说，全新iPad是iPad 2的升级版。就iPad产品本身而言，它和iPod、iPhone一样，被认为是苹果公司划时代的产品，即平板电脑时代。

近看全新iPad

全新iPad是一款电子设备，正面玻璃面，背面金属壳，看上去做工精致、没有瑕疵。蓝色的配件是Smart Cover（智能封套）。

全新iPad也是600多克重，不到1厘米厚，总体感觉，基本上和一本100页16开铜版纸的书接近。

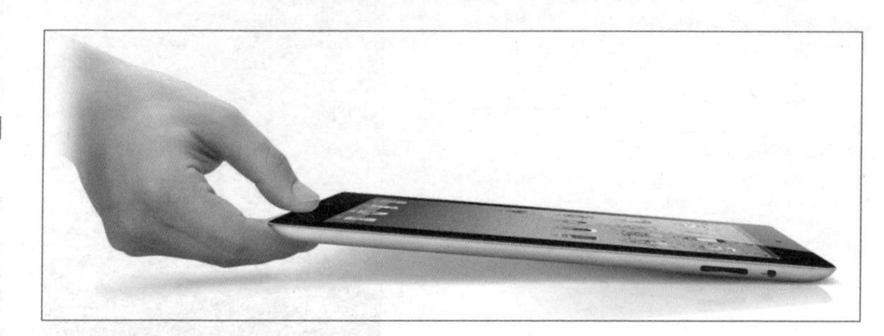

屏幕的升级是全新iPad最大的看点，分辨率为2048 × 1536，即264ppi，在日常使用条件下，已经几乎看不出像素颗粒，这使得全新iPad能呈现更加清晰的图形。此外这款IPS（In-Plane Switching，平面转换）多点触控显示屏，当然还和之前iPad一样易于操作。

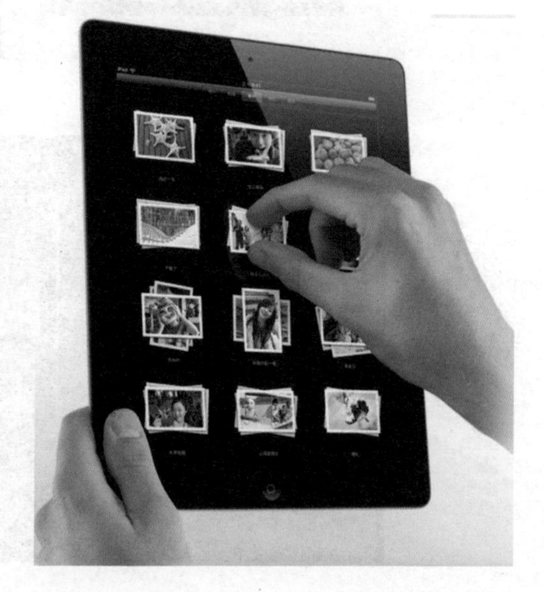

16GB、32GB、64GB闪存，对应三种iPad的型号，也就是你能在iPad中存放的数据容量，当然还要除去iOS系统所占用的部分。

16GB　32GB　64GB

新的苹果A5X（双核CPU+四核GPU）芯片，重点是GPU增加到四核，在iPad 2的双核基础上，再增加一倍，主要用来支持新的Retina屏幕。

配置前、后两个摄像头，如今已经升级到130万像素和500万像素，已经足以满足日常视频通话、和拍摄用于分享的照片和视频。

能续航时间10小时，待机时间1个月的电池，这在目前数十款平板电脑的实际测试结果中，仍然名列前茅！听上去这样的时长有点唬人，但确实是真的（图片是全新iPad的拆解图，全新iPad的电池则更大）。

全新iPad内在实力

固然iPad有出众的外观和硬件配置，可真正的实力，同样来自于其软件：iOS 5操作系统、App Store（程序商店）、iCloud、iBooks、照片、日历等自带程序以及数以十万计的第三方程序。

iOS 5

如今的智能手机、平板电脑一样，有独立的操作系统。简单地说，iOS 5就是运行在iPhone 4和iPad上的操作手机系统，其漂亮的界面、高效流畅的使用体验、丰富无比的第三方程序，都是业内公认的。

全新iPad发布时就是iOS 5.1，拥有多指触控功能，即可以更加方便地进行切换程序、回到主界面等操作，以及全新的“云”功能——iCloud，轻松备份和同步iPad中的各种数据。

iOS 5新增的通知中心、信息、报刊杂志、照片流等功能，为iPad带来了更加丰富的阅读和分享体验。

固然新进的Android、Windows 8等操作系统渐渐对iOS系统发起挑战，但从整体界面设计、操控性能、程序丰富等方面来说，iOS 5仍是首屈一指的。

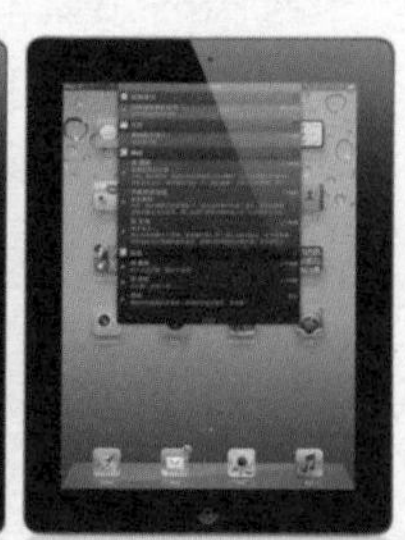

App Store（程序商店）

苹果设立App Store就是为iOS设备（iPad、iPhone、iPod）提供各种各样的应用程序，以满足各阶层人们的实际娱乐、工作、沟通等需求，其中专门为iPad制作的程序就超过65000款。

除了iPad自带的几款程序之外，其他所有的程序都可以从App Store（程序商店）中购买、下载而来。

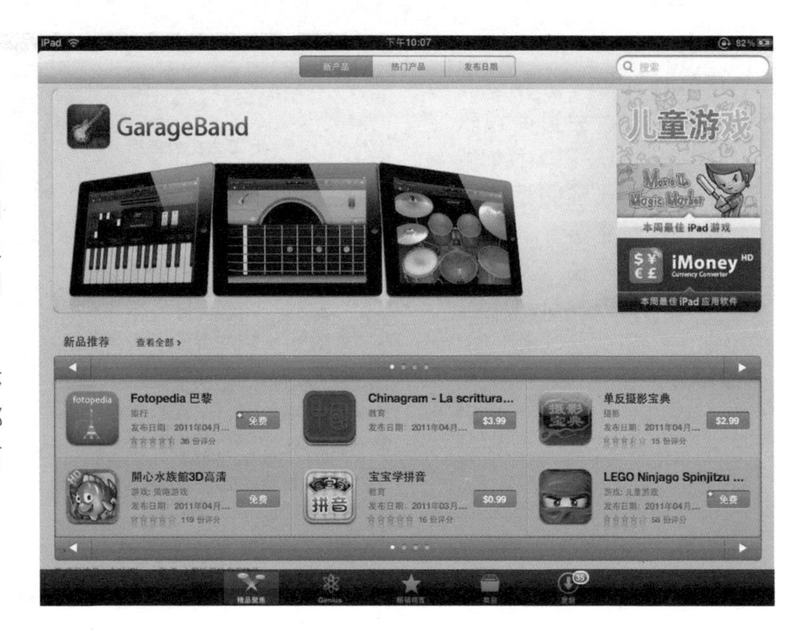

iPad能干什么

基于App Store（程序商店）中数十万的iOS应用程序，iPad能做得事就变得几乎无所不能了。

上网

用iPad自带的Safari浏览器，你可以很方便地浏览网页，用手指直接来选择内容。此外，国内多家门户网站（比如新浪、网易等），都有了针对iPad的优化内容，阅读起来更加轻松、便捷。

读书

在App Store中，苹果公司提供了一款免费阅读软件iBooks。通过它，我们能像平常看书一样阅读电子文本，界面简洁、漂亮。书的内容可以在线购买，也可以自己通过iTunes导入。

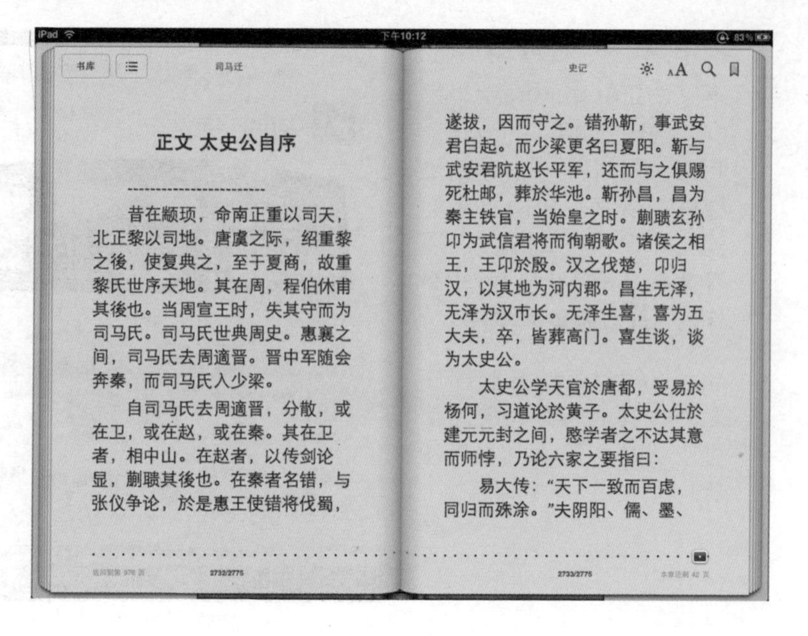

看视频

iPad自带的视频播放程序，可以播放iTunes商店中的视频内容，包括支持分节、字幕、备用音频等功能。

如果要播放自己导入的视频，只能是MOV或MP4格式，也就是说其他的格式，比如RMVB、AVI等格式视频需要事先通过格式转换器转换后，才能导入播放。

看图片

得益于大屏幕和良好的触控，看图片自然是iPad的一项出色功能。随意放大、缩小、切换、转发图片都很方便。如今通过iCloud，已经能自动同步自己iPhone、iPad和iPod touch上的图片。

幻灯片显示功能可以让iPad变成一个杰出的电子相框，10小时的持续时间，足够用于一般的社交场合。

发邮件

E-mail是最常用的iPad程序之一。在iPad中通过邮件程序可以非常方便地设置、查收、阅读、发送、管理自己多个账户的邮件。

在线状态下，新邮件到了，会自动提示，便于你马上阅读与回复。

游戏

App Store（程序商店）中，游戏是数量最多的程序。无论是风靡全球的愤怒的小鸟，还是植物僵尸，还是忍着水果，还是经典的街霸游戏，应有尽有。

iPad不仅能完专门为iPad设计的游戏，也可以玩为iPhone设计的游戏。

杂志

App Store（程序商店）中目前也有了不少中文杂志内容，比如《南都周刊》、《第一财经周刊》、《时尚》、《周末画报》等精彩内容，排版也堪比纸质内容，而且横竖阅读皆宜。从iOS 5开始，还有了专门的报刊杂志程序，专门负责这些电子内容的下载更新。

南都周刊
SWEEKLY

文化 | 阅读

《现代派文学辞典》

作者：贾勤/出版社：新世界出版社/出版时间：2010年11月/定价：22.00元

这本书与你看见书名时的期待不同：它的词条并不是关于现代派文学，而是由现代派文学的笔法写就的；因此，本书无关文学史，而是一部关于作者的私人史——因为在作家贾勤看来，"不同的词语构筑不同的人生"，就好像他要用这本辞典来定义他自己这个人本身一样，这本辞典虽然具有从A到Z的形式，每个词条的写作却自由而丰富，如同他在"贾勤"这个词条中所写，这本书"所a能表达的仅仅是瞬间带给我们的幻觉，我们虚度的一生就此得以扩展，得到谅解"。

④

《公正：该如何做是好？》

作者：迈克尔·桑德尔/翻译：朱慧玲/出版社：中信出版社/出版时间：2011年1月/定价：58.00元

本书是一本精彩的课堂实录，哈佛大学政治学教授桑德尔以"公正"为题在哈佛讲授了三十年。桑德尔从常识的角度切入问题，引起争辩和讨论，这种道德和政治反思的过程，其目的并非在于向人们展示在政治思想史中谁影响了谁，而在于促使读者将自己关于公正的观念付诸批判性的反思和检验，以此弄明白自我在想什么以及为何如此想。桑德尔是少数能用大白话讲哲学的思想者，他希望提供一个课堂和语境继续引导他人深入这个问题的核心。

⑤

《中国近代思想与学术的系谱》

作者：王汎森/出版社：吉林出版集团有限责任公司/出版时间：2011年1月/定价：45.00元

本书2001年有一个旧版本曾经问世，此次重新出版作出了很大的修订和增补。王汎森不但继承了他的老师余英时的史学研究思路，还继承了他的史家情怀。在研究历史的过程中，他总是尽可能结合思想史、生活史、文化史来处理特定问题，而且始终保持一种方法论上的警觉。近代以降，传统学术极力挣扎以求变更，学术的社会性和平民性之间的张力始终存在，西学的涌入又加剧了这种学术传统的紧张性，此文集可看作夹杂在传统与现代之间的一代代知识分子生存危机感的佐证。

⑥

本版撰文_朱白 btr 思郁

网银

网上银行带来的便利是毋庸置疑的，App Store（程序商店）中已经有数款国内银行的客户端，比如招商银行、交通银行等，下载安装后，可直接在iPad上管理个人的银行账户。

微博

通过微博，你可以更轻松便捷的方式记录生活、获得信息、表达观点。如今微博已风靡全球，国内也有多家网站提供微博服务，比如新浪、搜狐、网易、腾讯等门户网站，而且也都有各自的iPad客户端。

在线视频

国内多家视频网站也都有iPad客户端，如优酷、土豆、新浪视频、奇艺等。这些客户端中的视频内容，通常也更加清晰、有条理、便于观看。

iPad能干什么，其实可以有无限的想象。除了上述内容，本书第3章、第4章有更多、更详细、更好玩的精选程序推荐。如果还有余力，那就再看看第5章有关越狱的部分。

全新iPad的配件

苹果公司的产品，如iPhone、iPod都会有相当多的配件，使其更方便地为我们所用，全新iPad自然也有很多，目前最好玩的，当属Smart Cover（智能封套）。

Smart Cover（智能封套）设计确实非常巧妙和招人喜欢。既可以用来保护iPad的屏幕，也可以用来支撑（打字或看视频）；同时装卸都非常方便，而且有多种颜色可以选择，甚至还有清洁屏幕的功能。有趣的一点是，它还有唤醒或睡眠的功能，即盖上这个封套，iPad的屏幕也将关闭，打开封套，iPad屏幕就马上点亮。

不过Smart Cover（智能封套）价位从普通化纤版本的39美元到皮质版本的69美元，不算便宜。

HDMI video out（HDMI视频输出转接口）对于拿iPad来演示内容，比如程序、演示文稿、视频等，无疑提供了极大的便利。通过这个转接口可以把iPad上显示的内容传送到大的显示器（高清电视或投影仪）上。自动连接，无需特殊设置，iPad在旋转过程中，显示内容也不会受到影响。

当然，还有iPad底座、蓝牙键盘、耳机、数码相机套件等常规配件，可以让iPad更方便地使用。

全新iPad比起iPad 2在硬件上主要是屏幕的升级，这对每个用户都非常重要；应用程序层面，仍然是iOS的强项，系统稳定流畅，应用程序有20多万款；此外，原先iPad 2配件仍然可以使用。

iPad和无线网络

没有无线网络支持的iPad，还是iPad吗？

全新iPad在2012年3月8日发布，和iPad 2一样，除了黑色款，iPad还有白色款。

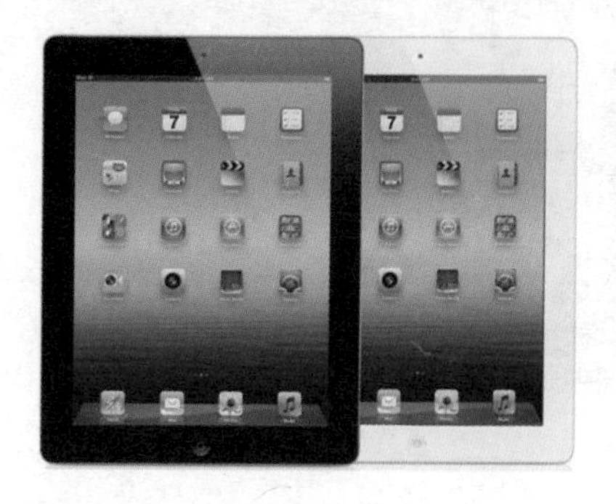

全新iPad主要有两个型号：iPad Wi-Fi版和iPad Wi-Fi + 4G版，在外观上略有区别（顶部，里面有4G）。目前Wi-Fi + 4G版也已在国内上市。

Wi-Fi

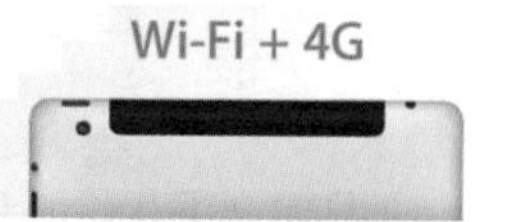

Wi-Fi + 4G

这两个型号又根据存储量的不同，又有16G、32G、64G的区别，在加上iPad有黑、白两色，所以准确地说，iPad就有了12种型号。

对于iPad这样的电子设备来说，网络无疑是至关重要的。没有网络支持的iPad，充其量只能算个大屏幕的播放器、阅读器或游戏机了。

除了Wi-Fi和4G这两种无线网络，不要忘了，任意型号的iPad都还支持Bluetooth（蓝牙），方便你使用蓝牙耳机这类设备。全新iPad已经支持Bluetooth 4.0，其所耗电量将更低。

iPad Wi-Fi版

iPad可以通过Wi-Fi（Wireless Fidelity，无线相容性认证）来获得快速的无线网络，也就是常见的无线局域网络。

通过Wi-Fi来上网，对于iPad来说，是个不错的选择，主要是速

度快、费用低，还省电。如果房间中有多个无线网络，可以在设置>无线局域网中打开、选择设定。

Wi-Fi的上网速度，自然取决于局域网的网络传输速度。比如办公室的无线网络带宽是10M，那你的iPad也是10M，正常状态下，打开网页不会有太多的延迟或停顿；下载内容速度也会有数百K；在线看视频，比如优酷、土豆等，也会很流畅。

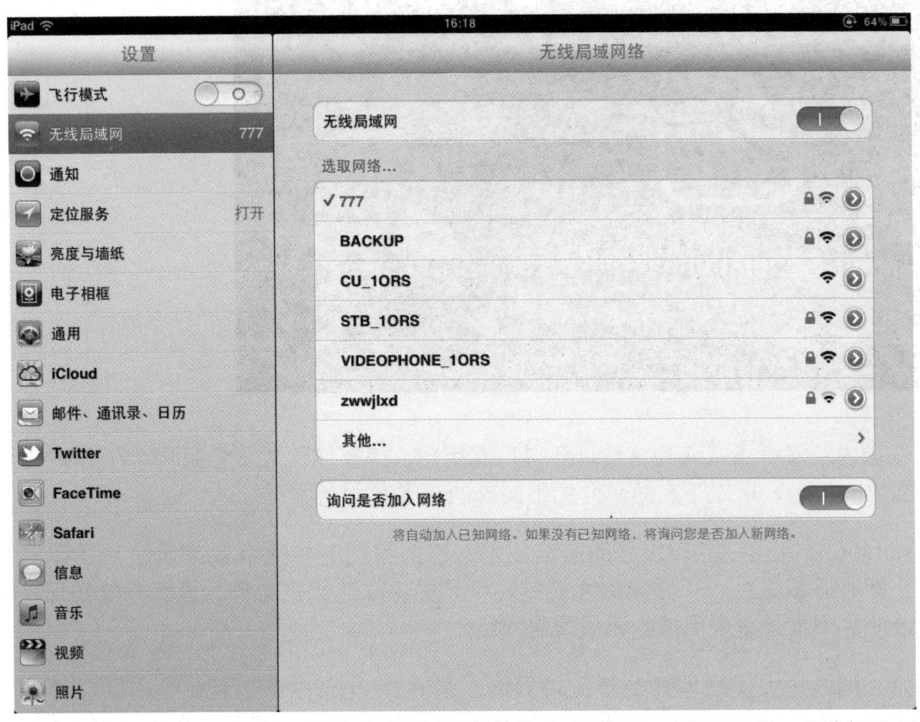

办公室的共享Wi-Fi上网，基本上是公司或单位支付费用。到了家里，同样可以用家里的Wi-Fi来上网，即共享家里的宽带业务。前提是家里开通了宽带业务，并正确安装配置了无线路由器。就其费用来说，通常也是包月或者包年，这部分费用其实也已经支付了，况且即使多台Wi-Fi设备也能同时上网。

此外，根据苹果官方的电池说明，用Wi-Fi上网的iPad相比用3G网络上网的iPad，电池能多维持1小时以上。

Wi-Fi上网有个缺点，那就是信号范围有局限，室外的多数场所没有稳定可用的Wi-Fi信号。如果对网络的需求是随时随地，那就可以选择3G，虽然国内还有局部地区信号很差或者根本没有。

iPad Wi-Fi + 4G版

顾名思义，iPad Wi-Fi+4G版比iPad Wi-Fi版要多出4G通信（同时也包括3G）的功能，也就是iPad Wi-Fi+4G版能在更大的区域内获得网络信号，缺点是费用一般比较贵。

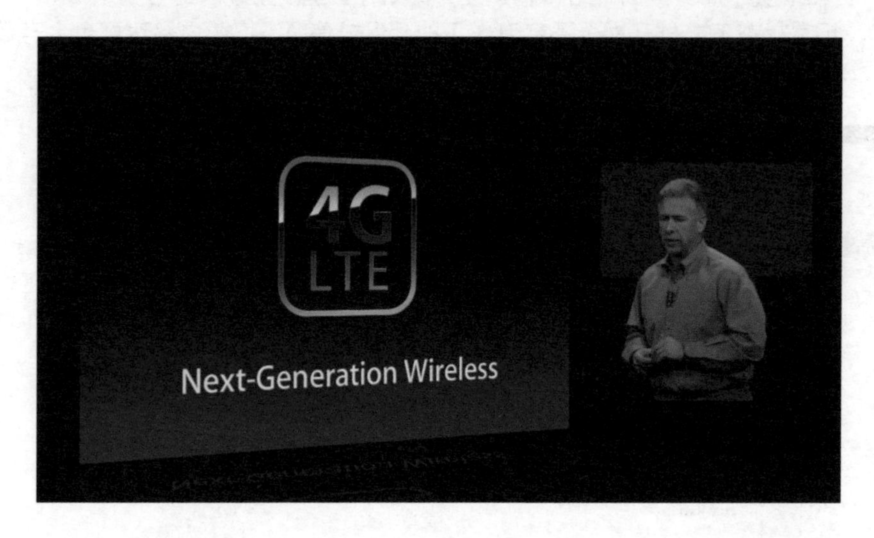

4G通信目前在国内还没有正式商用（估计还得1～2年），如果你购买了全新iPad Wi-Fi + 4G版，倒是可以用国内的3G卡，所以下文简单介绍下国内的3G通信服务情况。

3G（3rd-Generation）指的是第3代移动通信技术，它能够同时传送声音（通话）及数据信息（电子邮件、即时通信等）。3G技术最主要的特征是提供高速数据业务，速率一般在几百kbps以上。简单地说，3G就是速度更快的无线通信网络。

从2010年开始，国内也大规模地开始普及3G网络。国内3大电信业务运营商，中国移动、中国联通和中国电信，均已提供3G服务，但各自采用不同的标准，中国移动为TD-SCDMA（品牌为G3），中国联通为WCDMA（品牌为沃WO），中国电信为CDMA2000（品牌为天翼）。

我应该选择谁？

既然要用3G网络，也就是要用SIM卡（手机卡），iPad Wi-Fi+4G版的卡槽在正面的左侧。加入卡时，需要关机；然后用官方提供的、类似回形针的取卡器推出卡槽，最后根据提示的方向放入SIM卡，推回卡槽；重启后就能搜索到网络了。

这个加卡操作不难，问题是国内三家电信业务运营商的SIM卡都行吗？

对于iPad Wi-Fi + 4G版来说，目前它能支持的3G标准是WCDMA，也就是联通的3G服务。是的，能用联通的3G卡（mini SIM卡或者自己剪）。联通的3G服务信号覆盖面还算广，实际的网络通信速度也基本令人满意。

插入中国移动的卡，会有什么效果呢？两种效果：1. 不识别，如果你插入的是移动的3G卡，原因是标准不同；2. 识别，如果是插入的是移动的2G卡，缺点是上网速度慢，打开新浪首页可能要半分钟，用来应急倒是可以。

插入中国电信的卡，只有一种结果，不识别，原因是标准不同，无论是2G还是3G。

iPad Wi-Fi + 4G版自然有Wi-Fi上网的功能，在Wi-Fi信号不错的家里或者办公室，iPad会自动选择Wi-Fi信号来上网，这个功能还是比较贴心的。

Bluetooth（蓝牙）

不要忘了iPad还有Bluetooth（蓝牙）功能，而且任何型号的iPad都支持Bluetooth（蓝牙）功能。全新iPad支持Bluetooth 4.0，更加省电。

蓝牙是一种支持设备短距离通信（一般10米内）的无线电技术，能在包括手机、无线耳机、笔记本电脑、相关外设等众多设备之间进行无线信息交换。

对iPad来说，Bluetooth（蓝牙）功能主要用来连接蓝牙耳机、麦克风，即听音乐、打电话；也可以连接各iPad玩游戏；也可以连接蓝牙键盘，让iPad有物理键盘的支持。

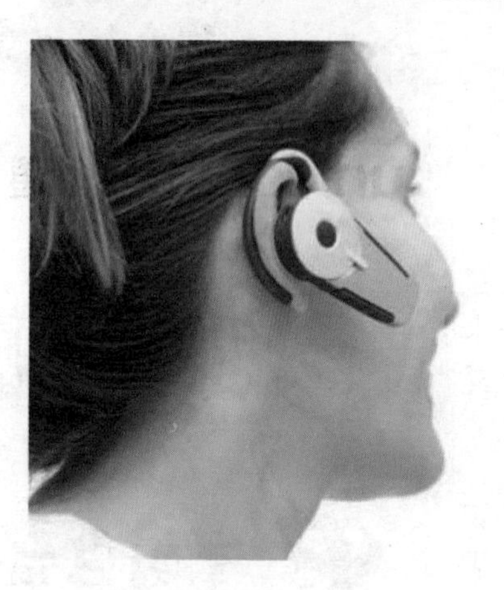

在iPad上，Bluetooth（蓝牙）的设置路径是设置>通用>Bluetooth，打开后，就能自动搜索附近其他的蓝牙设备，配对成功后，iPad右上角会显示蓝牙标志。

当然，通过其他的一些程序，还能发挥Bluetooth（蓝牙）更多的连接功能，比如让iPad Wi-Fi版连接蓝牙GPS来实现导航。

对iPad而言，无线网络才是其真正的生命动力。4G虽然暂时还用不上，Wi-Fi和3G结合，其实也差不了太多。

无网络，不iPad。

iPad上手指南 2

像iPad这样的智能设备，还真的需要事先动用真正的“智能”来了解它的使用方法。iTunes，有着很多iPad用户难以理解的使用习惯；Apple ID也有很多注册和使用方面的问题；甚至连激活iPad，如今也有了无线激活的新花样。

做一份伟大工作的唯一方法是：热爱你所做的工作。

——史蒂夫·乔布斯

坦率地说，如今的电子产品还真不是一言两语就能说清楚了。哪怕是iPad这样看似简洁无比的平板电脑。

对一个iPad新用户来说，如果事先不经过一些了解，恐怕连最基本的激活使用都成问题。就算已经激活，各种接口和按键或许就不太清楚了，各种应用程序也不知道怎么用，App Store中的应用程序下载不了，iCloud是怎么运行的，iBooks在哪里，《愤怒的小鸟》怎么才能购买等，都是问题。

本书第2章、第3章、第4章，就是与你一起来解决这些问题的。弄清楚iPad本身、iTunes以及iOS 5的主要问题，轻松玩转全新iPad就不是问题了。

iPad本身的出色的外观设计、硬件配置以及网络特性，是不少消费者掏腰包购买iPad原因。尽管已经如图示这般简洁，但要顺利地使用它，还是需要对它的基本硬件配置和使用要有所了解。

iTunes是iPad的数字内容源头，但也是很多用户感到迷茫的开始。iTunes是什么？怎么内容全是英文？怎么才能下载图书？Apple ID是什么？需要信用卡吗？

iTunes对国内消费者来说，应该还是比较陌生的，但用了iPad，你就会知道，没有iTunes，那么iPad就没有数以十万计的第三方应用程序（App Store）、没有电影和音乐商店 (iTunes)、没有数字图书商店 (iBooks)、没有视频大学课程 (iTunes U)、没有数字报刊杂志订阅（Newsstand）。这也就是说，iTunes是iPad、iPhone、iPod touch等iOS设备的主要数字内容来源。

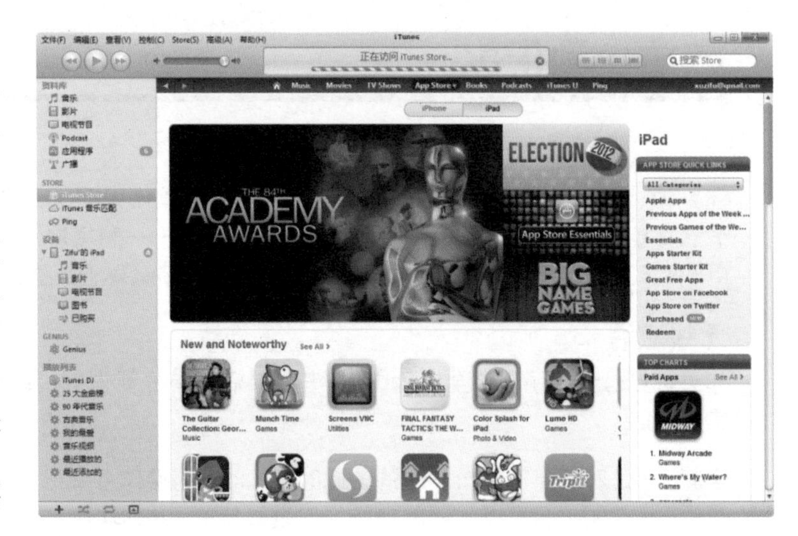

全新iPad的操作系统iOS 5和自带应用程序，也是其无以伦比的原因之一。有了iOS 5，iPad才能如此流畅、如此节能、能支持如此多的各类应用程序。

自带程序，固然只有十几款，但却是最常用的，也是诸多其他应用程序的典型。App Store中有超过20万款专门针对iPad优化的应用程序，能满足各种娱乐和实用需求。

一个iPad新用户了解了iPad本身、iTunes以及iOS 5，那么全新iPad体验便向你敞开了。

iPad重新定义了平板电脑，也让人们对未来的设备有更多的期待。

激活全新iPad

还别说，要真是第一次用iPad，还真得好好看看操作说明，否则都不能完成激活操作，不确定怎么才能开机和关机，更不用说发挥iPad的特长——触摸屏了。最早的iPad是通过个人电脑和iTunes来激活；如今最新的iPad，可以通过无线网络（Wi-Fi）直接激活。

无线激活

如果你自己新买了一台全新iPad，打开包装后，首先要做的，就是激活。不激活，iPad是不能正常使用的。

全新iPad是2012年3月8日发布的，此时，iPad内的操作系统已经是iOS 5.1了。以前经常听人说，激活iPad需要一台可以上网的电脑并安装最新的iTunes软件。但现在，即使不用个人电脑也可以激活这部新iPad了，当然前提是你有无线网络（Wi-Fi）。

iPad一开机（机体顶部右上角按键，按住3秒）后，不再是iTunes提示连接的图示，而是类似锁屏的界面，向右滑动就可开始进入激活步骤。

接下来就是是否启用定位服务，如果启用，系统会自动帮你设定国家或地区、系统默认语言等。如果停用，则需要选择手动设置这些。

重点还是选择可以上网的无线局域网络，如果有密码就输入密码，这一步很关键。没有网络，iPad是无法激活的。

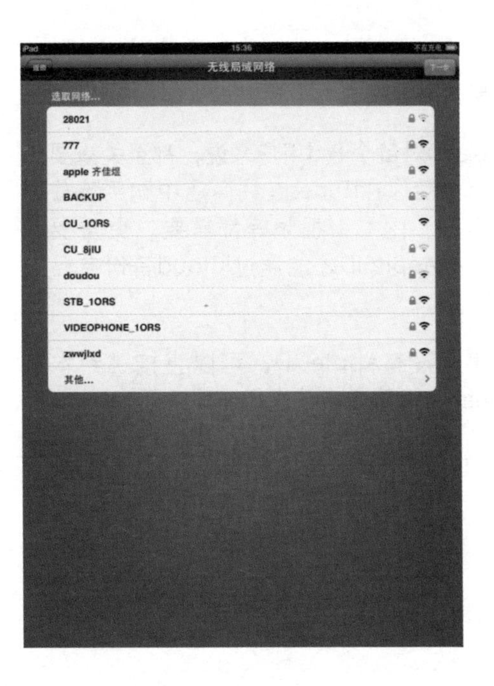

接入无线网络之后，就可以对本iPad进行设置或恢复了。如果你是第一次激活iPad，建议设置为新的iPad，这样你就能直接进入下一步操作了。

从iCloud云备份恢复，是从iOS 5开始才有的新功能，即你的照片、通讯录、日历等内容，可直接备份到iCloud中，以后只要通过账号（Apple ID）就能恢复到自己的各种iOS设备中了。具体设置是在完成激活后进行的，即在设置>iCloud中。

如果你在个人电脑的iTunes中有过iPad的数据备份，那么就可以通过连接恢复备份数据。

接下来的重点，是用自己的Apple ID登录。如果暂时还没有，不登录也可以，跳过。

Apple ID对每个iPad用户来说，都至关重要。因为今后你在iTunes在线商店中购买下载应用程序、图书、视频等都需要。更重要的是，有Apple ID才能通过iCloud备份自己的资料。

如果还没有Apple ID，可以直接跳到本章iTunes Store账户小节进行注册激活。

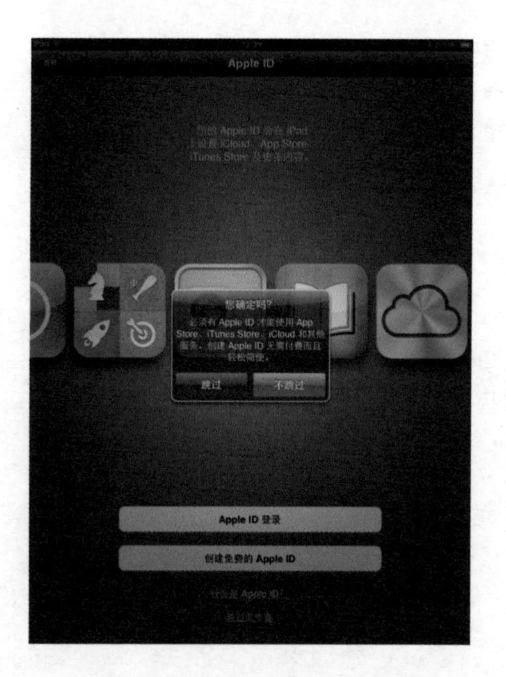

看到这个画面，说明你马上就可以进入iOS 5系统了，也就是可以开始使用手中的iPad了。

这个激活过程并不复杂，只要开始的时候选好地区和语言（如果你启动了定位，这一步自动会完成），接下来的操作界面都是中文，很容易根据提示操作。

即使没有Apple ID，也没设置过iCloud，也没关系，直接跳过，激活进入系统后，再进行输入和设置也是没问题的。

连线激活

或许眼前还没有可用的无线网络，或者你买的iPad还是较早的版本（iPad 2或更早的iPad）。如果需要激活，那就可以参照下面的步骤进行。

在开始iPad激活阶段之前，还要确认iPad有电，即按住右上角的开启按钮3秒，看屏幕是否有显示。没有电的iPad无法打开，也不能激活。如果无论怎么按，屏幕都没有任何显示，即黑屏，很可能是没电，这时用随机的交流电源适配器为iPad充电大约15分钟。

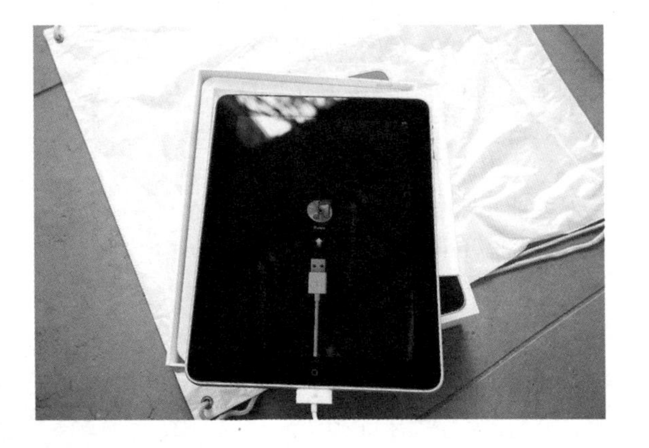

如果你已经看到图示的状态（较早的iPad），一个iTunes图标和数据线，意思就是你该把数据线的另一头连接到电脑上了。全新iPad是上文展示的新界面。

你的电脑应该是可以上网的电脑，并确保已经连接到互联网（是宽带还是ADSL则无关紧要）；并在电脑上下载安装最新的iTunes软件，iTunes软件的下载地址为：http://www.apple.com.cn/itunes/download。Windows版和Mac版根据各自的需要下载安装。

准备好之后，就可以把数据线较窄的一端插入联网电脑的USB接口，当然比较宽另一端接在iPad底部的数据接口。默认情况下，电脑会识别iPad，并自动打开iTunes。

iTunes这时会提示你同意苹果公司的一些协议，并可以为你的iPad取个特别的名字。当iTunes出现类似界面的时候，新的iPad自动识别成功，也意味着激活成功，你就能正常使用iPad了，也就是iPad屏幕底部出现了“移动滑块来解锁”的标识。

在这个激活过程的同时，其实iTunes就自动告诉苹果公司，你开始用iPad了。

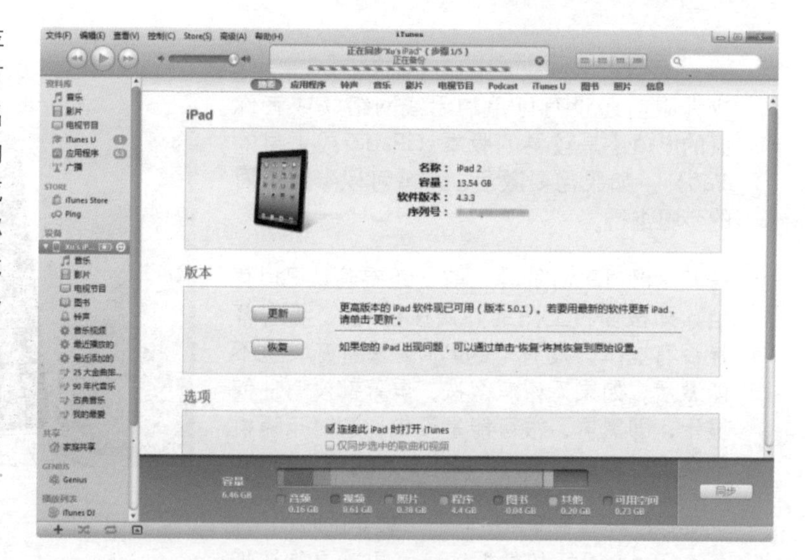

是的，如今的“智能”移动设备，就连“激活”这个过程，都不那么“傻瓜”了，而且无论通过什么方式，都需要互联网支持。

开机与待机

完成激活，新的iPad就能正常使用了。虽然iPad已经是外部结构相当简单的电子设备了，不过还是来逐一看下各部分。

iPad正面只有底部的一个Home键，所以绝大部分操作都是在其9.7英寸的电容触摸屏上进行的。其他的键都分布在四周，包括开启/关闭按钮、音量控制按钮、静音/旋转按钮等。

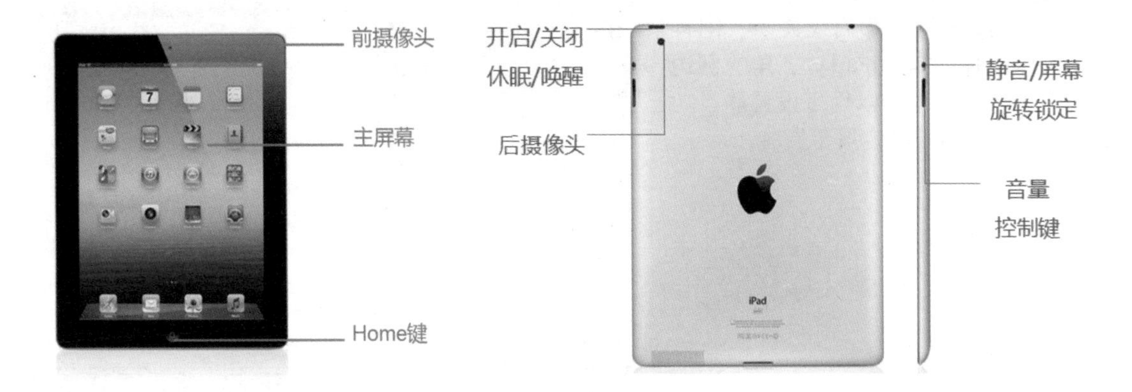

开机

按着开启/关闭按钮不放约3秒。刚买来的iPad，如果3秒甚至更长时间都没有反应，建议先充电15分钟。

唤醒

当iPad进入待机模式，按开/待机按钮，就能打开解锁画面，用手指滑动滑块即可解锁。按底部Home键效果相同。

锁定

当不用iPad的时候，按开/待机按钮，让iPad进入待机模式（锁定），即屏幕关闭。如果在开机，且是主屏幕的状态下时，iPad可以自动锁定。

软重置

若某程序出现死机状态，可以连续按着Home键，超过6秒钟，iPad就会自动关闭该程序。

软关机

按开启/关闭按钮不放，约3秒钟，就会出现移动滑块来关机提示，由左至右滑动，即可关机。

强制关机

当iPad因为某种原因出现死机，或是其他状况需要强制关机时，同时按开/待机按钮与Home键不放，约10秒钟，iPad就会自动强制关机。

此外，从iPad开始，iPad有一个有趣的配件Smart Cover（智能外壳）。可以实现打开外壳，iPad也智能解锁；合上外壳，则自动锁定。

这个自动锁定/解锁的功能，可以在设置>通用中开启或关闭。同样可以选择的是，iPad右上角的侧边开关，现在也可以用来设置静音功能，或者用来锁定屏幕旋转。

左上角的耳机插孔、侧边开关下方的音量键，以及底部的数据线插孔，用法和多数电子设备一样。数据线有正反，第一次使用时要小心，有符号标记的一面朝上。

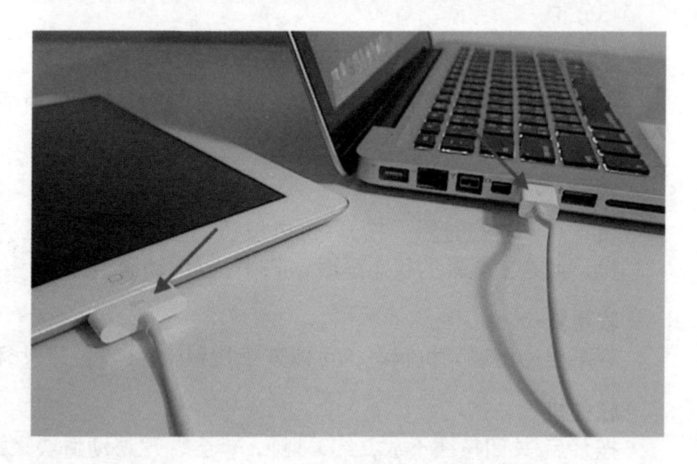

总而言之，iPad的外部开关、接口配置是相当简约的，主要用来实现开/关机、待机、充电、音量输出等常规功能。作为一台智能设备，了解下特殊情况下的软重置和强制关机等操作，也很有必要。

多点触控

毫无疑问，iPad最神奇和令人赞叹的就是其9.7英寸的多点触摸屏幕了。此前的各种电子设备的触摸屏，似乎都显得很迟钝，反应很慢，而iPad则反应准确而且灵敏，适合各种操作。这为日常使用iPad增添了许多乐趣。

iPad的多点触摸屏幕通过手指腹来触控制，轻轻点击、滑动即可，效果非常流畅。另外，iPad的触摸屏为电容触摸屏，不能像较早的电阻屏幕一样用指甲或常规手写笔来操作。

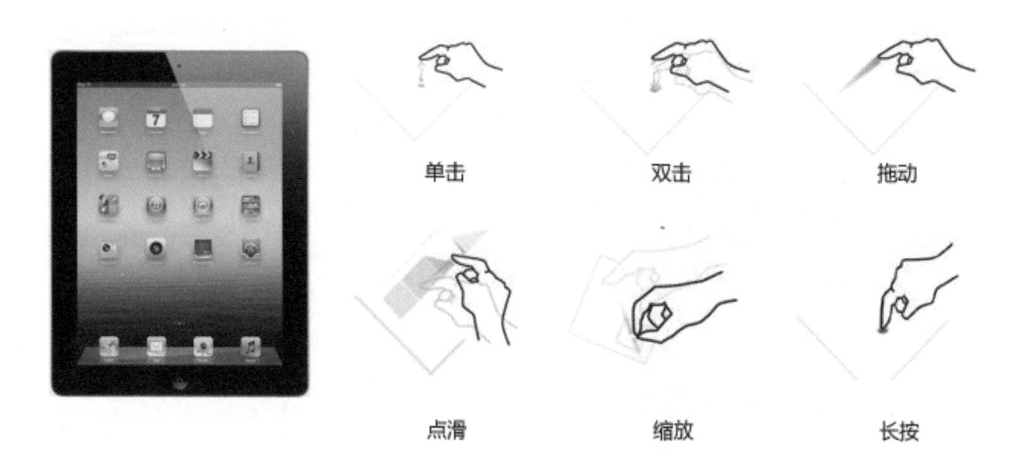

单击

直接点击画面中的图标，或是按钮，点一下就行。这也是iPad最常用的操作。

双击

双击，就是连续两次单击。在地图等程序中，可以用来放大。

拖动

按住某个部分，通过拖拉的方式来翻动页面或图标，移动至所需要的地方。

点滑

手指快速地在屏幕上滑动，向左、向右均可。主屏幕翻页时的常用动作。

缩放

iPad的独特功能，两手指同时在屏幕上，做出分开、收拢的动作，就能实现放大、缩小的效果，主要用于查看照片和网页浏览。

长按

手指按在键盘的某个位置上不动。移动主屏幕上程序图标时，就要用到长按。

快速移动

例如在通讯录，可用快速向上，或是向下移动，可以有快速的翻动效果。

文字输入

点选任何可输入文字的区域，即可呼出虚拟键盘，按下地球符号可切换输入法。

屏幕横置

将屏幕转为横向时，在照片、相机、计算器、Safari、iPod等程序中，会有不同的功能与界面改变，其他部分在App Store（程序商店）中下载的程序、游戏，也有横屏效果。

新的多指操作

新的iOS 5系统，则有了更实用的多指操作方式。在设置>通用中开启和查看说明。这3种手势都是针对4个或5个手指的（效果一样）：捏合来回到主屏幕，可以代替按Home键；向上推送来显示多任务栏，代替双击Home键的操作；左右推动来切换应用程序，有点像翻书的效果，非常好用，之前没有这种切换方式。

简单地说，iPad的操作就这些，不过随着程序的不同，操作方式可能也有所变化。留意哦，下一个程序或许就有令人惊喜而有趣的操作方式，特别是游戏类的。

iTunes、iTunes、iTunes

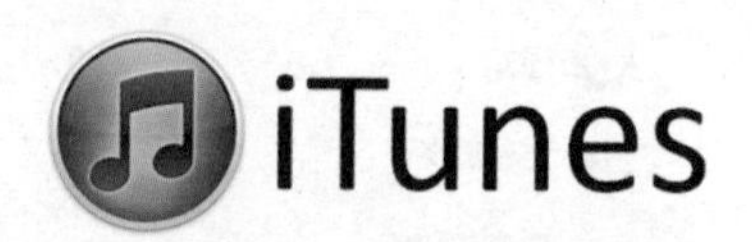

iTunes对很多中国人来说，是个发音很难的英语单词。我听到过周边好几个朋友在念iTunes这个词的时候，发音都不一样。

那iTunes到底是什么？对iPad用户来说，它有什么用？

iTunes究竟是什么？

iTunes究竟是什么？

一个播放器？一家在线数字内容商店？一个iOS设备内容管理器？

都是！

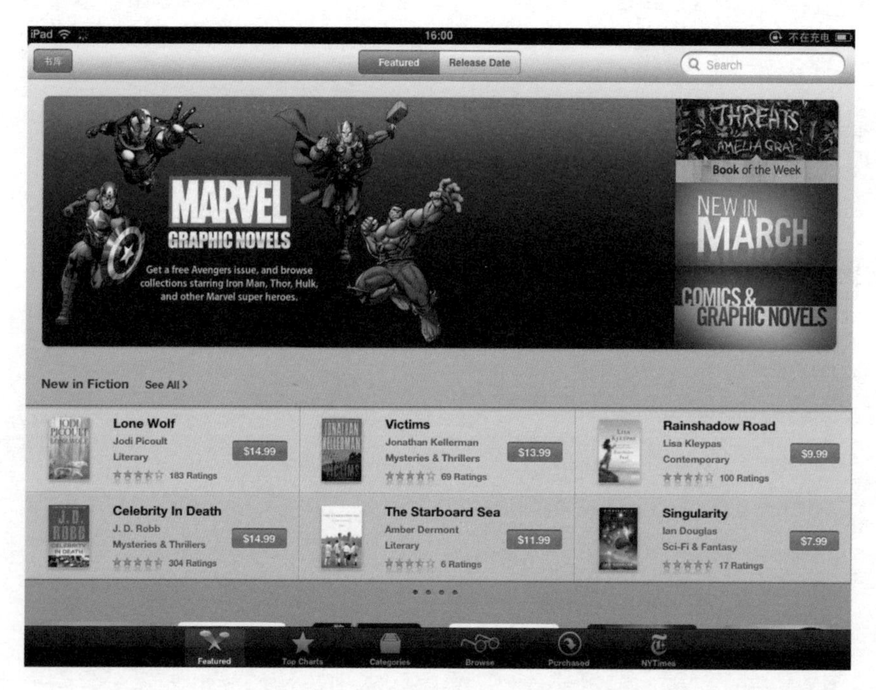

iTunes首先是一款个人电脑上的媒体播放器，在苹果官方中文网站（http://www.apple.com.cn/itunes/）可下载，然后安装到个人电脑上，功能就像暴风影音、射手等播放器一样播放、管理音乐和电影。

iTunes中集成了iTunes Store，这是一家苹果公司负责经营的在线数字内容商店。各种音乐、电影、电视剧、应用程序、电子图书、有声读物、视频课程均可购买下载。当然，有部分内容是免费的。

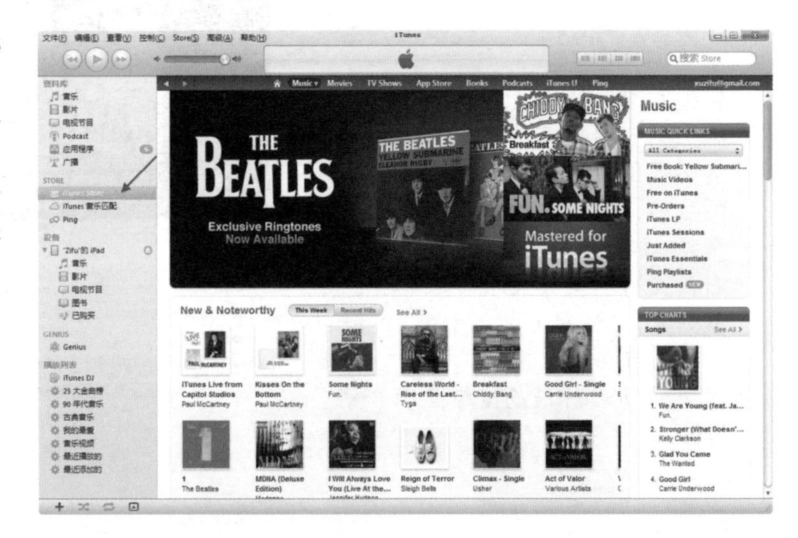

iTunes还是iPad的数字内容管理器。通过iTunes，用户可以把商店中购买、下载的内容和自己的内容导入到iPad中，无论是视频、音频还是电子书。同时iTunes还可以用来备份和恢复iPad中的内容，免除丢失数据的后顾之忧。

数字商店中内容，可以直接通过iTunes购买和下载，通过其特有的"同步"功能再导入到iPad中。

事实上，iTunes作为一款电脑上的应用程序，对国内的多数用户来说，也是很陌生的。作为以款视频和音频播放器，足足有70M左右；支持的格式又不多，就MP3、MP4等几种；启动不快，界面也怪怪的，有点像Windows系统的资源管理器。

iTunes作为一款普通的播放器，在国内是很失败的。名字拗口，支持格式少，体积又大，界面又怪。不过今天关注的是它最闪亮的部分：它是iPad、iPhone、iPod touch等苹果设备的数字内容中心。

iTunes中的iTunes Store

在iTunes在2001年诞生之时，它仅仅是个音乐和视频播放器。但如今，它集成了庞大的在线数字内容，包括音乐、电影、电视剧、电子图书、大学课程、报刊杂志、播客等，已成为Apple公司用户数字内容的庞大平台，即iTunes Store（iTunes商店）。用户可以在这里直接购买和下载内容。

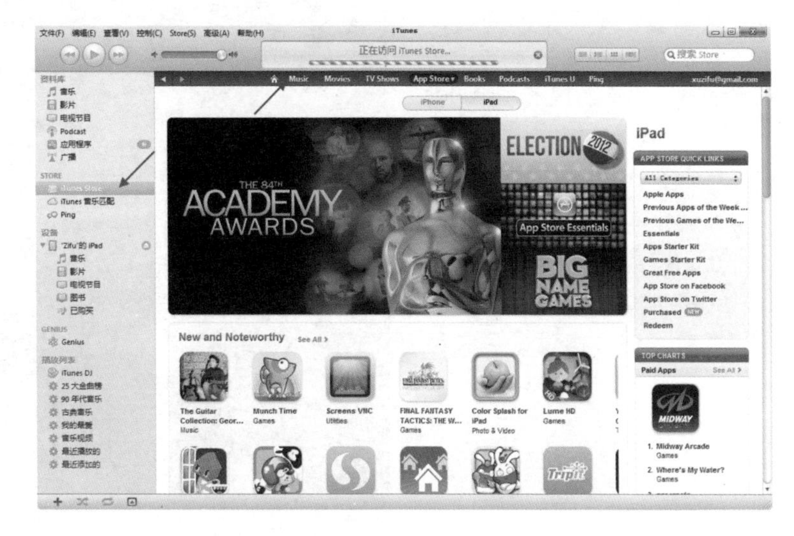

对苹果公司来说，iTunes是目前世界上最大的付费音乐、付费应用程序商店。同时也是数字图书、报刊杂志、大学课程、播客的下载中心。这也让iOS系统有了让其他系统（比如Android、Windows 8）难以超越的内容资本，当然也是财源滚滚。

在iPad上，iTunes Store中的内容可以通过iTunes、App Store、iBooks、iTunes U和报刊杂志这5个应用程序，分别来购买和下载。其中iBooks和iTunes U并不是iOS系统自带的，不过可以在App Store中免费下载。

iPad上的这个iTunes和个人电脑上的iTunes同名，容易让人误解。其实iPad上的iTunes就相当于iTunes Store中的音乐、电影、电视剧、有声读物和播客5部分。

从2012年第一财季，iTunes Store销售收入为17亿美元来看，这家在线数字内容商店确实不容小觑。

细看iPad上的这5家“店”

iPad上的这5家“店”，就是iPad上的5款应用程序：iTunes、App Store、iBooks、iTunes U和报刊杂志。

iTunes 和App Store就是单纯的内容商店；iBooks、iTunes U和报刊杂志这3款程序，既是应用程序（阅读），又是内容商店。

无论是个人电脑上还是iPad上，虽然商店外观上略有不同，但实际上内容是完全相同的。这是iPad上的iTunes Store（音频和视频商店），内容非常丰富，包括音乐、电影、连续剧、有声读物等。iTunes U部分，已经单独有一个应用程序了。

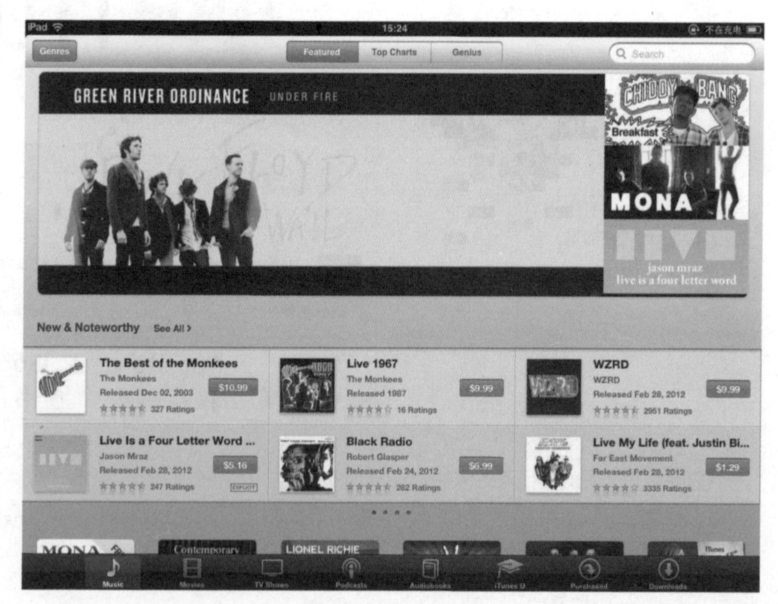

这是iPad上的App Store（程序商店），这里有超过20万款iPad专用程序，还有50多万款iPhone程序。不要忘了，iPad是可以用iPhone程序的，只是全屏分辨率小4倍而已。正是这数十万款应用程序，让iPad变得几乎无所不能。

iBooks、iTunes U和报刊杂志这3款程序，除了有内容商店之外，还有内容展示书架。不过彼此间稍有不同。

如同的书籍，是iBooks的书籍，看上去有点像家里真实的书籍。书可以是在在线的书店中购买下载，也可以通过电脑上的iTunes导入，EPUB或PDF格式的都行。

这是iBooks（电子图书商店），当然主要是英文内容，亮点是《纽约时报》排行榜。中文内容也有一些，多为古典小说等免费资源。如果有更多需求，还是自己导入方便。

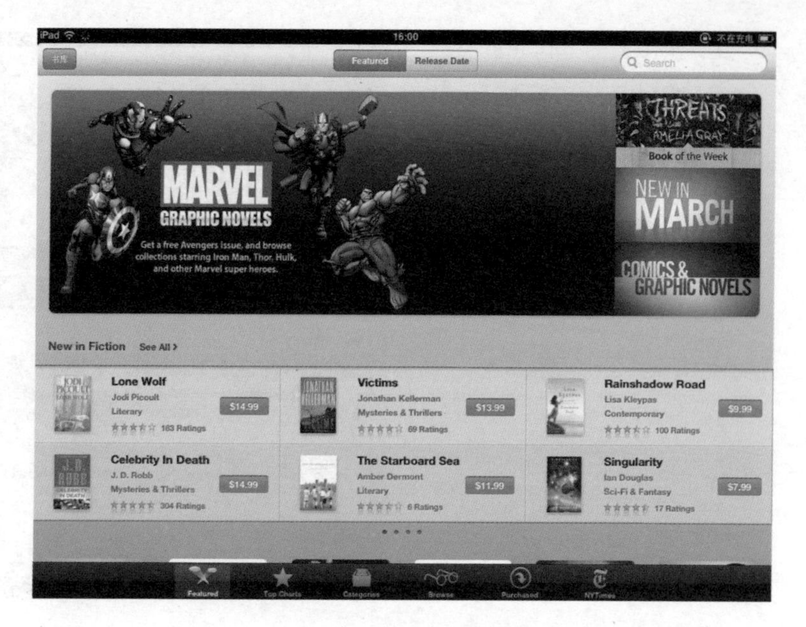

报刊杂志是个从iOS 5才有的新程序，原先App Store和iBooks中多数期刊，如今单独都放在这个程序极其商店中了，这样新期刊的信息和下载更加明确和易于管理。中文期刊也有不少，比如《第一财经周刊》、《时尚时间》、《男人装》、《南都周刊》等。

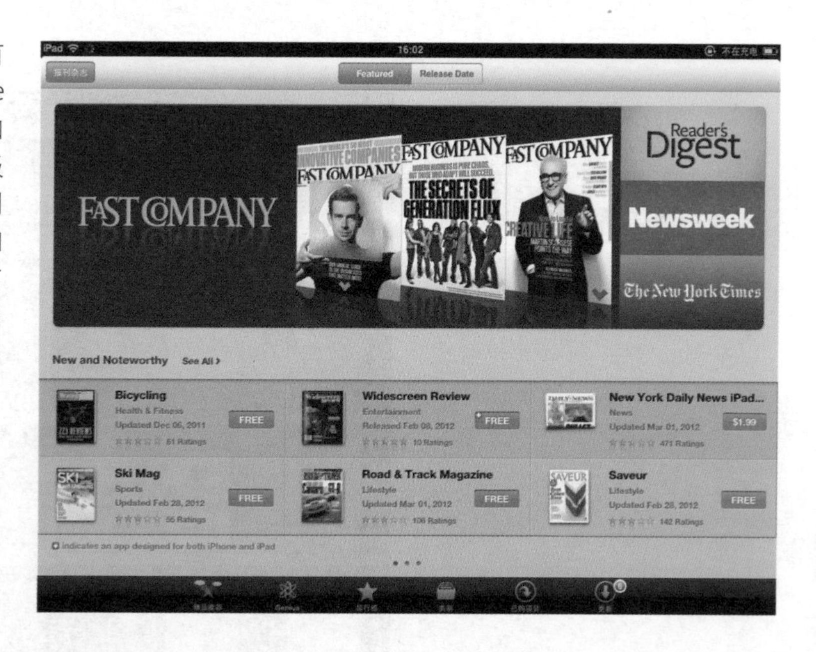

iTunes U也是新加入的应用程序，主要包括了美国不少名牌大学的视频课程，比如哈佛、耶鲁、斯坦福、麻省理工等。此外，也有著名的TED视频集。对国内用户而言，这些视频一般没有中文字幕，学起来会比较吃力。

不过App Store中有网易公开课、新浪公开课等免费视频应用程序，能提供大量带中文字幕的这类课程，相当不错，爱学习的人有福了。

看到这里，大家都能感受到iPad上这5家店中海量的数字内容，而且不少是相当吸引人的。但从喜欢iTunes Store中的这些内容，到下载到iPad上使用，还有一些问题，比如Apple账户是什么、怎么注册、没有信用卡怎么办、为什么我看不到中文内容等，那么且继续往下看。

注册一个Apple ID

初步了解了苹果这三大数字内容商店之后，看着这巨量的电影、电视剧、音乐、程序、图书资源是不是有点眼馋呢？想要马上下载或购买吗？

这时就需要注册一个iTunes Store账户，也就是Apple ID，这个账户是所有苹果设备通用的，比如iPad、iPhone、iPod、MacBook等。只有通过这个账户，才能下载、购买数字商店中的内容，或者使用最新的iCloud功能（同步邮件、日历、通讯录、文档等）。

简单地说，用同一个Apple ID登录自己的各种苹果设备（iPad、iPhone和iPod等），可以自动同步各种设置和数字内容。不得不说，这对用户是相当便利的。

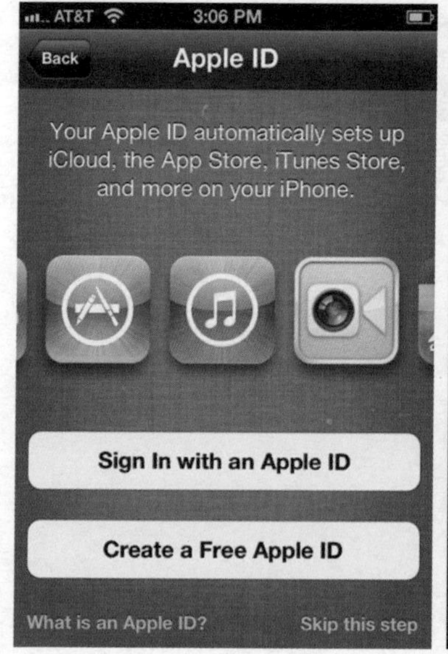

如果要购买付费内容，还需要一张国内银行卡（多数国内银行卡都支持，比如中国银行、工商银行、建设银行等）或者信用卡，信用卡上有如图所示的任一标志（维萨、万事达、运通）即可。

我也来个Apple ID

整个账户注册过程，与常见的网络账户注册过程类似，填入邮箱、密码、提示问题、地址等信息。实际操作时，还有更多的细节，比想象的要复杂些。下文以注册中国区账户为例。

首先你需要下载一个iTunes软件，这个不难，只要登录http://www.apple.com.cn/itunes/，点击右侧的“下载iTunes”按钮就能下载。

下载完成后就是安装。基本上就是点击“继续”，就能顺利完成。但打开iTunes后，你面对的，可能是这样一个怪怪的，你并不熟悉，看去来还有点复杂的界面。

注册一个iTunes Store账户的常规方式，可以从Store菜单下的“创建账户”开始，也可以在iTunes Store页面右上角点击“登录”按钮开始。

点击左侧导航栏中的iTunes Store链接，可以看到iTunes Store的主页。

在弹出的窗口中，单击“创建新账户”按钮。这样就开始注册账户了。

见到这个“欢迎光临”界面后，单击“继续”按钮，进入注册账户的常规流程。正如图中所述，有了Apple ID，“就可以浏览和下载您所喜欢的娱乐节目、高效工作软件和其他应用软件”了。

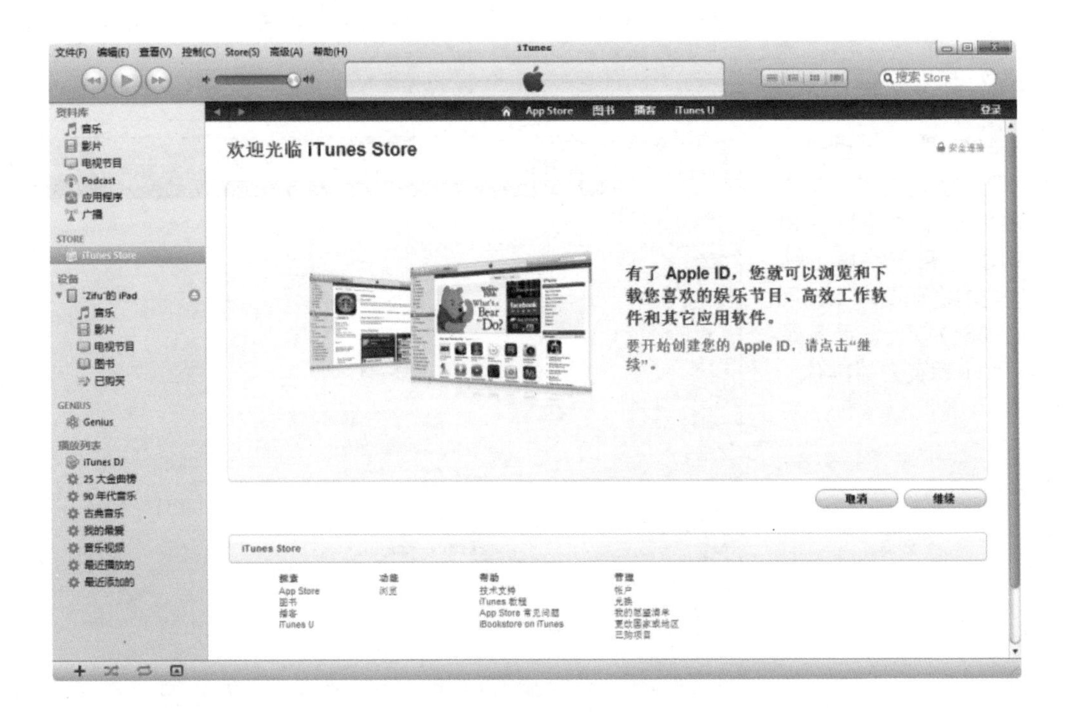

首先是条款，必须勾选“我已阅读并同意以上条款与条件”才能继续顺利注册。条文当然非常长、非常复杂，有兴趣可以浏览下。你如果不同意，很遗憾，走吧，别无选择。

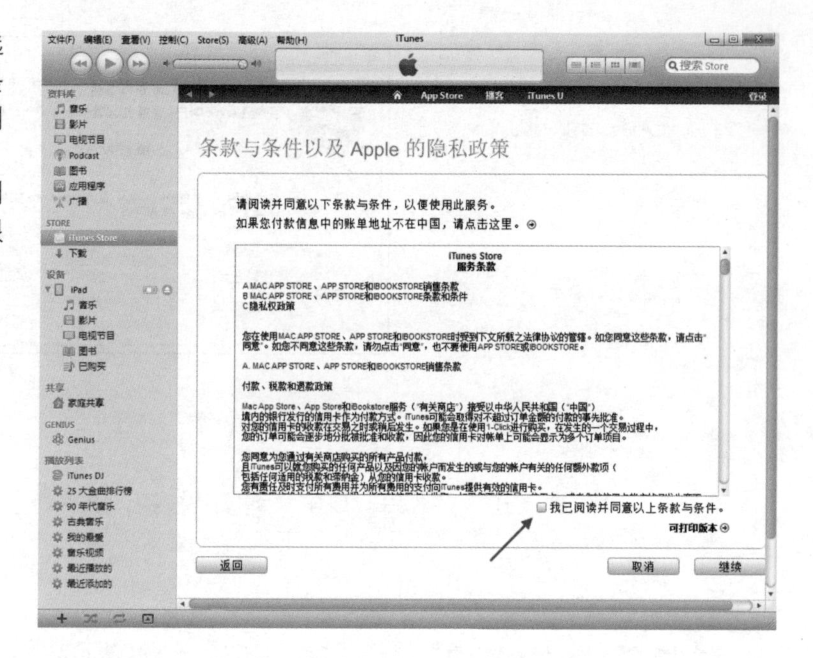

iTunes Store账户，也就是Apple ID，就是注册是首先输入的电子邮件地址。密码、问题、答案等填上即可。这里的密码要求比较严格，必须8位以上，而且是数字、大小写英文都得有。

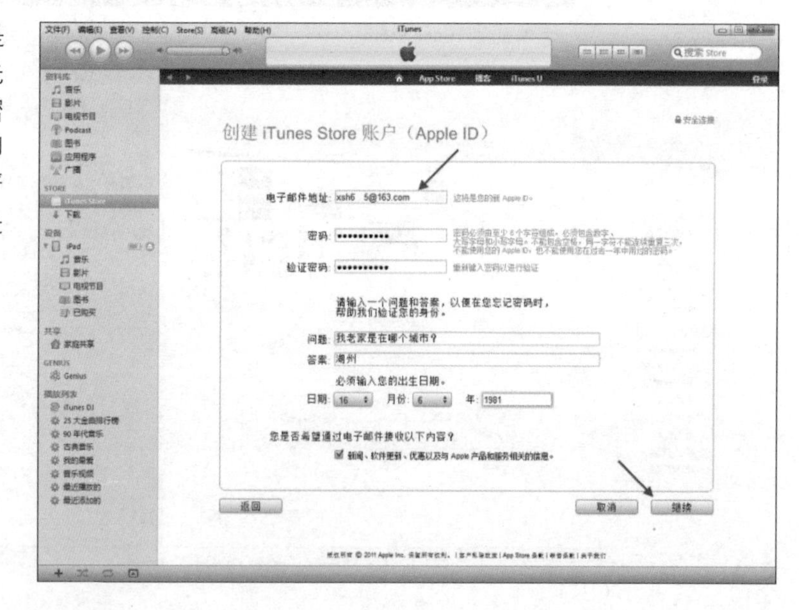

输入基本信息后，接下来是个人的支付方式信息和邮寄地址等信息。这两项都必须填，而且至少支付信息是准确能继续注册，因为这是购买数字内容的支付方式。

支付方式默认有4种：国内的银行卡、维萨（VISA）、万事达 (Mastercard) 和美国运通 (American Express)。

根据提示输入相关信息，信用卡的卡号和有效期自不必说，安全码通常在信用卡的背面，如同所示。邮寄地址基本上用不到，毕竟购买的是数字内容，是否准确，无关紧要。

如果是注册美国区的账户，从网络上搜索一个真实的美国地址即可，包括对应的邮编等。

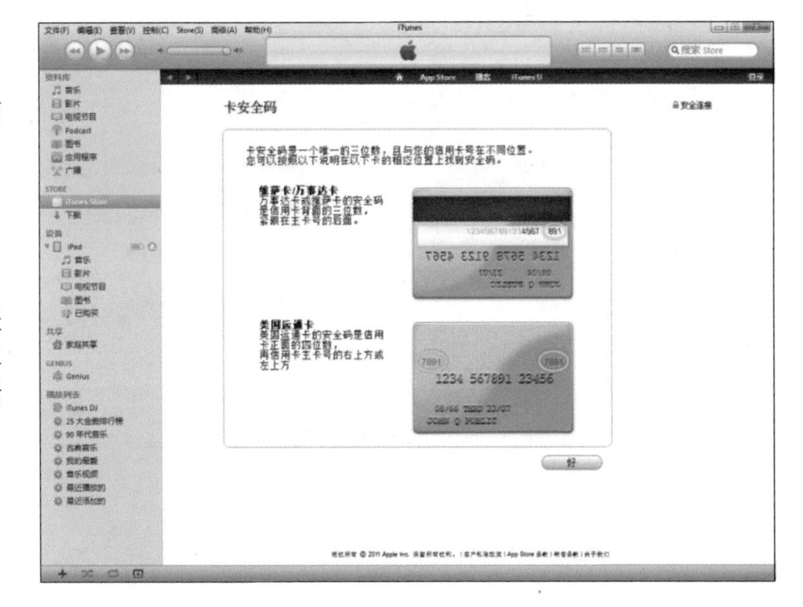

输入支付方式和地址之后，离注册成功就一步之遥了：验证。打开最先输入的邮箱，比如图示的163邮箱。

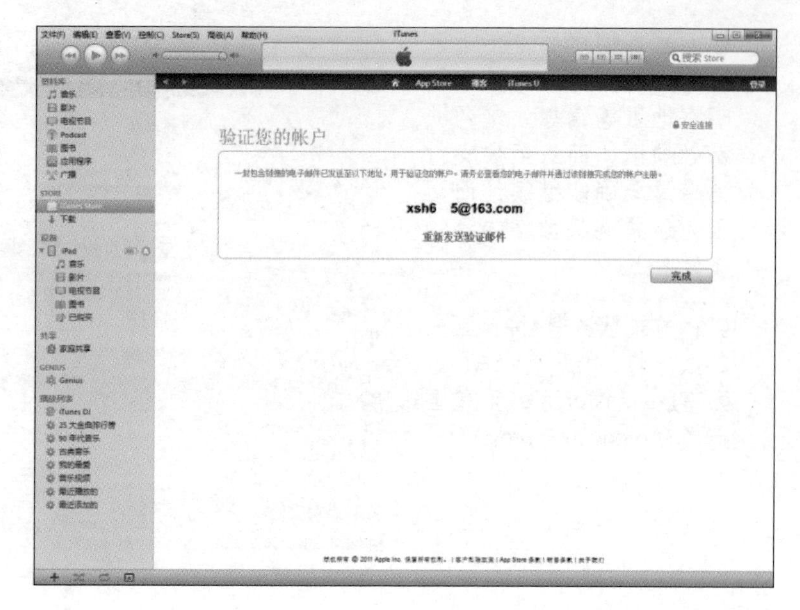

打开邮箱，可以看到一封来自Apple（邮箱appleid@id.apple.com），主题为“请验证您 Apple ID 的联系人电子邮件地址”的邮件。点击“立即验证”，就会自动打开Apple ID的验证页面。

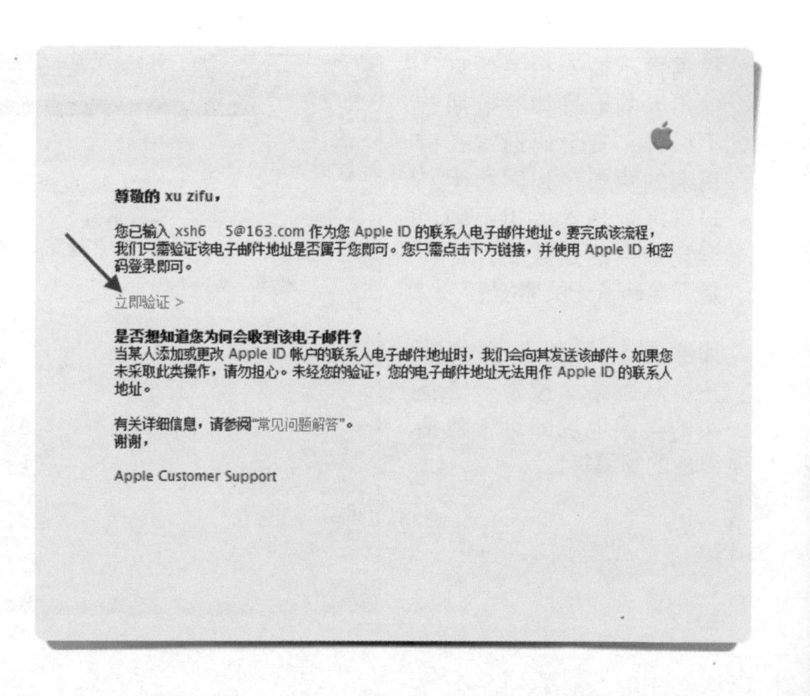

尊敬的 xu zifu，

您已输入 xsh6 5@163.com 作为您 Apple ID 的联系人电子邮件地址。要完成该流程，我们只需验证该电子邮件地址是否属于您即可。您只需点击下方链接，并使用 Apple ID 和密码登录即可。

立即验证 >

是否想知道您为何会收到该电子邮件？
当某人添加或更改 Apple ID 帐户的联系人电子邮件地址时，我们会向其发送该邮件。如果您未采取此类操作，请勿担心。未经您的验证，您的电子邮件地址无法用作 Apple ID 的联系人地址。

有关详细信息，请参阅“常见问题解答”。
谢谢，

Apple Customer Support

Apple ID的验证页面的地址是以https://id.apple.com开头的，界面如图所示。在右侧输入注册时用的邮箱地址和密码后，点击“验证地址”按钮。

见到如图界面，说明电子邮件地址已验证，也就是说，这个Apple ID或者说iTunes Store账户就算注册成功了。

这个注册过程没什么太特殊的，一般是通过iTunes的链接来注册。如果直接通过iPad、iPhone中的链接来注册也是可以的，大致过程一样。

再或者，登录https://appleid.apple.com/cn/苹果官方的注册网站来注册。

关于Apple ID的定义和用途，这里的解释无疑更加完整和准确。

我要“授权”

注册完成后，还有一步特殊的操作“授权”。这对普通用户来说，这个操作有点奇怪的。苹果公司希望通过这步操作，帮助用户妥善保管个人的信息，而不会“随便”地把设备上的这种内容同步备份到“随便”的一台个人电脑上。

授权过程当然很简单，其实就是输入账户和密码，就是确认你是否真的决定在这台个人电脑上同步和备份设备中的资料。每个账户最多可以授权5台电脑，授权成功后，会有提示。

总而言之，通过对电脑进行授权和取消授权，你就可以管理哪些电脑可同步自己从iTunes Store购买的应用程序、有声读物、图书、音乐、影片或者其他内容。

此外，其实Apple公司的各种网络服务，都需要Apple ID，比如iCloud、成为iOS开发者等。

可以登录啦

还是iTunes Store的界面，右上角单击“登录”，输入信息后，终于能登录啦。中国区的账户登录后，自动显示中文区的内容：App Store（程序商店）、图书、博客和iTunes U，而没有电影、音乐等内容。

在右上角的账户中，可以查看自己的账户信息，比如自己的付款方式、账单地址、以及上文提到的授权等问题。

如果授权的电脑过多（也可能是重装操作系统），可以在这里取消授权，然后重新授权。

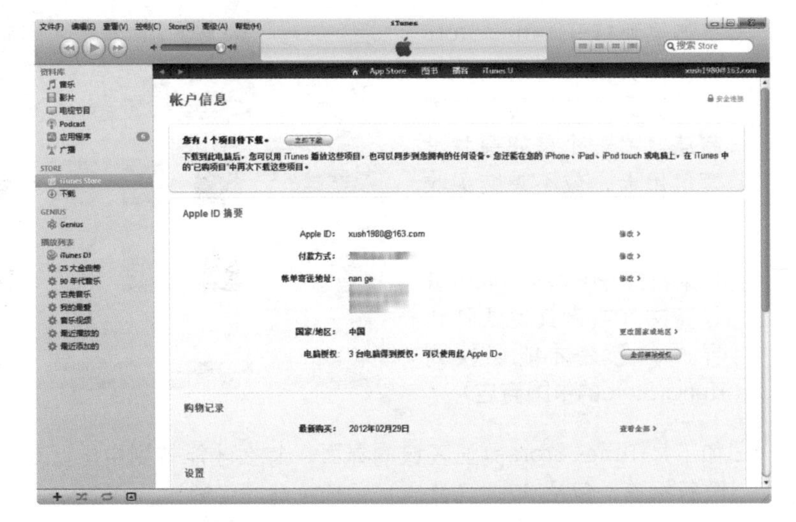

购物记录，当然非常好。帮助我们记录曾经在iTunes Store下载或购买过的内容。

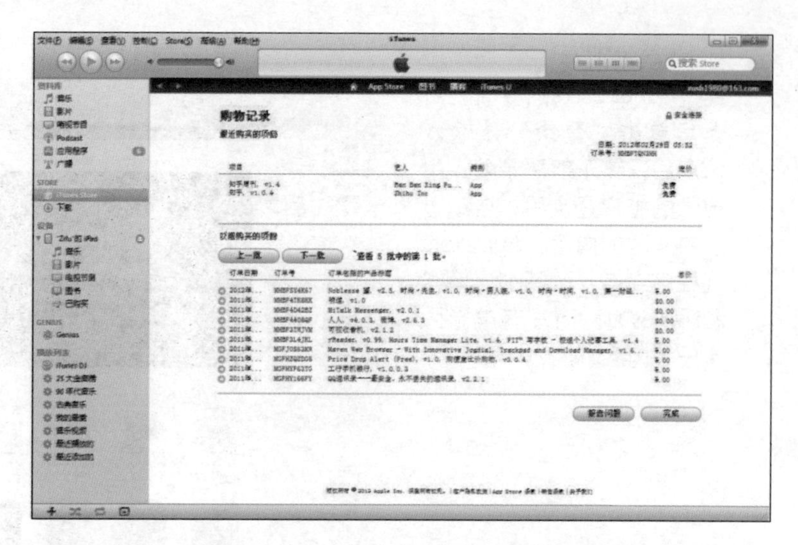

很多人找不到Apple ID的用户信息、下载记录等内容，确实也不太容易找到。需要在iTunes中登录，而且是在下拉菜单中。

还有两个问题

以上注册流程，看似天衣无缝、理所当然，但这里还有两个“问题”：一个是如果我打开iTunes Store时就是英文（或者其他语种）界面，如何转到中国商店？另一个是如果我没有信用卡，或不想购买收费内容呢？

如果我打开iTunes Store时就是英文（或者其他语种）界面，怎么才能切换到iTunes Store的中国商店？

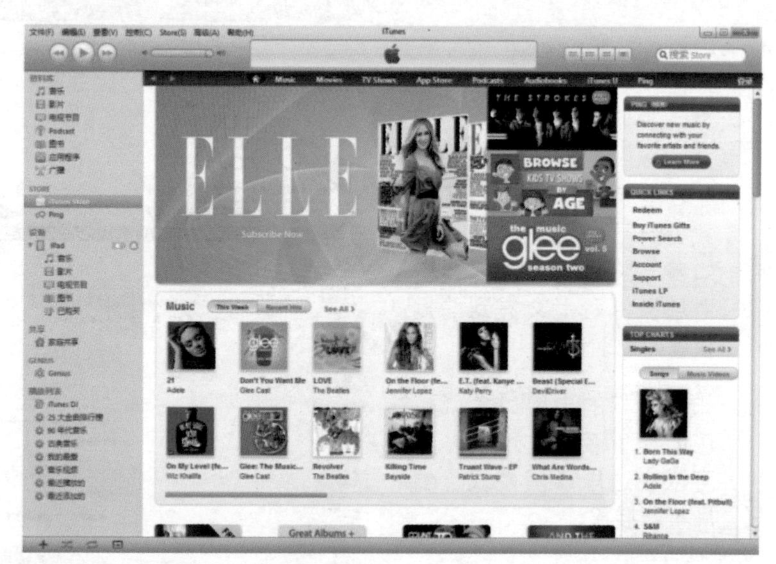

如下是iTunes Store美国区域的界面，怎么才能转到中国区域呢？留意iTunes苹果标志下面的一行标签，包括Music（音乐）、Movies（电影）、TV Shows（电视剧）、App Store（程序商店）、Podcast（播客）、Audiobooks（有声读物）、iTunesU（iTunes大学）和Ping（音乐社交）。而中国区域只有App Store（程序商店）、Podcast（播客）和iTunesU（iTunes大学）这3项。

要更改iTunes Store的区域，可以翻到在当前页面的底部。点击Change Country（改变区域）链接或右下角的圆形按钮（本图所示是美国区的图标），就能进入更改区域的选择界面。

这就是区域选择的界面，即使看不懂英文China，估计这个标志还是能认出来的。点击这个图标后，就能进入中国区域的iTunes Store了。

如果要从中国区域换到美国区域，方法当然是一样的。只要找到并点击星条旗的标志（United States）就行。

上文提到的，注册美国区域账户，就是通过这里来切换，注册流程完全一样。非常建议国内用户也同时注册一个美国区账户，因为美国区的iTunes Store中内容更多。同时也支持国内的双币信用卡，也就是有（维萨、万事达、运通）标志即可。

如果我没有银行卡，该怎么办？

如果我没有银行卡，或者暂时不想输入银行卡信息，该怎么办？如果光从上文来看，似乎看不到明显的解决方案，因为在4个支付方式（银行卡、维萨、万事达和美国运通）中，至少要选择一项。

但是，苹果还是为没有银行卡的用户留了一条不那么明显的注册途径。下文以中文商店为例，英文也一样。

先翻到App Store主页中的免费程序板块，点击排行榜上任意一款免费程序，打开该程序的信息界面。

比如图示的搞笑办证这款免费程序，然后点击图标下的“免费应用程序”按钮，这时会弹出对话框，提示你注册账号。

单击“创建新账户”按钮后，进入账户注册流程。

注册的其他内容都完全按照前文所述的方式填写，有趣的是，这里的支付方式多了一个“无”的选项，这就是我们想要的。地址和其他信息随意即可。

接下来，同样是邮箱验证。完成后，就能用该账户的登录iTunes Store了。功能与常规注册账户一样，只是不能下载收费内容。

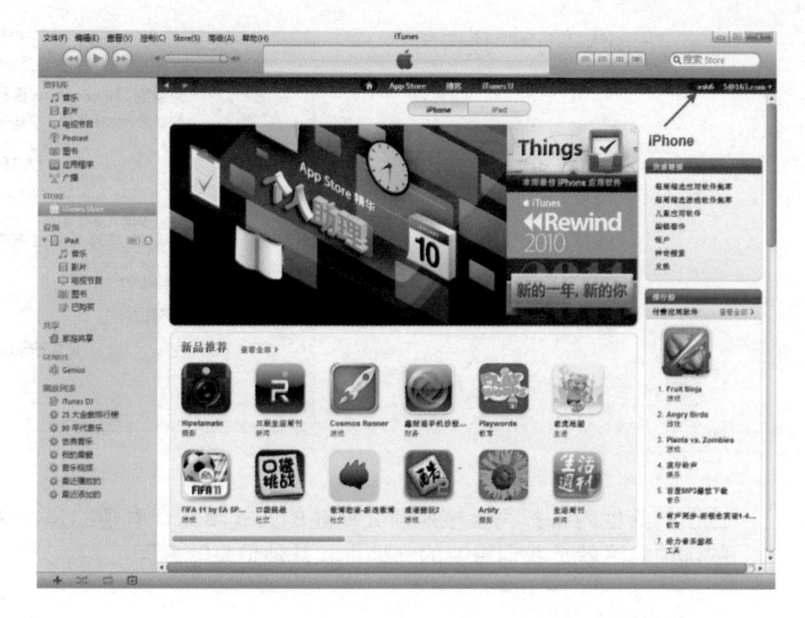

对于iTunes Store的入门用户来说，这里有足够的免费内容可以下载。如确实需要，再登录后输入支付信息不迟。

此外，在iPad上，可以通过设置中的Store（商店）来快速登录。其实一次登录后，其他两家商店也都自动登录了，只是购买和下载内容时都需要输入密码而已。

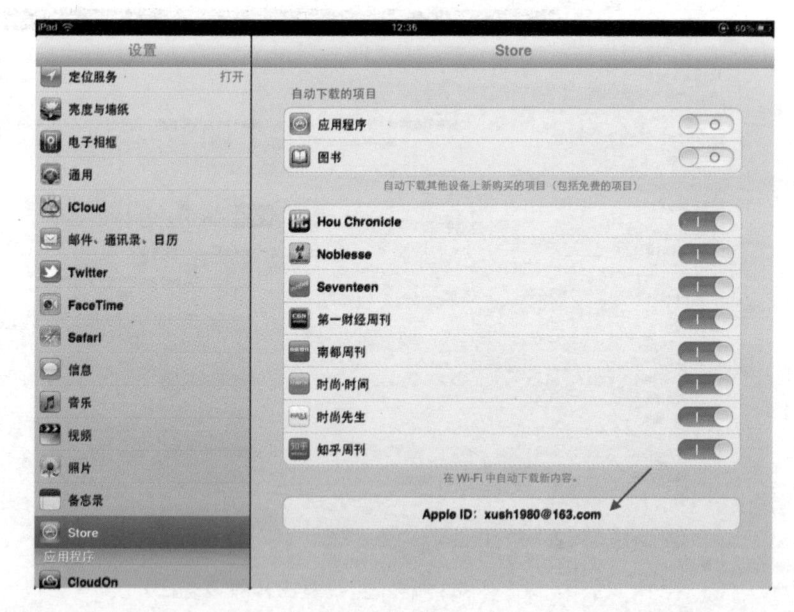

上文演示了如何注册一个Apple ID（即iTunes Store账户），这个账户对于iPad用户至关重要，好比有手机就必须要有手机号一样。对于苹果的数字电子设备，比如iPad、iPhone、iPod，iTunes就是其内容中心，没有iTunes，根本就玩不转。

因为iTunes Store账户是有区域差别的，目前总共有90多个国家和地区可供选择。通常是不同国家的iTunes Store账户，所得到的内容和服务也是不一样的。

作为中国用户来说，通常建议需要申请两个账户，一个中国账户，一个美国账户，当然申请更多也可以。中国大陆地区的账户能更容易找到加适合大陆用户的应用程序，比如微博、QQ、飞信、人人、开心、新浪、航班管家、我爱背单词等；也能下载iTunes U中的免费课程资料、Podcast（播客）中音频读物，即图示中上面一排的服务。

注册一个美国地区的账户，就可以享受更多的服务，当然多数是付费的，而且以美元计费。除App Store（程序商店）和iTunes U外，还有Movies（电影）、TV Shows（电视）、Podcast（播客）和Audiobooks（有声读物）等版块，即也包括了下面一排的服务。

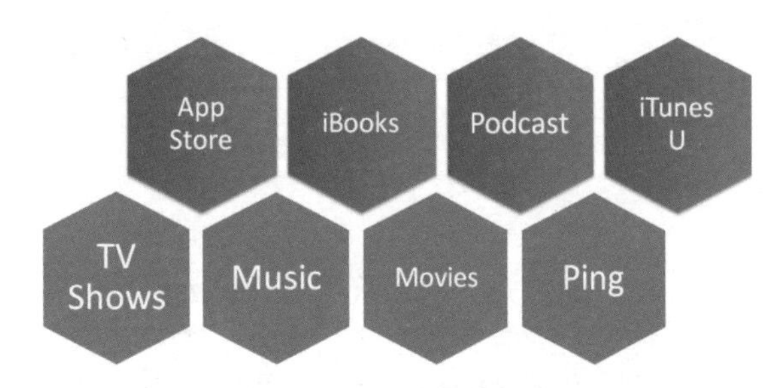

值得注意的是，任何收费数字内容，在中国区是人民币计价；美国区则以美元计价。同一个收费程序，比如美国区是0.99美元，中国区则是6元人民币，就目前6.4左右的汇率而言，在中国区购买还稍稍实惠一点点。当然，中国区没有的内容，那只能通过美国区账户支付美元了。

有了Apple ID之后，iPad用户体验才算真正开始。很难想象，没有好内容（程序、音乐、视频、游戏）的iPad会是风靡全球的iPad。

购买一个应用程序

购买数字内容，对多数国内用户来说，还是比较新鲜的。原先“一手交钱，一手交货”的感觉，在iTunes上是如何实现的呢？这里的支付，自然就是从你账户的银行卡中扣取；交货，就是启动下载，并在账户信息中记录。

现在国内的银行卡，绝大多数可以开通短信提醒功能，在你消费的时候，会自动发短信提醒消费的时间和额度。如果你要经常在iTunes Store中购买数字内容，还是建议去银行开通这项提醒功能，以便随时了解银行卡的支付情况。一般情况下，购买过的内容，多次下载是不需要再次付费的。

在支付完成后，iPad（或者iTunes、iPhone等）就开始下载已经购买的数字内容了。当然，最好还是用Wi-Fi来下载，一方面速度相对较快，另一方面也节省因下载流量而产生的费用，特别是当内容有几百兆的时候。

如果你只是先想试试，那么可以先不输入银行卡信息（采用上文不用银行卡的支付方式注册），下载免费的程序和内容，找找感觉。

在电脑上的iTunes中下载一个应用程序试试

回到iTunes的主界面，点击右上角“登录”按钮，输入刚注册的Apple账户，就能顺利登录了。你的账户名称会显示在右上角原先“登录”按钮的位置。主页上是各种精选程序推荐，可以直接点击进入查看简介；右侧是各种分类、付费和免费程序排行。

这时，你就可以进入iTunes Store的中文商店好好逛逛了，看到中意的内容或程序，就能很方便地购买并下载了。当然其中有不少内容是免费的。

比如要下载“酷我听听”这款程序，可以先通过顶部导航条，切换到App Store（程序商店）。在右上角输入“酷我”进行搜索。这款虽然是iPhone程序，但iPad也能下载和使用。

单击下载按钮，就能下载了，下载状态在左侧和顶部都能看到。当然，即使是免费程序，也是需要输入Apple ID和密码的。

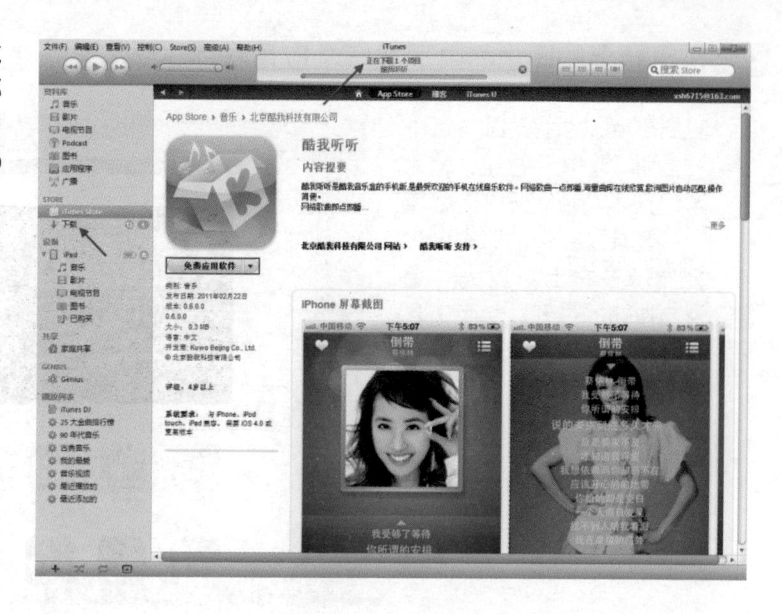

要通过“同步”，把这款程序安装到iPad上，还需要进行如下操作。先把iPad连上电脑，然后在其应用程序标签下，勾选“同步应用程序”和“酷我听听”，再单击“应用”按钮，稍等就能同步完成，这样“酷我听听”就安装到iPad上了。

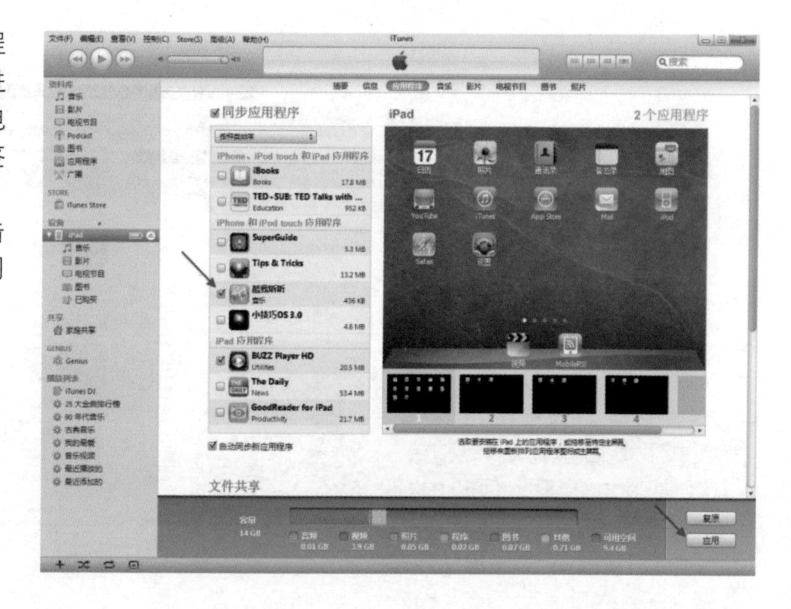

iTunes商店中当然还有很多其他内容，比如电影、音乐、电视剧等，基本上也是这样一个流程，先购买下载，再“同步”到iPad中。

当然，不要忘记“授权”这步操作，否则是无法同步的。

直接从iPad上的App Store下载安装程序

如果直接从iPad上的App Store（程序商店）直接购买下载（需要有无线网络支持），则更容易，不需要同步。购买时需要输入账户密码来确认。如果同步，那就是把该程序备份到个人电脑上了。

通常查找自己喜欢的程序，是通过右上角的搜索框，比如搜索人人网的iPad客户端，在你输入的时候，改搜索引擎也能智能提示内容。

搜索到之后，就能查看有关“人人 HD for iPad”这款iPad程序的简介和屏幕截图，也可以看到其他用户对它的一些看法和评价。

通常，不少iPad版的应用程序，名称和图标上都有HD的字眼，即高清的意思。如今最新的iPad分辨率为2048×1536，为iPad 2的4倍，更算得上是高清了。

点击图标下的安装按钮，在弹出的提示框中输入Apple ID和密码，点击“好”之后，这款“人人 HD for iPad”就开始自动下载了。

如果是收费的应用程序，还会提示是否确认购买。

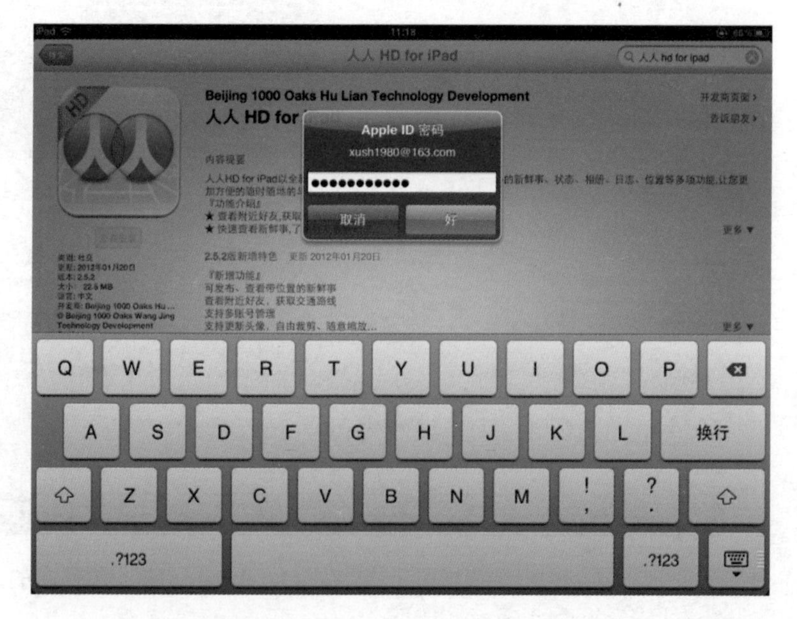

下载过程启动时，iPad自动回到主屏幕，新增的“人人 HD for iPad”底部有下载进度条。等进度条消失，就说明程序下载并安装完成，就能正常使用了。

如果下载几十兆甚至几百兆的应用程序或内容时，建议在晚上睡觉充电时进行，两不耽误。

此外，对于一个iTunes Store账户，苹果公司会每月寄给你一封电子清单，这里记录了这个月以来，你的购买下载记录，便于你核实。

当然，在iTunes的账户信息中，也能查看自己的下载和购买历史。

iTunes　　Receipt

Billed To:
xuzifu@gmail.com
zifu xu
76 Massachusetts ave cambridge,02139
NORTH ABINGTON, MA 02351

Order Number: MGQM4GW5S9
Receipt Date: 02/10/11
Order Total: $0.00
Billed To: N/A

Item Number	Description	Unit Price
1	Wise Quotes 1.03, v1.03, Seller: Xuwei Liang (4+) Write a Review Report a Problem	Free
2	Top100Apps Free, v1.1.0, Seller: Shuntao Liu (4+) Write a Review Report a Problem	Free
3	WebApps-Finder, v1.0, Seller: CXA Write a Review Report a Problem	Free
4	My Reader 掌讯书苑 free, v1.3, Seller: Guangcan Mao (4+) Write a Review Report a Problem	Free
5	Bing Wallpaper Downloader, v1.3, Seller: Gao Dayong (4+) Write a Review Report a Problem	Free
6	PM Reader 摩根书院, v1.0, Seller: HONG KONG PRAISE INTERNATIONAL TECHNOLOGY CO., LTD (12+)	Free

Those who bought your selections also bought:

Best Self-Help Quotes
Michael Quach

iPhone Life magazine
Thaddeus Computing, Inc.

购买感谢信

初次用注册的Apple ID在iPad上登录App Store（程序商店）后，苹果公司会发送一封名为《Thanks for purchasing your iPad》表示感谢的电子邮件给你，简明扼要地告诉你接下来你可以如果学习用iPad、通过iPad来做点什么等信息。

如果确实是第一次使用iPad，邮件中的视频连接还真的能帮助你快速了解iPad的基本使用方法，包括基本操作、Safari（网页浏览器）、Photos（照片）、Mail（邮件）、iBooks（图书）等。即使完全听不懂英文解说，不过相信你也能看懂八九成了。

Welcome to iPad.
We can't wait to
show you around.

It's easy to discover all the amazing things your iPad can do. Check out these helpful videos and other great resources.

Learn about your iPad with video guided tours:
Safari ▸
Photos ▸
Mail ▸
iBooks ▸
See all videos ▸

邮件的第二部分是告诉你如何从App Store中找到更多实用的应用程序，比如免费的iBooks程序，收费的办公软件Keynote、Pages和Numbers（苹果公司出品的办公套件）等。此外，还有iTunes Store（苹果公司的数字内容商店）、如何从苹果直营店寻求帮助、如何购买iPad配件等。

Discover thousands of iPad apps.

Browse the App Store. Check out all the new apps that take advantage of the screen size and power of iPad. New ones are added every day. Learn more ▸

Download the free iBooks app. Curling up with a good book is easy with the great selection of titles at the iBookstore. Download now ▸

Get three great apps for getting things done. Create amazing presentations with Keynote, documents with Pages, and spreadsheets with Numbers.*

Play favorites from the iTunes Store.

Ready to watch and listen like never before? The iTunes Store makes it simple to preview and download blockbuster movies, hit TV shows, and all your favorite music. Learn more ▸

Learn about iPad from our experts.

Check the schedule for your favorite Apple Retail Store and find workshops on how to get the most from your iPad. Learn more ▸

Find accessories for your iPad.

From cases and docks to keyboards and earphones, we have the perfect gear to help you do more with iPad. Shop now ▸

第三部分是一些技巧提示。比如可用从iBooks的在线书店中，可以免费下载一份英文版的iPad用户手册；如果让iPad成为家里的电子相框；以及如何通过苹果公司的MobileMe服务找到自己丢失的iPad等。

最后这部分提醒你要经常更新iPad，这会让你的iPad更好用，无论是固件还是软件。虽然它说操作起来很容易，其实对很多人来说，做到这点并不容易，至少我周边很多朋友多对iTunes的同步功能都是敬而远之的态度。

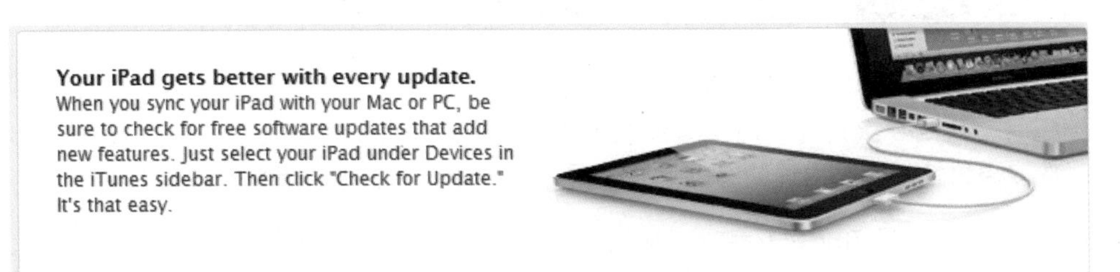

这封感谢信本身并算不了什么，不过从内容上看，苹果公司还是非常重视用户对产品的初次体验和感受的，并且想办法帮助用户更容易地上手，哪怕是太平洋彼岸的，不少是看不懂英文的中国用户。

资料同步与备份

对于每个用户来说，个人电脑上iTunes也是用户获得和管理数字内容的平台。无论你是iPad、iPhone，还是iPod用户，你的数字内容都可以用iTunes来下载、复制和备份。iTunes方便用户通过个人电脑，在其在线商店中，找到、购买、下载自己喜欢的音乐、电影、程序、图书等内容。

内容管理平台

个人电脑上的iTunes对于iPad来说，最重要的功能就是“同步”，即让个人电脑和iPad上的个人资料保持相同，从这个意义上来说，同步就是备份。无论是音乐、图片、视频、书签、日历、程序、邮件、通讯录都可以通过同步的方式，把存放在个人电脑上的资料导入到iPad中。

当然，反方向也可以，从iTunes下载或添加的内容，可以通过同步导入到iPad中。

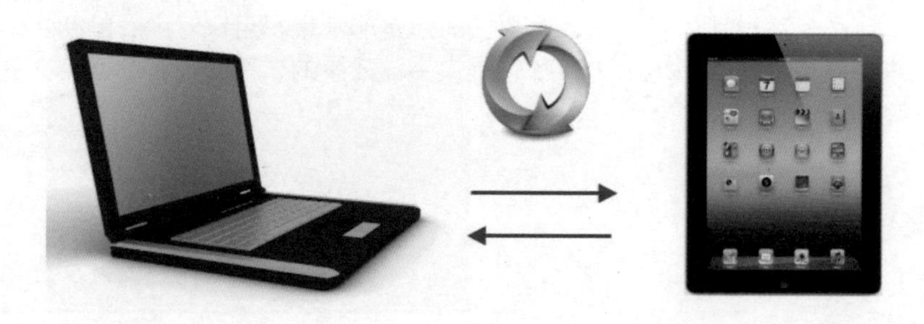

简单地说，同步功能可以帮助你备份iPad中的各种重要数据，无论哪一部分不小心删除或丢失了，都可以通过同步重新找回来，所以建议勾选连接此iPad时打开iTunes，这样每次联机时都会提示同步。

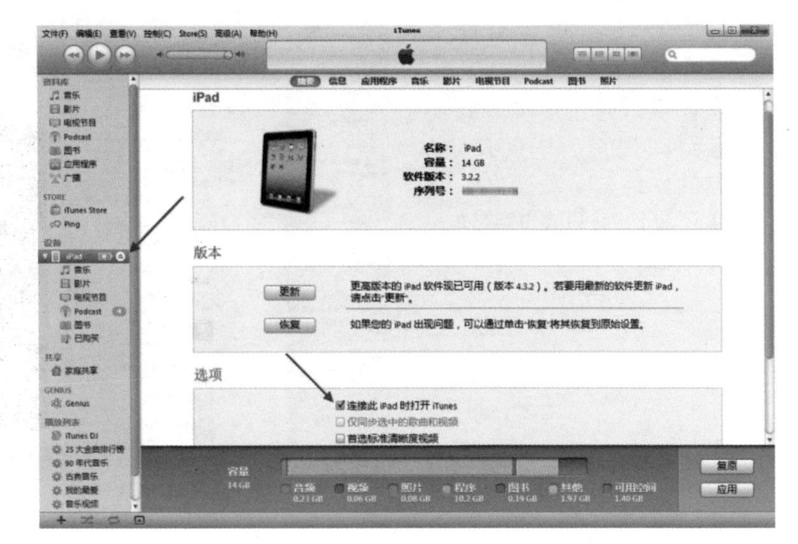

同步的过程也相当简单，在信息、应用程序、铃声、音乐、影片等标签中选择需要同步的内容，然后单击右下角“应用”按钮即可。如图所示为应用程序，其他部分操作也完全相同。

在应用程序版块，不但可以选择需要同步的程序，在右侧程序页面上，还可以通过鼠标来调整iPad上的图标位置，比直接在iPad上手动调整更快捷。

体积比较大的应用程序（几百兆甚至1GB以上），建议可以通过这种方式安装到iPad中去，毕竟个人电脑的网络的下载速度，通常还是比Wi-Fi或3G要快，费用低。

最需要备份的，应该就是信息版块中的内容。其中有通讯录、日历、邮件等最常用的信息，甚至还有书签（即浏览器收藏夹中的内容）。如果你电脑上有Microsoft Outlook，就可以在这里选择同步的内容。

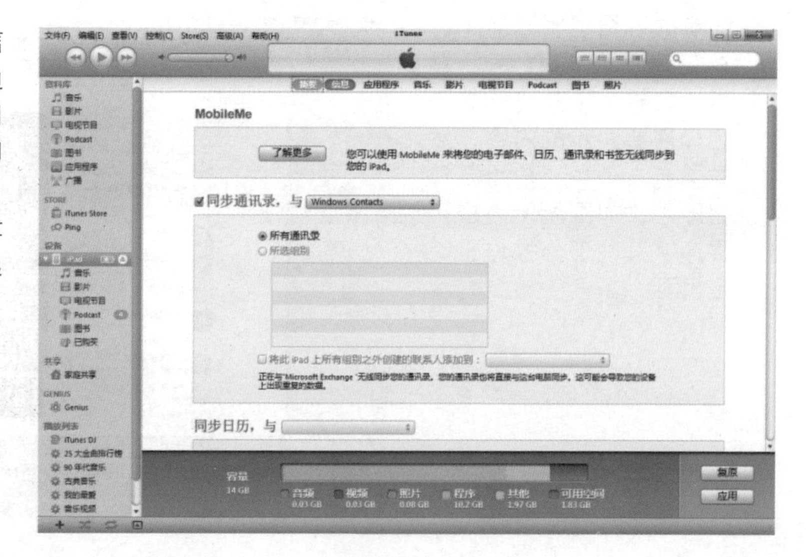

不要忘了，全新iPad自然也有PC Free功能，即能支持Wi-Fi进行无线同步，不用再用数据线了。不过前提是在iTunes中勾选“通过Wi-Fi与此iPad同步”。

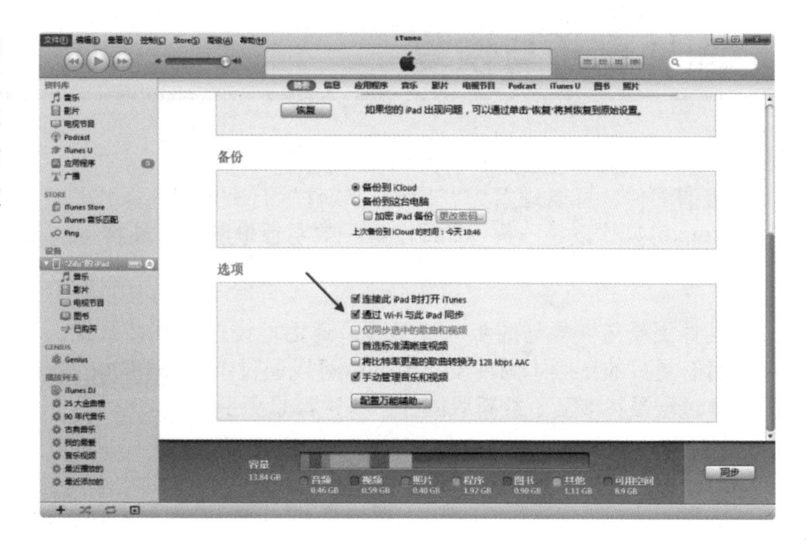

在无线连接的状态下，通过iPad上的“iTunes无线局域网同步”功能，能随时进行手动同步。

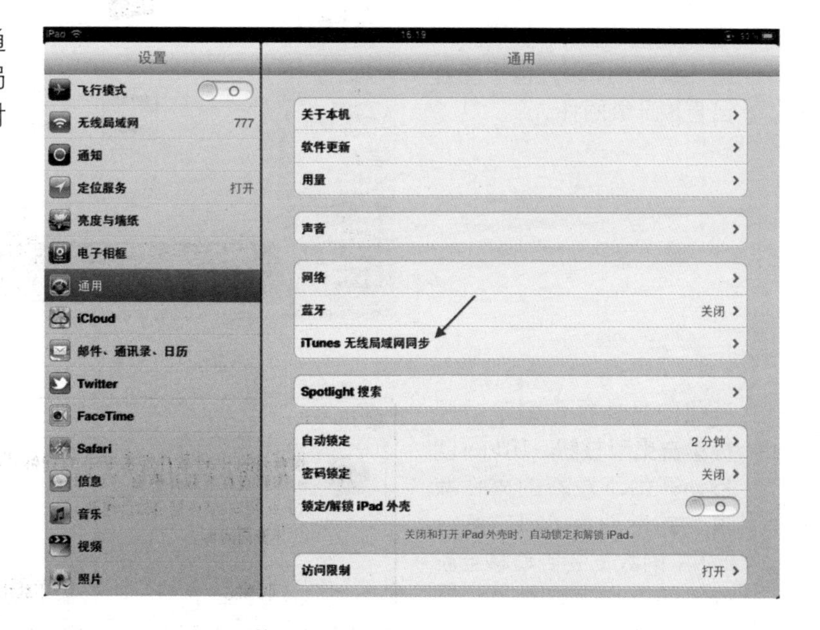

有了同步功能，iPad中的数据就有了一份保障。即使iPad万一丢失，至少数据还是在的。

固件更新与恢复

所谓固件，可以理解为“固化的软件”，即iPad的操作系统iOS。正如个人电脑有Windows、Linux等操作系统一样，iPad作为一款平板电脑，有其特有的操作系统，以便其他的程序能够在这个平台上运行。

固件更新与恢复与同步一样重要，通俗地说就是重装系统。当iPad出现难以解决的故障时，或者有更好的新版本固件发布时，就可以通过iTunes对iPad的固件进行恢复或更新。固件更新与恢复过程虽然涉及下载新版固件，不过都是免费的。

要实现iPad固件的升级或恢复，需要一台个人电脑，并安装上最新的iTunes软件，然后打开个人电脑上iTunes，把iPad通过数据线连接到这台个人电脑上。即使最新的iPad，也不能自己直接升级固件。

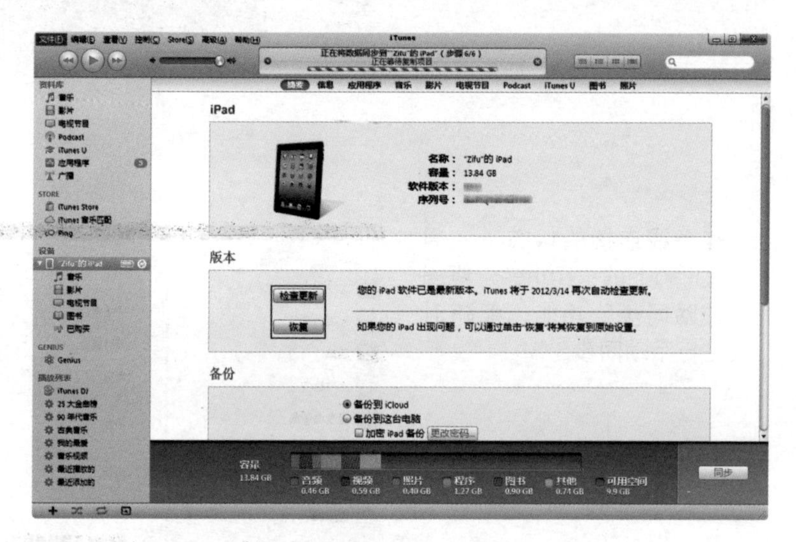

升级的具体操作如下：鼠标单击更新按钮，iTunes就自动开始下载新的固件版本，并自动为iPad安装，iPad中的数据会自动移至新的固件中，也就是说，升级后的iPad会保留原来的数据信息。

如果要恢复固件，则鼠标单击恢复按钮，iTunes就自动开始下载现有的固件版本，并自动为iPad安装，iPad中的数据会被完全清空，也就是说，恢复后iPad中个人数据完全消失。不过，如果有备份，还可以同步回来。

同步完成后，iTunes会自动保存数据备份，管理备份的数据版本，如果要查看这些备份，可以选择编辑>偏好设置命令，在弹出的iTunes设置对话框中，选择设备标签。如果某些备份已经不需要了，可以选择删除。

此外，如果你对备份数据的安全仍然非常担心，可以在备份前，在摘要版块勾选“加密iPad备份”选项，然后为备份数据设置密码。

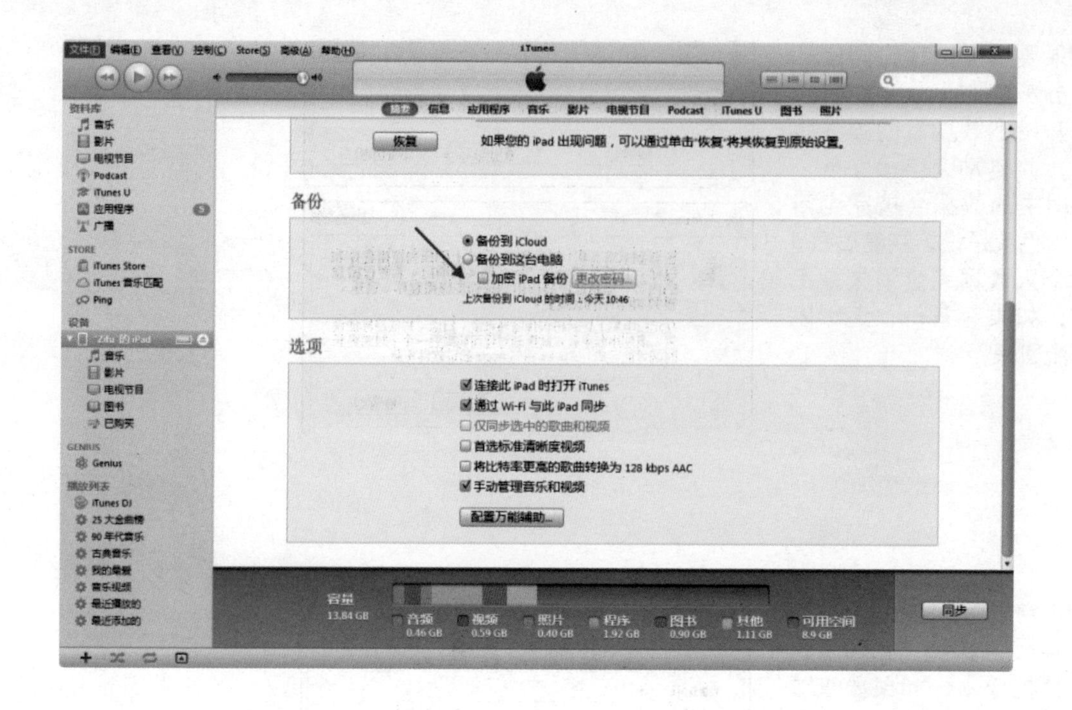

虽然操作不是特别复杂，但固件升级与恢复还是很重要，固件的好坏决定着iPad的具体使用效果和安全，甚至会影响电池的使用时间。如果有新版本固件推出，还是建议即时更新。

iPad 轻松玩转 3

花点时间来学习iPad的基本操作，其实是件挺轻松愉快的事，比如熟悉各种自带程序，照片、音乐、视频、地图、浏览器等。最新的iOS 5，带来了更多的手势操作，以及能够同步各种数据的iCloud。

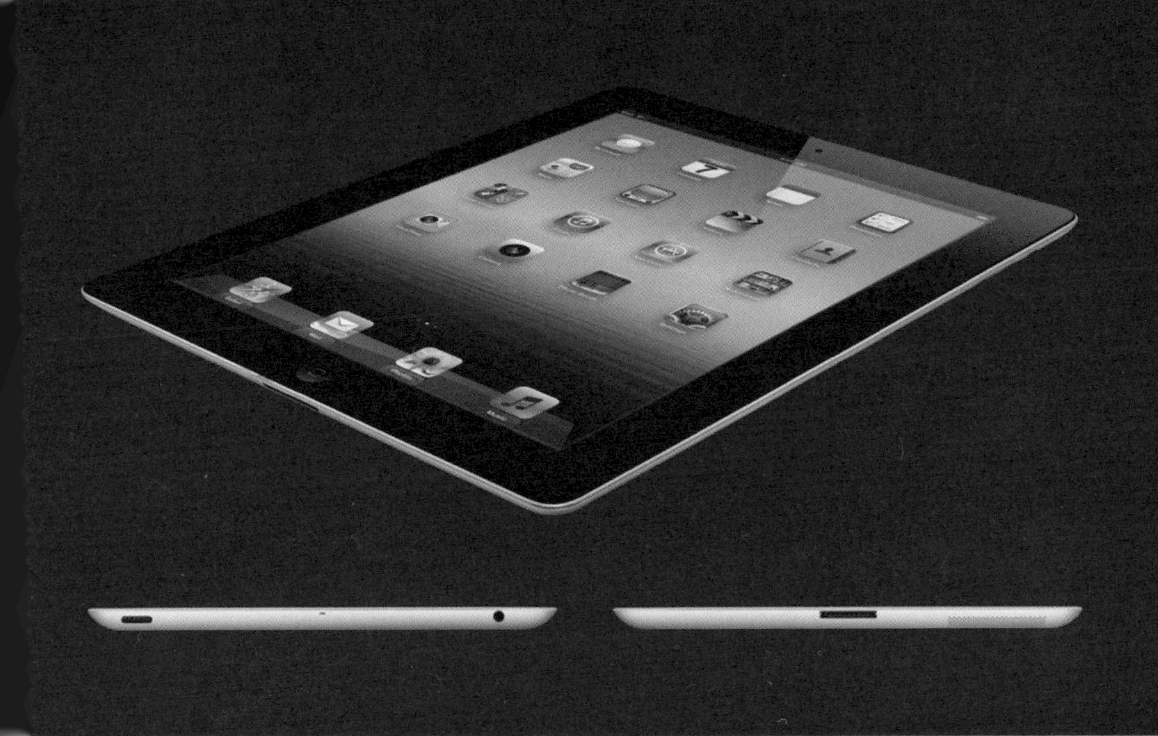

你不可能有预见地将生命中的点点滴滴串联起来。
只有在你回头看的时候，
你才会发现这些点点滴滴之间的联系。

——史蒂夫·乔布斯

现在，iPad已经激活了，Apple ID也注册过了，iTunes也不是问题了。那么iPad真正精彩的部分，就开始随着你“咔”一声滑动滑块解锁操作之后，开始展现了。

没错，这就是iPad的系统iOS和自带应用程序。

正如我们个人电脑上常用的Windows系统一样，现在我们面对的也是一个操作系统和一组应用程序。全新iPad的操作系统是iOS 5.1，并自带了19个应用程序。图中iTunes U和iBooks这两款程序也是苹果公司免费提供的，不过需要从App Store中下载。

自带的应用程序看似简单、免费，其实融合了苹果公司多年的设计理念。精致、简洁、有用、稳定、流畅，还有漂亮的界面设计，这些都是不少App Store（程序商店）中其他应用程序竭力模仿的典范。尽管App Store中还有数十万款其他应用程序，但万事也得从源头开始。

19个应用程序，底座上就有4个，即Safari浏览器、Mail（邮件）、照片和音乐，这也是不少iPad用户最常用的几大功能。

底座上方，是其他iOS系统自带程序。其中信息、提醒事项和报刊杂志，是最新的iOS 5系统新增的。

日历、备忘录、通讯录这3款，是非常好用的个人助理程序，在安排日程、随手记录、整理人脉时，能极大地提升工作效率。

FaceTime、相机、Photo Booth，自然是iPad的照相程序，FaceTime用于视频聊天；相机可以拍摄照片，Photo Booth则可用来拍摄有趣的个人大头贴。

Game Center（游戏中心），也非常值得一提。它能让你和朋友们一起在线玩游戏，记录和分享游戏成果，让游戏更加有社交的乐趣。

iTunes U和iBooks是个人学习的绝佳程序。iTunes U有大量的免费名校视频课程，iBooks则是个人的电子书架。

本章将详细讲解这些自带应用程序的使用方法，与你一起轻松玩转这些应用程序、掌握它们的使用方法、体会它们带来的便利、发掘iPad更多的潜能。

迄今最完善和方便的iOS系统：iOS 5

全新iPad运行最新的iOS为iOS 5.1。iOS 5相比之前的版本iOS 4，有了多方面的提升，除了对原有应用程序的优化和功能增强外，还增加了通知中心、杂志购买、备忘提醒等功能，并通过全新的云端数据服务iCloud，弱化了对数据线的依赖。

下文将详细介绍原来没有的应用程序和最新提升的功能，比如通知中心、提醒事项、无线同步、信息（iMessage）、无线激活与恢复等。

通知中心——整合消息提示，随时掌握最新生活资讯

通知系统可以说是此次iOS 5的最重大更新了。类似Android的通知功能，iOS 5通知中心整合各类消息提示，用手指从任意屏幕上向下轻扫，即可进入查看所有通知，包括邮件、短信、推送通知、未接来电等。选择想要查看的通知类型，点击进入相应应用程序。锁定屏幕也会显示通知，只要用手指轻扫，即可进入应用程序查看。

在游戏或运行其他应用功能时，通知出现后会迅速消失，不会干扰你的操作；如果需要查看通知内容，手指向下轻扫让通知中心显现出来，选择相应通知项即可做出回应；股市和天气状态时时更新会一直显示在通知中心。

你还可以从锁屏页面直接进入相关应用程序。锁定屏幕时，手指轻扫锁定的屏幕，即可打开应用程序查看消息，并可以进行相应的操作。

打开主屏幕>设置>通知面板，可对选择应用程序在通知中心的排序方式，还可以选择哪些应用程序的最新消息在通知中心显示，以及显示的方式。

iPad通知中心，整合传递你所以希望第一时间知道的信息，让你可以选择何事优先，又不错过任何信息。

提醒事项——不管大事小事，都不再轻易忘记

如果要提醒自己“不要忘记做”的时候，只要拿出iPad，在提醒应用记下就好了。提醒应用的推出，将威胁一大部分App Store中的Todo（清单类）应用。提醒应用支持基于时间、位置的任务列表，并设置相关的提醒。

提醒事项显示分为列表和日期两种。列表模式中，右侧显示要做的事的列表，具体的提醒时间和重复提醒可以单独设置。若要增加提醒的内容，点击页面右上角的“+”按钮进入编辑功能，以创建新的列表。在左上角搜索框输入搜索内容可以搜索相应提醒事项；点击左上角的编辑按钮，可以为不同账户（如图中的Yahoo!和iCloud）编辑和创建新的列表。

日期模式中，每天的日期中会显示当天的提醒事项。单击页面左侧的日期直接可以查看某天的提醒事项，或者点击左上角搜索框，可以搜索或按月点击查看某一天的提醒事项。

虽然有了提醒事项，但你得往里记录并设置才可按时提醒哦。提醒事项应用可以帮助你记录，提醒你做事，但不能帮你做事。真正的生活和工作，需要自己用心安排和实践，才能体会其中的美妙。

iMessage——不用电话费的短信和彩信

iMessage即信息，是iOS 5中推出的一个信息服务（图标和原先iPhone中的短信图标非常接近），通过WLAN（无线局域网）或3G网，在所有iOS设备用户之间，可以发送文本信息、照片，视频和联系人等，支持群组聊天，支持类似QQ的对方“正在输入”功能、推送通知。

在iPad中，iMessage内置于Message（信息）应用程序中。打开信息应用，点击编辑，在收件人处输入接收人的Apple ID（一个在苹果网站注册的邮箱地址，具体参看本章iTunes注册账户一节），信息输入框中的显示iMessage，表示iMessage应用已经打开，输入信息后，点击发送，对方即可收到。

与短信息不同的是，iMessage应用中，发送按钮和对话框显示的是蓝色的；而且可以通过信息传送回条查看信息是否已送达对方以及用户的输入状态。若在设置中打开发送已读回执功能，在你读完发信人信息后对方还能收到已读通知。

如果正在与对方用iMessage聊天，对方正在输入时，对话框会显示省略号。这个是不是与QQ有点像呢？不过，与QQ不同的是，如果你在一部iOS装置上发起对话，在使用另外一部装置时，还可以继续使用之前的对话。

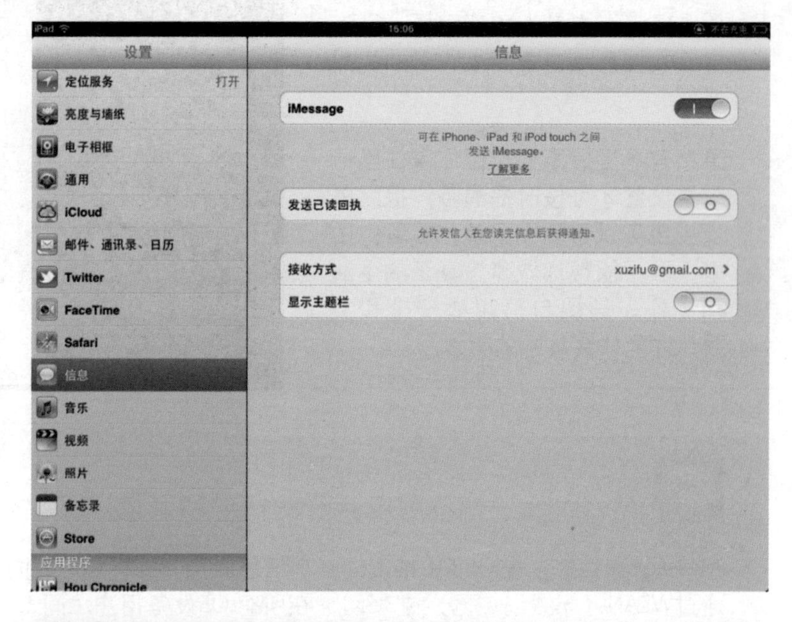

打开主屏幕>设置>信息面板，可以选择打开/关闭iMessage功能；打开/关闭发送已读回执功能，以及打开/关闭在iMessage不可用时信息作为短信发送的功能。

在信息面板，还可以设置iMessage的接收方式。在iPad上，信息接收方式可以是一个在iTunes中注册过的邮箱地址即Apple ID，也可以是一个验证过的普通电子邮箱。在被叫方显示的本机地址，可以在这些邮箱地址中任选。

普通电子邮箱验证也很容易，只需要“添加其他电子邮件”，然后进入邮箱验证即可。

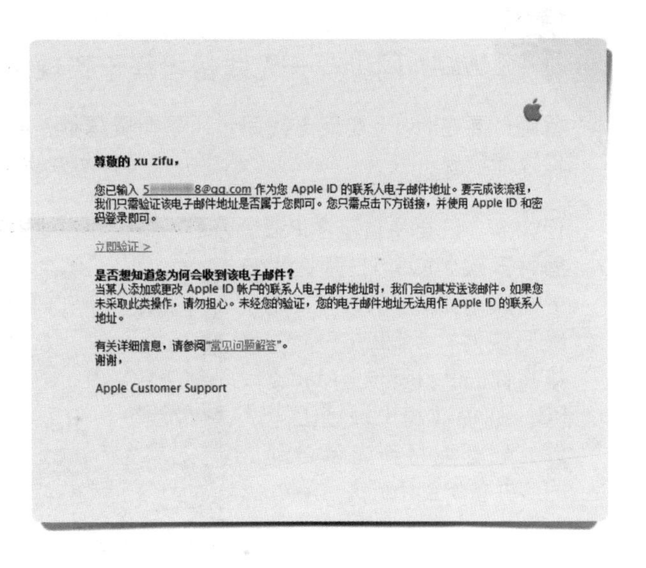

尊敬的 xu zifu，

您已输入 5 8@qq.com 作为您 Apple ID 的联系人电子邮件地址。要完成该流程，我们只需验证该电子邮件地址是否属于您即可。您只需点击下方链接，并使用 Apple ID 和密码登录即可。

立即验证 >

是否想知道您为何会收到该电子邮件？
当某人添加或更改 Apple ID 帐户的联系人电子邮件地址时，我们会向其发送该邮件。如果您未采取此类操作，请勿担心。未经您的验证，您的电子邮件地址无法用作 Apple ID 的联系人地址。

有关详细信息，请参阅“常见问题解答”。
谢谢，

Apple Customer Support

而在iPhone上，iMessage接收方式默认为手机号码，也可以是Apple ID。但在被叫方显示本机地址则可以选择是显示电话号码还是Apple ID，则可以根据个人需要选择。

信息服务（iMessage），文字信息时时传递工具不再只有短信与在线聊天工具，集短信与在线聊天工具的优势，让沟通更便捷，传情更轻松。

iPad虽说本身不具备短信功能，但有了信息服务（iMessage），在有无线网络的地方，iPad的信息功能比起iPhone甚至有过之而无不及。

WLAN同步——无线备份终于实现了

曾经，要在iPad上实现无线同步，是需要越狱，并且需要在个人电脑和iPad上都安装Wi-Fi Sync软件才能实现。

但如今，只要将自己的iPad固件升级到iOS 5，那么你就能通过共享的WLAN（无线局域网），即Wi-Fi，连接将你的iPad同步至Mac或PC。你每次将iPad接上电源，它都能将新内容自动同步并备份到iTunes。

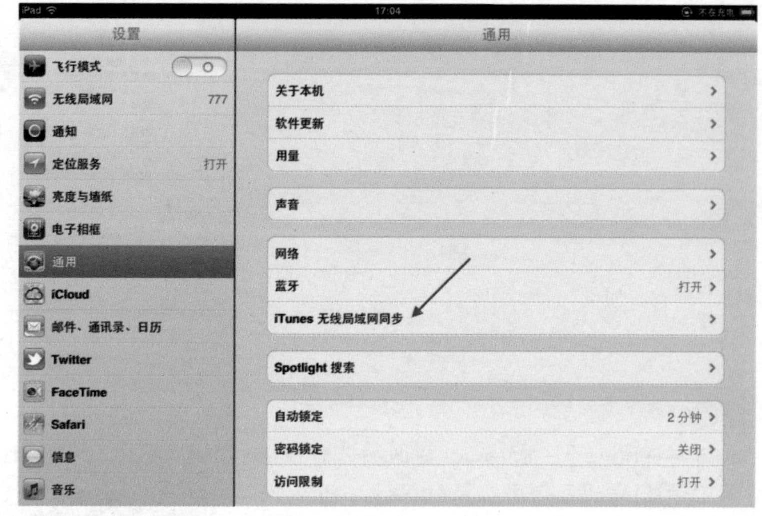

开启此功能需要在iTunes中进行设置，即在选项中勾选“通过Wi-Fi与此iPad同步”。

无线备份，无需要更多操作，不需要专门管理，你的信息就可以备份，如此方便，快试试吧！用的次数越多，你就越会发现那根白色的苹果数据线是如此地多余。

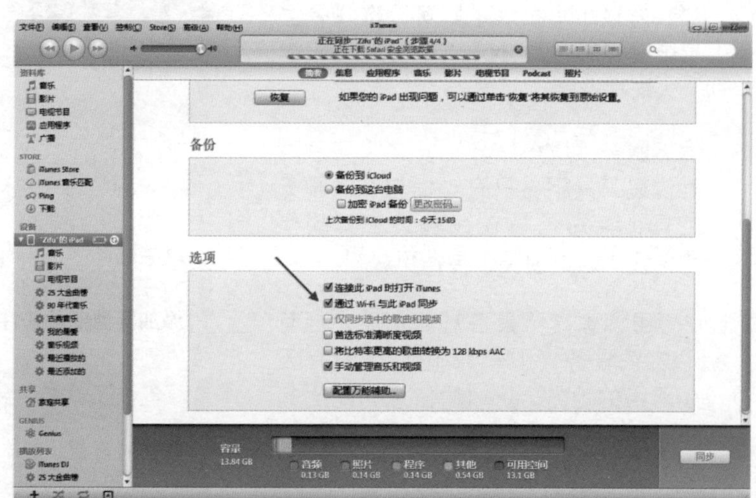

无线同步、备份，对每一台电子设备来说，都是非常重要的。这也是电子设备领域一大趋势和必备功能。对iPad来说，这一切从iOS 5开始，iPhone和iPod touch也一样。

PC Free——无线激活与恢复

有了iOS 5，你不再需要借助电脑为iPad激活、同步了。开箱即可以无线方式激活并为其进行设置，还可以直接在iPad上下载免费的iOS固件更新，这就是所谓的PC Free（不需要个人电脑）。

可以说，此前的iPad是不能独立于电脑而自己实现激活和固件更新的。首先，刚买回来的iPad，需要连接电脑，通过iTunes激活；其次，每次固件更新都需要连接电脑iTunes，以后再也不需要这样了。

拿到iPad之后不再需要接上电脑，只需要确保iPad有电并且有无线网络环境，开机后，根据操作提示，选择语言、国家或地区、定位服务、无线局域网络即可开始设置iPad。根据需要，可以选择设置新的iPad，或者是从备份（iCloud云备份和iTunes备份）中恢复。

如果是从备份中恢复，那么需要输入Apple ID，最好是在iTunes中先注册，在这里就可以直接登录。在这里创建，多少有些麻烦。

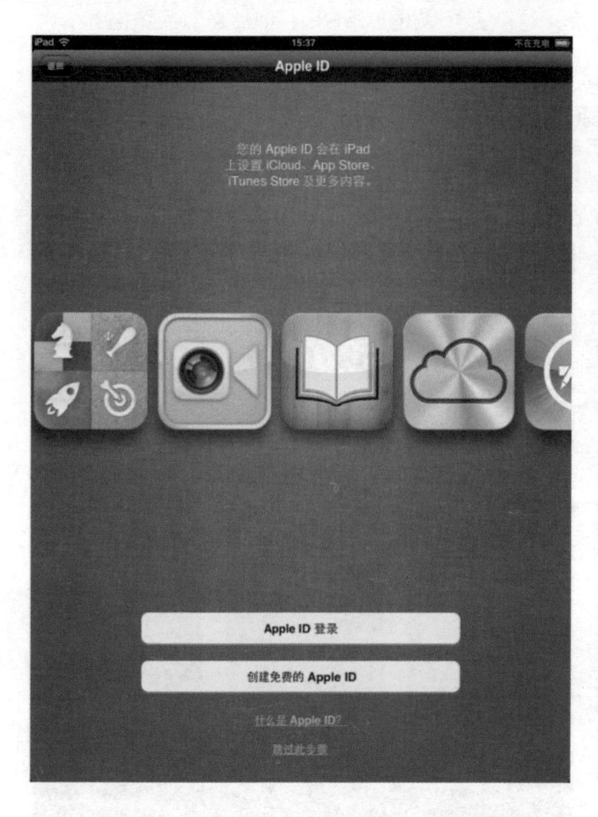

最后，确认是否使用寻找我的iPhone（这里是iPad）功能，设置完成后，点击“开始使用iPad”按钮，就可以使用了。

iOS 5新功能，让你无须使用Mac或PC，就能充分利用你设备上的应用程序，比如编辑照片或添加新的电子邮件文件夹，最重要的是，使用iCloud对设备上的各种信息和资料进行备份和恢复，这才是真正的PC Free。

云上的日子：iCloud

iCloud是Apple为iOS 5设备提供的全新的云端服务，可以存放邮件、通讯录、日历、照片、文档等各种个人内容，但iCloud不仅仅是一块“云”中硬盘，它会自动存储你的内容，并且以无线的方式推送到你的iPad及其他iOS设备上。

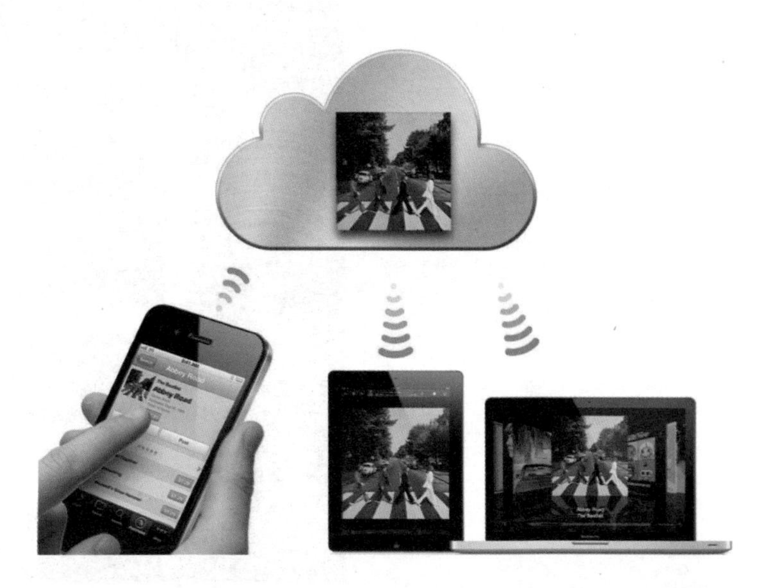

简单地说，就是你的内容是保存在icloud.com这个网站上，但能通过iOS设备的自动同步设置，保存到你的iPad、iPhone和iPod touch等设备上。这些设备上的新内容，也会自动上传到iCloud网站上进行备份。

有了它，你就能迅速获取你的音乐、应用程序、最新的照片；有了它，你就能随时在你所有的装置上看到最新的邮件、通讯录、日历和文档。自动同步、安全可靠、无须管理。

iCloud，个人信息存储和分享的安全枢纽！

开始我的iCloud之旅

每台全新iPad都配备iOS 5，这意味着你新购买的iPad，开箱即支持iCloud。激活iPad时，可同时可激活iCloud，只需要在设置界面选择使用iCloud。

即使你的iPad是较早的版本（一代iPad或者最早的iPad），你都可以免费升级固件到iOS 5，这样你也能用上iCloud了。

如果在激活iPad时选择不使用iCloud，而其后又想使用iCloud，有两种方法可以设置：一种是打开设置>iCloud面板，输入Apple ID和密码。在这个界面，可以开启或关闭邮件、通讯录、日历、提醒事项、照片流、文稿等的同步。

另一种是打开设置>邮件、通讯录、日历面板，添加账户，选择iCloud添加，其实也是输入Apple ID。

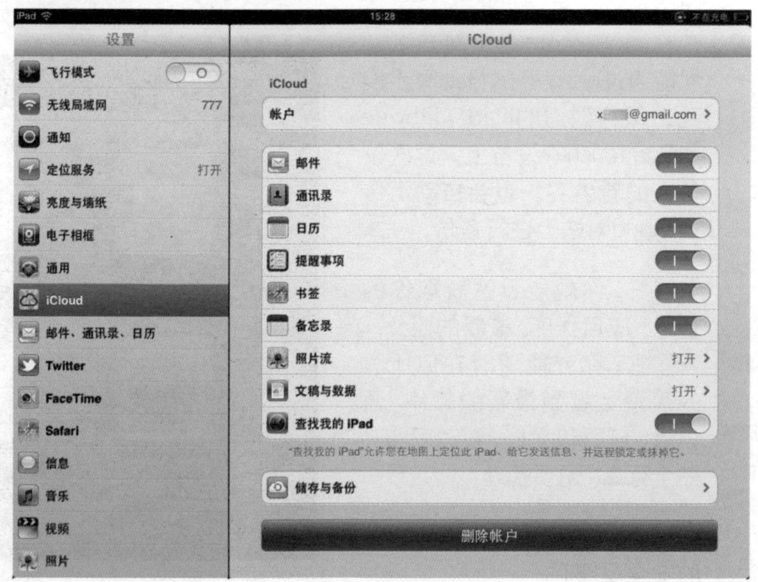

如果你有iTunes Store账户，就意味着你已经拥有了Apple ID。如果你没有Apple ID，轻点创建免费Apple ID，再按屏幕提示进行操作即可（不用信用卡的注册方式，可参看本章iTunes这节）。

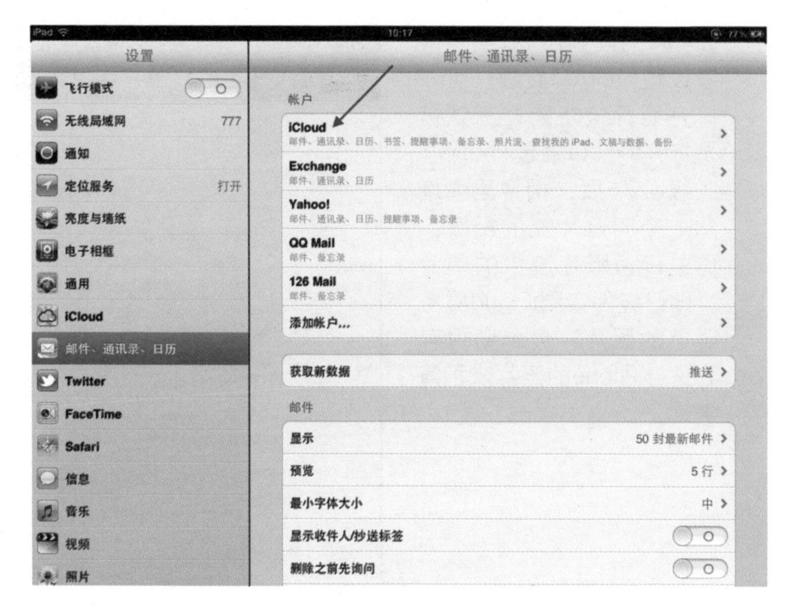

注册和成功设置iCloud后，你就为自己iOS设备（iPhone、iPad和iPod touch）中的个人数据，找到了一个安全的备份和分享空间。只要有网络，iCloud就能时刻相伴。

随时备份和同步自己的照片——照片流

使用iCloud照片流功能，你可以将iPad拍摄的照片保存到iCloud的在线服务器上，这样就能自动推送至所有你的iOS设备。

比如你用自己的iPhone拍摄了很多照片，通过照片流上传到服务器上之后，就能自动同步到你的iPad上。无需自己进行发送和复制，自己的照片就会出现在自己的iPhone、iPad和iPod touch上。

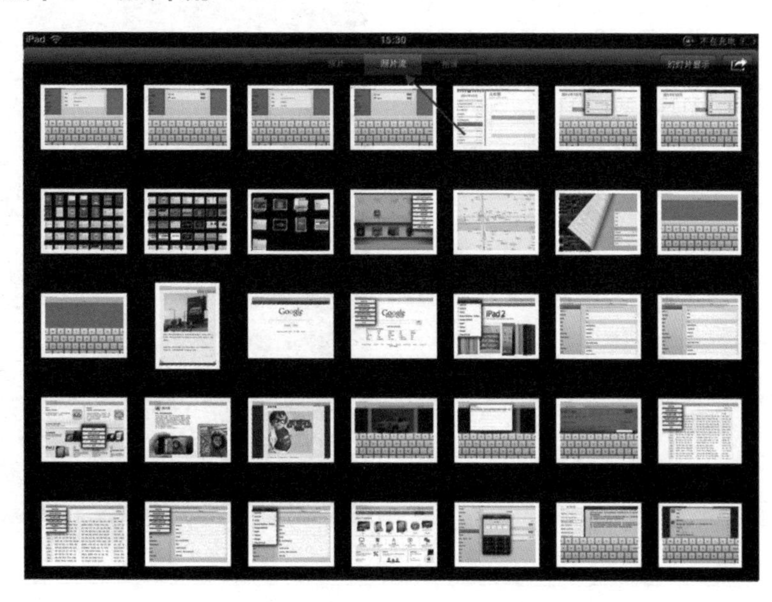

在iPad的设置>照片面板或者设置>iCloud面板，可以打开照片流功能，默认就是打开的。如果是iPhone，升级iOS 5后，相簿里会增加一个叫照片流的相簿。你的iPad照片流中的照片（即已经保存到iCloud服务器上的照片）会自动保存到这台iPhone的照片流相簿中来。

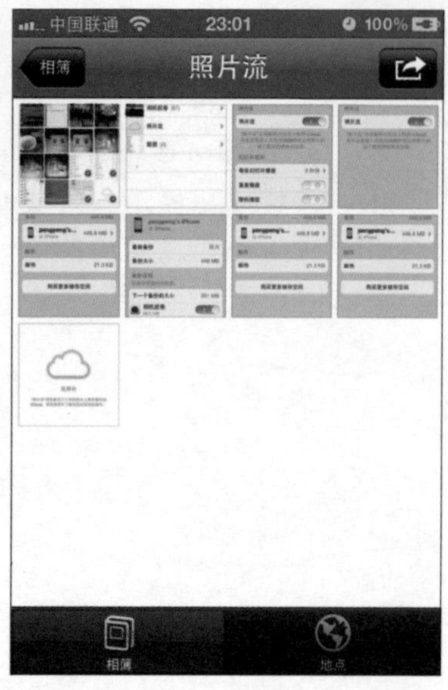

如果你不想使用照片流功能，可在设置>iCloud面板或设置>照片面板关闭照片流功能，同时也就删除了照片流中的照片。这一点需要小心操作，否则这些“照片”就一去不复返了。

iCloud的照片流相册，其实容量是有限的、时间也是有限的，只能依次存储你最近的1000 张照片，而且iCloud保存新照片的期限也只有30天。

因此，照片在你的照片流中出现后，你需要将喜爱的内容保存到设备上的相机胶卷或其他相册中，或者干脆复制到个人电脑上，这样就能长久地保存了。

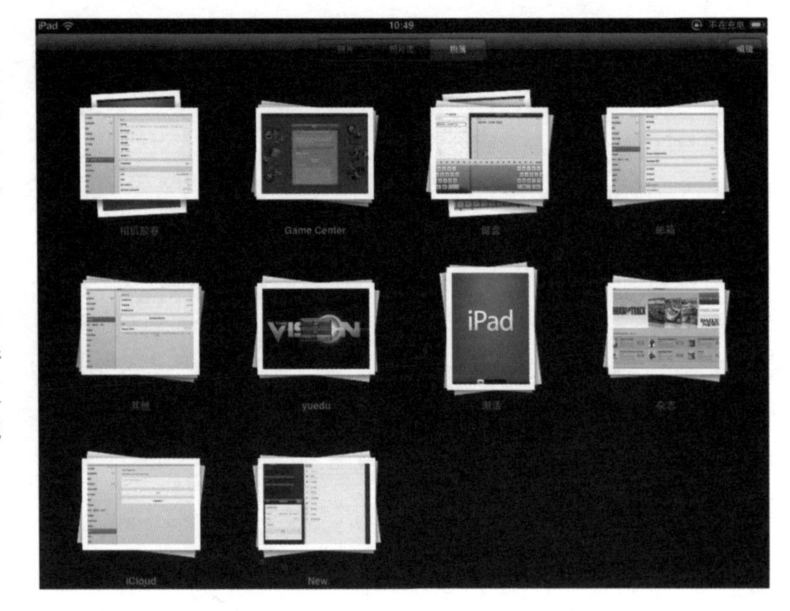

不同的设备，同一个文档——文稿与数据

如果你有多部iOS设备，而且装有相同的应用程序，那么iCloud能让你所有设备上的文档和数据自动保持同步和更新。

比如，你通过iPad的Keynote程序创建了一份演示文档，这个文档就可以自动保存到iCloud服务器上。你的iPhone上也有Keynote程序，也开启了文稿与数据同步，那么这份演示文档就能自动同步到你的iPhone上。

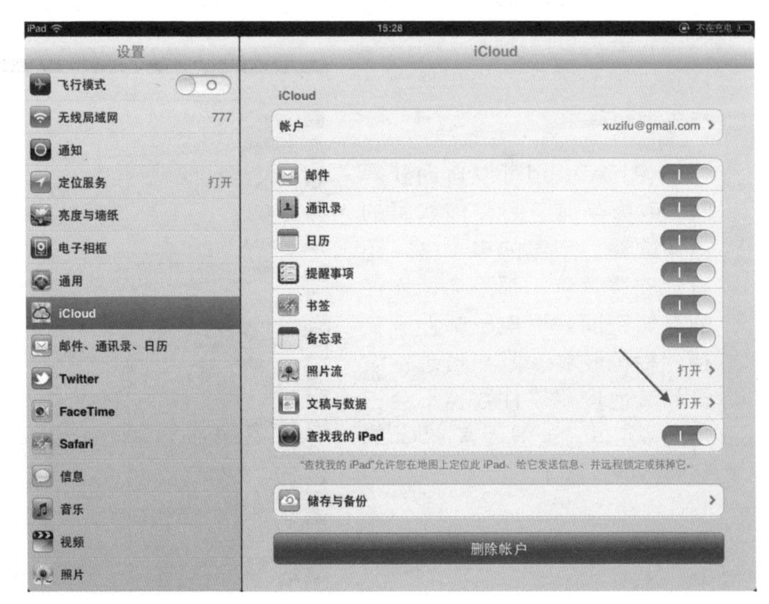

如果你在iPhone上编辑和修改了这个文档。自动同步后，在iPad上，你也能看到最新的编辑和修改。这意味着无论你使用哪个设备，都可以访问该文档的最新版本。

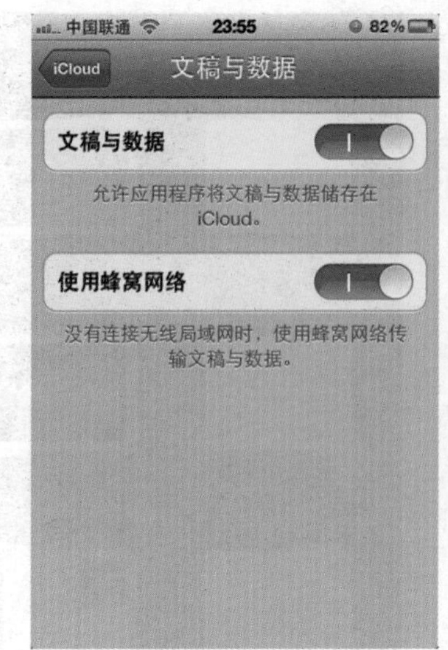

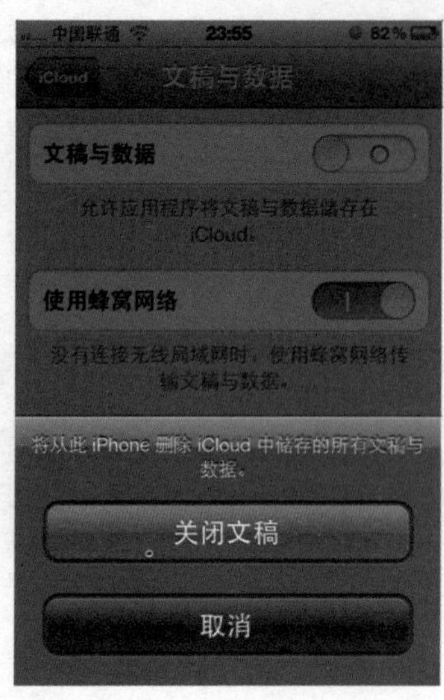

当然，在iPhone和iPad上，你也可以随时关闭文稿与数据的同步功能。

在iPhone上，对于文稿与数据，iCloud还提供了一项选择，在没有连接无线局域网时，允许使用蜂窝网络传输文稿与数据，这也是为了让文稿和数据得到更好的保护与传输。

备份和恢复可以如此简单——iCloud存储

上述的照片流、文稿与数据的备份与同步是iCloud最让人称道的新功能。但真正实用的，又岂止是这两项。在iCloud设置面板中，邮件、日历、通讯录、备忘录、提醒事项等，均能实现同样的效果，甚至可以让你所有的iOS设备上拥有同样的应用程序、电子书和音乐。

注册使用iCloud可以自动获得5GB免费存储空间，你购买的应用软件、下载的电子书，还有你的照片流，都不会计入你的存储空间。而电子邮件、文档、相机胶卷、账户信息、设置和其他应用软件数据不会占用太多空间，一般而言，5GB的空间已经足够了。

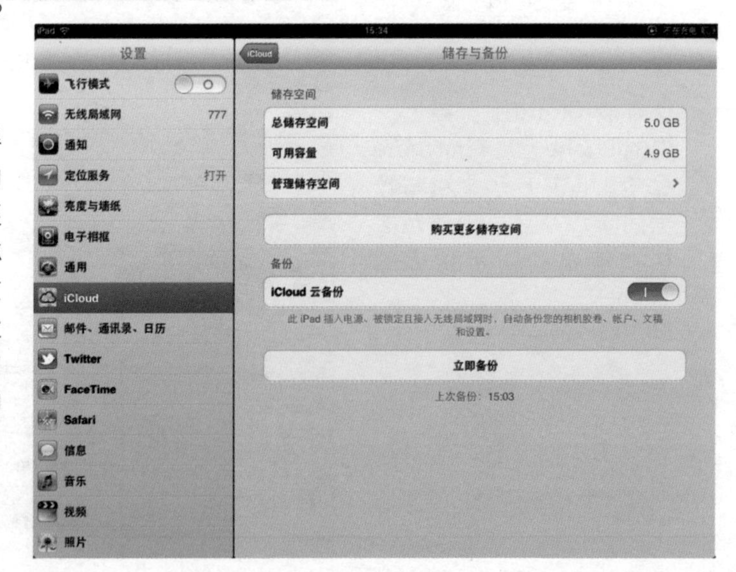

当然，如果你需要更多存储空间，可以直接从你的设备上轻松购买存储升级。在设置>iCloud面板选择账户，点击付款信息输入信用卡信息购买。

此外，值得注意的是，iPad的自动数据备份，是在其接入电源和无线网络，并且被锁定的状态下，才能进行的。

若要对iCloud云备份需要进行设置和管理，在设置>iCloud>储存与备份面板，可打开或关闭iCloud云备份功能。进入管理存储空间面板，还可以对备份进行管理以及选择需要备份的数据。每个应用程序的数据，都可以单独管理。

总的来说，iCloud能为你的各种数据和信息提供即时备份和同步。iCloud可备份你已购买的音乐、应用程序和下载的电子书、相机胶卷中的照片和视频、装置的设置信息、应用程序数据、主屏幕与应用程序管理、短信与彩信。哪怕意外发生，你也不用过于担心数据的安全。

找到角落里的iPad——查找我的iPhone

iPad丢在某个角落里找不到了，或者丢在出租车或某个咖啡馆，怎么办？如果使用了iCloud并打开了查找我的iPad和定位服务功能，那么恭喜你，通过它，你可以定位你的iPad当前所在的位置。

在设置>iCloud面板或设置>定位服务>查找我的iPad面板，打开查找我的iPad。

用个人电脑登录icloud.com网站，打开“查找我的iPhone”（确实是iPhone，但在iPad上功能相同），就可以用电脑通过网络让iPad执行显示信息、播放声音、锁定、擦除信息操作，以便保护iPad的数据安全。

通过网络，让自己的iPad发出声音，对于经常找不到身边的iPad和iPhone的人来说，无疑是非常大的便利。当然，如果不幸丢失，还可以尝试远程擦除数据，以保护个人数据不被泄漏。

iCloud不但可以存放你的电子邮件、日历和通讯录，并将它们自动推送到你所有的装置上；iCloud也可以存放你加入书签的网页、你所写的备忘录，以及你创建的提醒。iCloud还能保存和同步你的个人相册、以及在各种iOS设备上创建和编辑同一文档，甚至能同步你的应用程序和音乐。

无论你到哪里，只要有iCloud，你的内容就能进入你的手中的iOS设备，一切都是同步的，你就可以马上开始工作，而不会有任何混乱。

不过要实现这一切，是需要有无线局域网（Wi-Fi）或其他互联网连接（3G）的，这样iCloud才能让你的工作和生活更加方便，iPad和无线网络的关系有点像人离不开空气一样。

你应该知道的键盘秘密

iPad已经出了3代，但一直不带物理键盘，这也是iPad与此前的平板电脑在外观上的最大不同。不过文字的输入毕竟不可或缺，所以就有了虚拟的键盘。当需要文字输入的时候，iPad的虚拟键盘会自动弹出。

iPad键盘，看上去它的基本格局和常规键盘似乎没太多不同，26个字母、空格键、删除键、上档键（即上箭头）、问号、叹号等都还在，其他按键好像是少了，还没有数字键，也没有PageUp（上翻）和PageDown（下翻）等功能键。不过，其实上，这里面另有妙处。

如果你的iPad已经更新了固件，即刷了iOS 5，那么你或许会发现键盘有了分开的功能（在原键盘界面上进行分开的动作），更加适合两个手同时打字输入了，特别是在横屏的状态下。

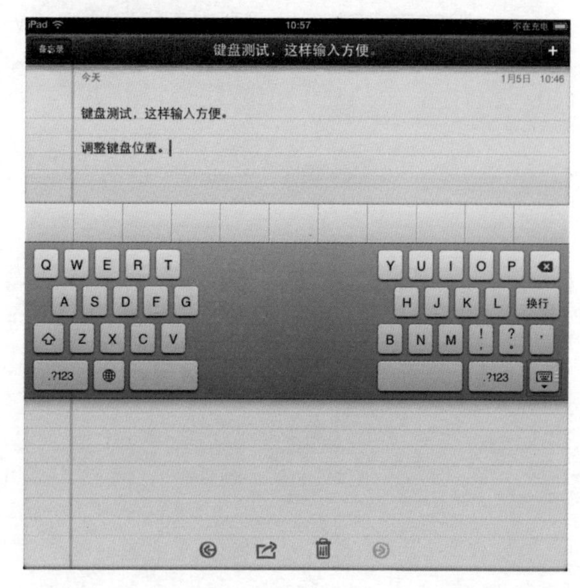

右下角的键盘按钮，其实有了新的变化。除了可以隐藏键盘功能外，还可以用来拖动来调整键盘在屏幕上的上下位置，或者分开键盘。

在iOS 5中，键盘有了这样的更新，无疑可以提高输入文字的效率。

横与竖的变化

键盘的大小，可随显示宽度而变化，也就是横版和竖版。当iPad横向放置的时候，键盘全长；竖向放置时，键盘全长。相比而言，横向的键盘更适合双手输入。

根据我的测试，横竖键盘都能很方便地输入，基本上没有差错。当然，输入速度上，比起用物理键盘来说，还是要慢些，一方面是触屏键盘还不太熟，另一方面毕竟物理键盘大些，也不容易晃动，还经得起折腾。

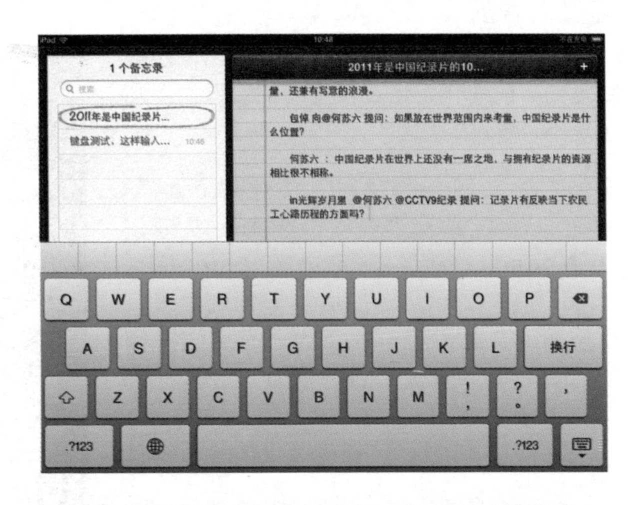

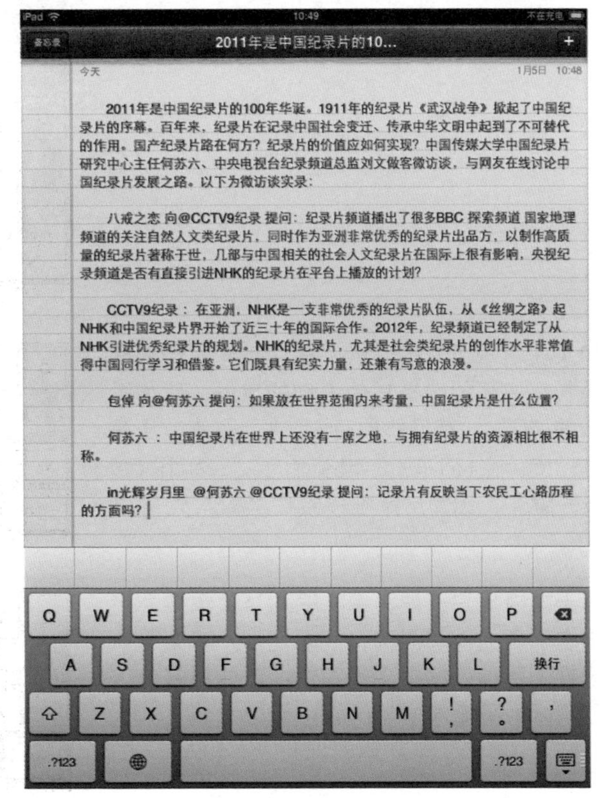

键盘内容的变化

iPad的键盘，除了会有横与竖的变化，还有键盘内容的变化，这在常规的物理键盘上几乎是不可思议的。

比如在输入网址的时候，按住“.com”按钮，会自动弹出下一级的子按钮，除“.com”之外，还可选择“.net”、“.edu”、“.cn”、“.org”等网址后缀，便于输入。此时值得留意的还有原先右侧的“return（回车）”键，变为了“Go（出发）”键。

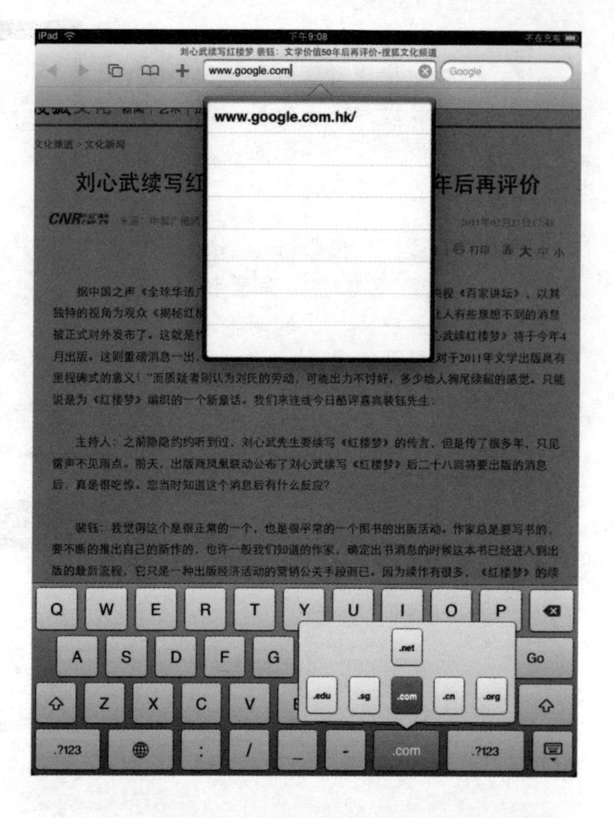

如果在输入英文的时候，按住某些字母时间稍长，你还能选择其他语种的字母，比如图示的“C”，有另外的3种写法。留意，原先的“return（回车）”键变为了“Search（搜索）键”，因为这是在搜索栏里输入文字。

对于国内用户来说，中文输入至关重要。点击左下角的地球图标，就能切换。苹果默认提供了两种简体中文输入法：简体拼音输入和简体手写输入。

拼音输入法是国内最为简单易用、也最为流行的中文输入法。随着中文输入法的智能化水平越来越高，拼音输入法也不见得比五笔输入法慢多少，且基本不用学习。只要上过小学，拼音输入中文应该都不是难事。

苹果的中文拼音输入法，和搜狗、百度、QQ等中文拼音输入法相比，可能在词组丰富程度、记忆能力等方面稍逊一筹。但它们的基本上原理相同，输入方式也相同，比如可以输入全拼，也可以输入简拼，要输入“心理”这个词，可以输入“xinli”或输入“xl”，然后点击底部长条的空格键，就能完成输入；图示状态下，如果要输入“下来”，则点击该词即可。此时的“return（回车）键”又变为了“确认”键。

对于年纪稍长的用户，可能手写输入可能就是首选的输入法了。只需要在图示位置用手指写即可，右侧会显示自动识别的中文字，点击后就能完成输入。通常情况，识别率还是挺高的，哪怕是草书的“新”字，也是能顺利识别的。

此外，中文输入还有词组联想功能，比如输入“新”之后，右侧能自动显示出“浪”、“闻”、“车”、“华”等可能形成词组搭配的字，也便于快速输入。左侧“空格”下的“搜索”键，可以查找更多可能匹配的中文字。

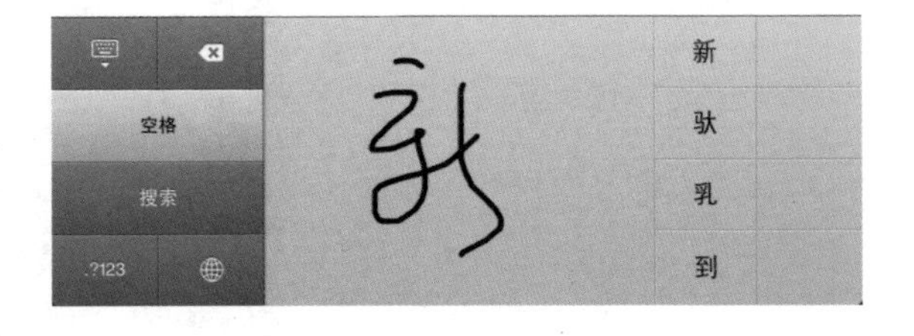

除了英文和中文之外，数字和符号也会经常用到。点击左下角的“.?123”按键，iPad键盘就切换到数字和符号输入状态，即键盘内容全部更换为数字和符号。有阿拉伯数字、小括号、百分号、问号、电子邮件符号等。原来的“.?123”按键变换为“ABC”按键，用于切换会字母输入状态。

此时，还有一个“undo”按键，用于快速清除输入内容。

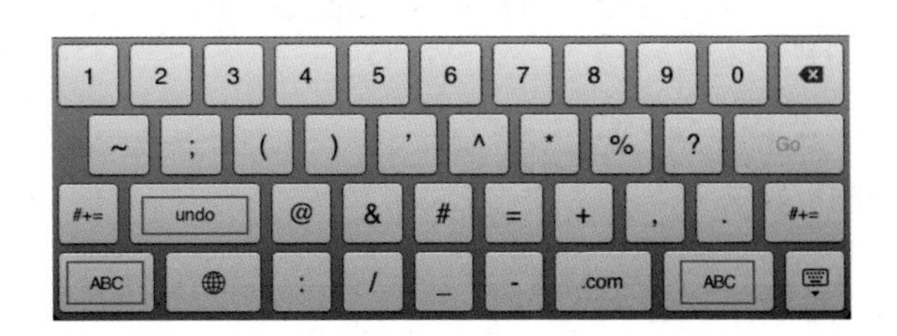

虚拟键盘的好处在这里就充分体现了，灵活多变地更改输入方式和内容。在上述的数字和符号输入状态下，还能再次变换输入内容。点击左下角“#+=”按键，键盘上显示出更多可选择输入的符号，比如中括号和大括号等。

右下角一个类似键盘加下箭头的按键，顾名思义，是隐藏输入键盘的按键。当不需要输入的时候，就可以点击该按键，隐藏虚拟键盘。

如果在自己使用时，无法切换到中文输入法，可以在设置>通用>键盘中进行进一步设定。如果只用拼音或手写，可以关闭其中一个，节省不必要的切换。

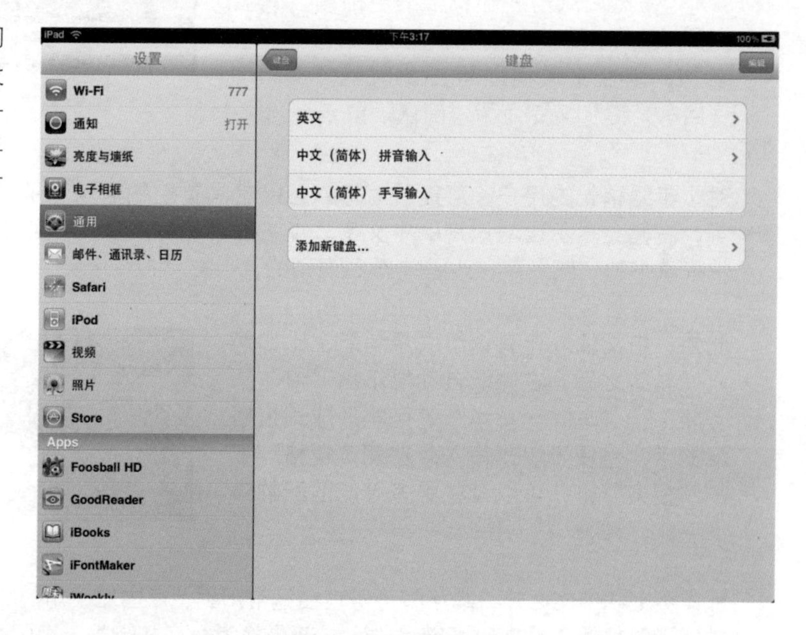

如果你初次使用iPad的虚拟键盘，确实还是需要花点时间来了解这其中的不同和变化的。虽然开始的时候，可能会不太适应；不过天长日久，或许你能发现iPad虚拟键盘更多与众不同的乐趣和秘密。

工作3大助手：邮件+通讯录+日历

为什么全新iPad发布时，屏幕和网络是大家最关心的，因为几乎主要的应用程序都与此有关。更好的屏幕，意味着更清晰的画面；更好的网络，意味着更快的数据传输。全新iPad上的邮件、通讯录和日历等程序的使用体验，无疑又上了一个台阶。

在iPad设置中，邮件、通讯录、日历是在一起的，原因是这3项服务都是非常实用的个人助理，而且可以通过一个在线账户来编辑、管理和备份，不但方便，而且安全。

电子邮件（Mail）服务是人们最常用的互联网应用。2010年，全球总共发送了107 万亿封电子邮件。iPad上的电子邮件（Mail）程序，也是是使用频率最高的程序之一。

通讯录，对个人来说，无疑是最重要的资料之一。所有的人际关系，几乎都记录在通讯录里，头像、电话、邮箱地址、单位电话、地址等。

日历对于职场生活而言，几乎是不可缺少的。哪天有会议、哪天出差、哪天汇报工作，在日历中记下，iPad都能到时提醒。

电子邮件（Mail）

通过电子邮件，人们发送、接收各种数字信息，这些信息可以包括文字、图片、音乐等各种媒介的信息。同时，邮件有着即时、准确、快速传递信息的特点，而且多为免费、可定制的服务，无论是个人用户还是企业用户都非常喜欢。如今电子邮件（Mail）已经日常工作生活的必不可少的沟通方式了。

世界著名的免费邮件服务有Gmail、Yahoo Mail、Hotmail等。国内广为流行的免费邮箱有网易163、126邮箱；Sina邮箱、Sohu邮箱等，还有后起之秀QQ邮箱。苹果公司自己还有一项杰出的邮件、通讯录、日历、备忘录等集成服务——iCloud，堪称“个人云”。

以下的设置以Gmail和QQ邮箱为例，在iPad上演示具体如何设置邮箱账户。

Gmail

Gmail是世界著名的免费邮件服务。对iPad用户来说，Gmail是一个很好用、功能也强大的免费邮箱服务系统。

当然，如果目前还没有Gmail账号，那就先登录mail.google.com注册一个。单击右下角的“创建账户”按钮，就开始进入注册界面。

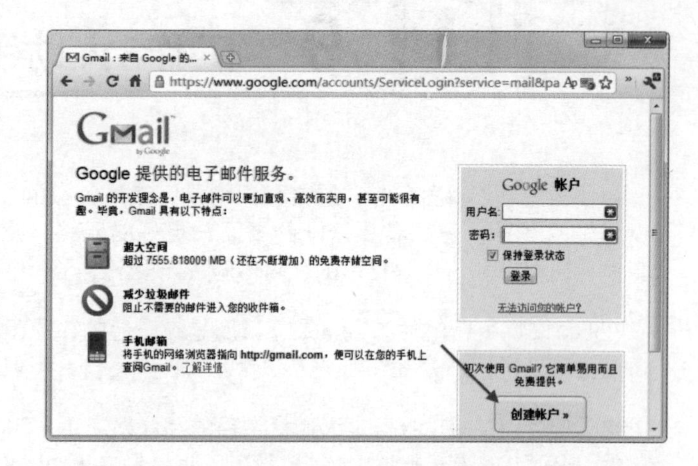

准确地说，这里将要注册的，不仅仅是一个Gmail邮件服务账户，更是一个Google（谷歌）账户。用这个谷歌账户，你就可以使用诸多由Google提供的，免费但又出色的互联网服务，比如日历、联系人、阅读器等。

创建账户界面中，根据提示，填完相关信息，顺利通过后，这个以“@gmail.com”结尾的邮箱就是你的Gmail账户了，同时也是你的Google（谷歌）账户了。

这个Google账户的重要性，仅次于Apple ID（在iTunes中注册的苹果账户），对国内用户而言，其实用程度甚至超过Apple ID。

新账户信息填写并顺利通过后，看到“恭喜”两字，就说明Gmail账户已经顺利创建了。页面右侧显示的是Gmail邮箱的一些特色功能。

单击“显示我的账户”后，就进入我的Gmail邮箱了。能看到来自Gmail小组的3封未读邮件，告诉你怎么快速掌握Gmail的使用。

左上角的“日历”、“地图”、“文档”等就是上文提到的杰出Google免费网络服务，这些服务与苹果App Store（程序商店）中不少优秀程序有着千丝万缕的联系。

为了在iPad上能顺利使用Gmail，这里还需要进行一项“设置”。

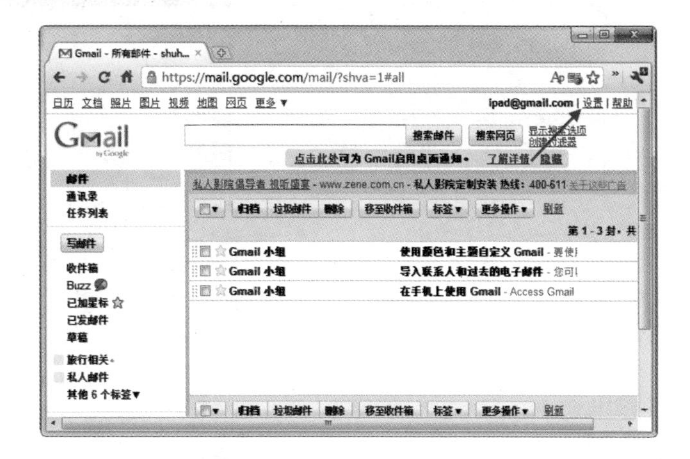

这项“设置”就是在“转发和POP/IMAP”中，开启IMAP服务，再点击“保存更改”后，Gmail网络端的设置就算是完成了。接下来，就是在iPad的上的“设置”了。

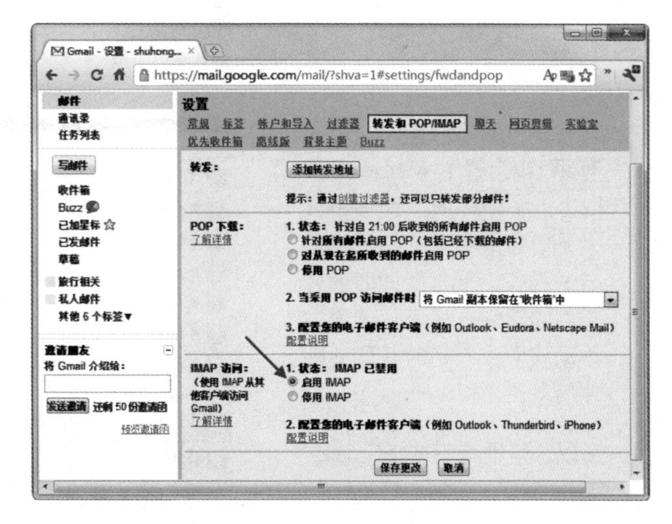

这里简单解释下POP和IMAP。POP（Post Office Protocol，邮局协议）和IMAP（Internet Message Access Protocol，互联网邮件访问协议）这两种协议都可以在联网时，把邮件从 Gmail 服务器下载到iPad上，以便在没有互联网时也能查看邮件。

与 POP 不同的是，IMAP 提供网络 Gmail 与iPad的邮件客户端之间的双向通信。这意味着在iPad上的邮件（Mail）程序中，对邮件进行阅读、删除、存档等操作时，网络账户中也自动进行了相同的操作。比如将邮件放入“公司”文件夹中，将立即自动显示在网络上的Gmail账户中。POP协议不能有这种“同步”功能，所以这里推荐“启用IMAP”即可。

网络账户中设置完成后，回到iPad，就可以设置邮件收发服务了。打开设置>邮件、通讯录、日历>账户面板，添加账户（图中已经有默认的iCloud账户了，在激活的时候输入的）。

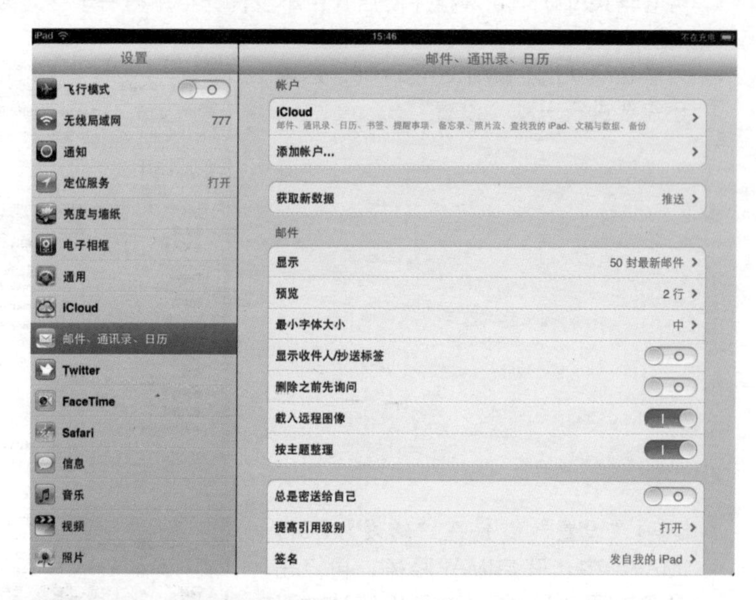

对于Gmail而言，这时还有两个选择：Microsoft Exchange和Gmail。两者的区别是前者能免费支持数据的推送服务，就是能即时通知新到的邮件，后者只能通过手动获取或者定时获取新邮件信息。

所以这里推荐不选择Gmail，而选择第一项Microsoft Exchange服务。这个设置方法，也更具代表性。

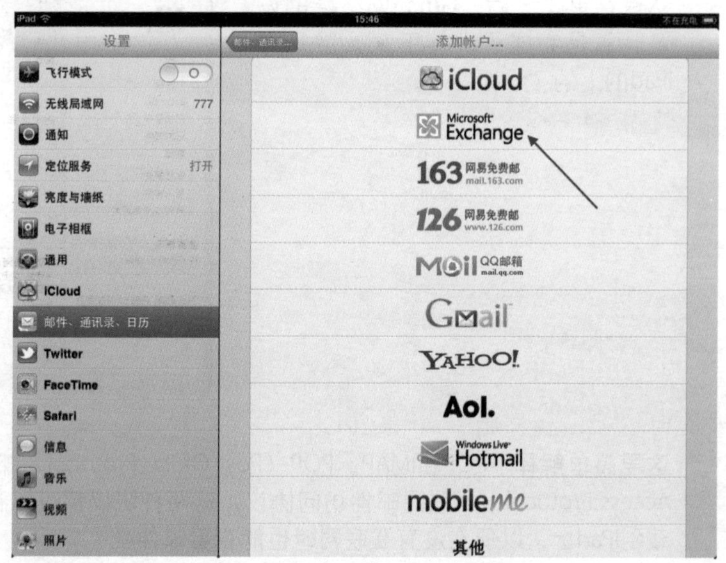

设置Exchange服务比起直接设置Gmail多填写一项内容：服务器。Gmail的Exchange服务器地址为：m.google.com。

最后一步是设置同步内容，当然，这3项都打开。

如果选择Gmail这个选项，则填写比较简单，只要输入用户名、邮箱地址（Gmail账户）、密码就行了。

多个账户添加完成后，在邮件程序中显示账户列表。在所有收件箱里，可以一次查看所有邮箱的新邮件。

输入完成后，设置就完成了，就可以通过邮件（Mail）程序来收发邮件了。邮件图标右上角的数字说明3封未阅读的邮件。打开邮箱后，左侧的蓝点说明本邮件未阅读。列表顶部的搜索栏还可以搜索邮件内容。

点击邮件列表中的标题，可以打开该邮件。点击右下角创建按钮就可以撰写新邮件。存档、删除、转发也都很方便。

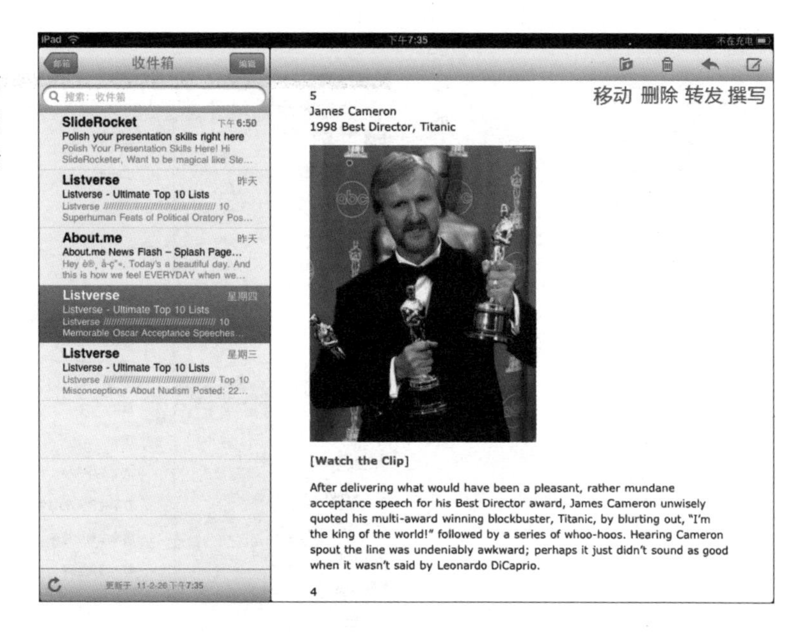

在邮箱中不仅可以直接阅读邮件中的文字内容，还可以直接阅读附件中PDF、DOC、XLS、PPT、JPG、HTM、TXT，甚至MP3格式文件。

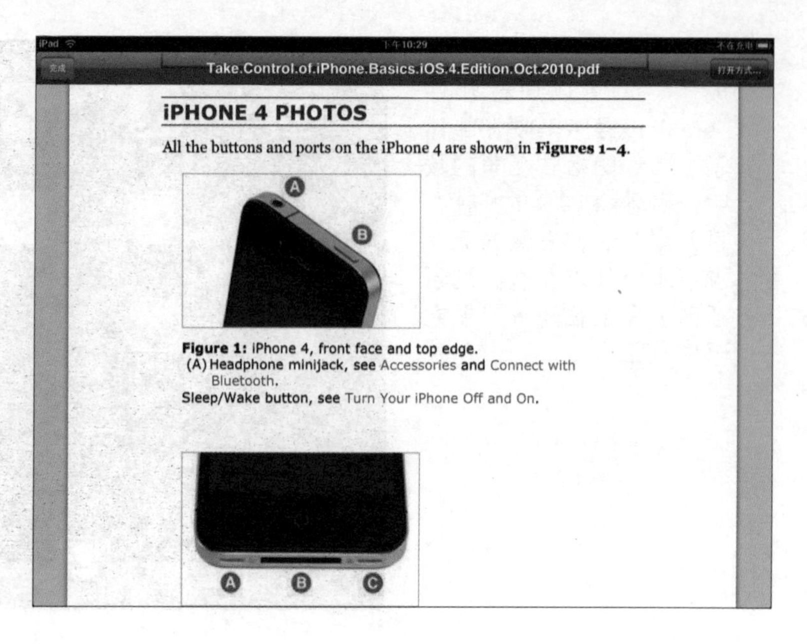

此外，还有非常重要的一项邮箱设置：推送（Push）。邮件的推送服务意味着iPad的邮箱能即时收到邮件并提醒用户，正如手机收到短信一样。对于Gmail来说，只有通过Microsoft Exchange方式设置才能实现邮件的推送（Push）功能。

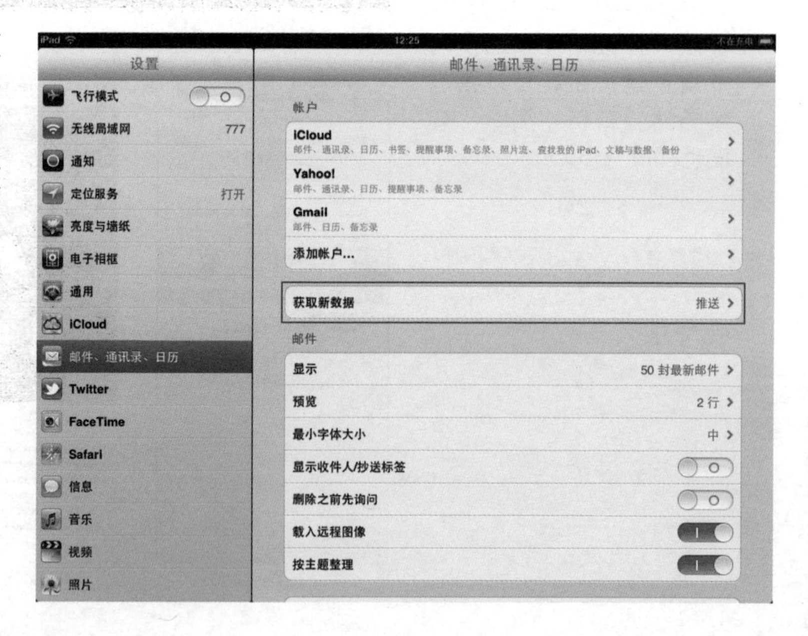

推送（Push）原本是一项高端的信息服务，运营商会收取高昂的功能费，但对于Gmail的用户而言（通过上文介绍的Exchange方式），邮件的推送服务则是完全免费的。同样还能实现推送（Push）服务的有Yahoo mail（免费）和mobile me（现已并入iCloud）等。

国内主流的163、126、QQ等邮箱目前也已经支持推送（Push）服务，其他不支持推送的邮箱，可以设置自动获取，一定程度上实现了邮件的即时收取。但无论是推送还是定时获取，都有个前提，需要开通3G、GPRS或者Wi-Fi在线。

QQ邮箱

QQ邮箱也是非常不错的邮箱，不但没有广告，而且速度快，更有很多贴心的服务。要在iPad上设置QQ邮箱，同样需要在QQ邮箱设置>账户中开启POP3/IMAP/SMTP服务。其他的邮箱，比如163、Sina等也用类似的方式。

完成账户设置后，可以在iPad中通过添加QQ邮箱账户来创建。根据提示输入名称、地址、密码等内容，存储后邮箱就设置完成了。

正确输入用户名和密码之后，再开启同步的邮件和备忘录功能，存储之后，QQ邮箱就能正常使用，备忘录也能同步了。

设置完成后，再次进入邮件程序，就能很方便地查看自己QQ邮箱中的邮件了。左侧是预览，右侧是邮件内容。

QQ邮箱默认的收件服务器是imap.qq.com。IMAP收件协议的好处是，iPad中邮件的状态与网络邮箱中的邮件状态保持同步，即在iPad上查看过的邮件，网络邮箱账户中的邮件也会自动同步为已读状态，反之亦然。如果是POP收件协议则各自独立，互不影响。

有了iPad邮箱（Mail）服务，要实现随时随地收取邮件就变得非常容易。

通讯录

通讯录是工作中最重要的内容之一，iPad中通讯录可以通过与网络账户同步的方式实现即时备份，也就是通讯录再也不会丢了。

设置Gmail的Microsoft Exchange邮箱账户，它的好处具体就是它能同步Google在线通讯录和日历服务。在设置Exchange邮箱时有通讯录和日历的开关选项，目的就在这里。

同步在线通讯录，也就意味着iPad电话中的通讯录有了网络上的备份。即使iPad丢了，只要在新的iPad中设置同步后，通讯录就又全都回来了。

Google Contacts（谷歌通讯录）中的名单与iPad中的通讯录完全相同。此外直接通过Google通讯录编辑、管理通讯录中的信息也更加方便。

谷歌通讯录的网址是www.google.com/contacts，用同一账户登录。

如果你有iPhone或者其他智能手机，这个通讯录都是通过同一账户进行共享的，随时同步，永不丢失。

日历

除通讯录之外，可以同步的就是日历。在iPad上的日历中，可以为自己安排日常工作或生活细节，并且可以添加提醒。

图示为列表状态时的效果，左侧是计划列表，右侧是详细时间和说明等。此外还有月、周、日等查看方式，一目了然。

与谷歌的在线日历同步后，就可以更方便地直接在网页中编辑、管理自己的日常安排，再也不用担心自己忘记要做的某些事了。在iPad日历中添加的事件也会被同步到一个日程表中。

谷歌日历的网址是www.google.com/calendar，用同一谷歌账户登录，虽然显示方式稍有不同，但内容和iPad上的日历完全一样的。

特别提醒一下，在谷歌日历的设置中（右上角齿轮按钮），在移动设置板块中，可以设置手机号码，移动和联通都行，验证通过后，任何日历中的事件，都可以通过短信方式提醒你，而且这项服务是免费的。

虽然国内暂时还没有哪一家互联网公司能同时提供如此出色的邮箱、通讯录和日历服务，不过谷歌、雅虎、微软都提供免费的中文服务，功能也类似，所以入手全新iPad之后，我建议注册上述的任一账户，来统一管理自己的邮箱、通讯录和日历服务。

上文是以谷歌账户为例，来统一设置邮箱、通讯录和日历。雅虎、微软以及苹果公司自己的iCloud服务方法基本相同，可根据自己的喜好来选择。

有了出色的邮件、通讯录和日历服务，iPad才称为名副其实的超强工作助手。

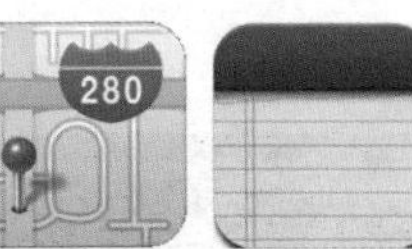

生活3个伙伴：照片+地图+备忘录

全新iPad有9.7英寸的大屏幕，分辨率已升级到2048×1536，这个得天独厚的条件使得用它来看图片、地图和写备忘录来说，有了更加无以伦比的清晰效果。

照片

9.7英寸的屏幕，本书就超越了常规的电子相框，再加上iPad有出色的照片管理和浏览程序，这使得全新iPad天然就是一个杰出的电子相册。

iPad上的照片程序比起iPhone上的，有了更多的优化。比如打开相簿有绚丽的一组动画；每一张照片在集中演示时自动加上白边，以便在黑色背景中有更多一致性，也更容易区分彼此。

点击其中的一张，照片就会放大至全屏，观看起来非常赏心悦目，用手指滑动来切换。底部是相簿中的所有照片的缩略图，一方面显示浏览进度，另一方面也能用来快速切换照片。

右上角的“幻灯片显示”按钮，可以把相簿中的照片以幻灯片的形式，自动播放。切换时长可以在设置-照片-幻灯片显示中来自定义2秒至20秒。

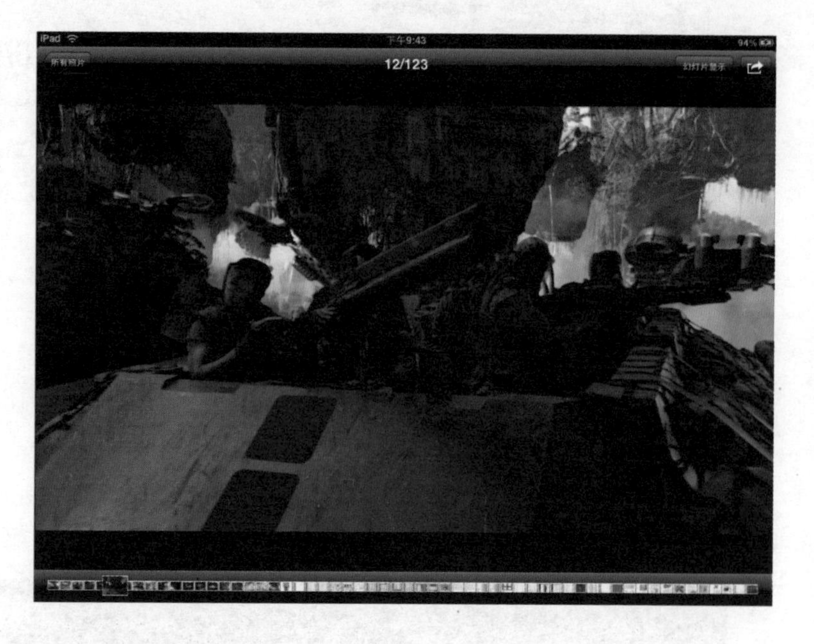

好图片，当然可以分享给自己的好友，所以右上角有转发按钮。便捷的方式自然是电子邮件，或通过通讯录直接发给联系人。用作墙纸，也是不错的选择。

照片流功能是iOS 5所新增的（全新iPad已经是iOS 5.1了），即这里的图片将会自动（有网络时）备份到iCloud中，如果你还有其他的iOS设备，这些图片也会自动同步到这些设备中。默认就是开启的，如果需要关闭，在设置>照片中进行设置。

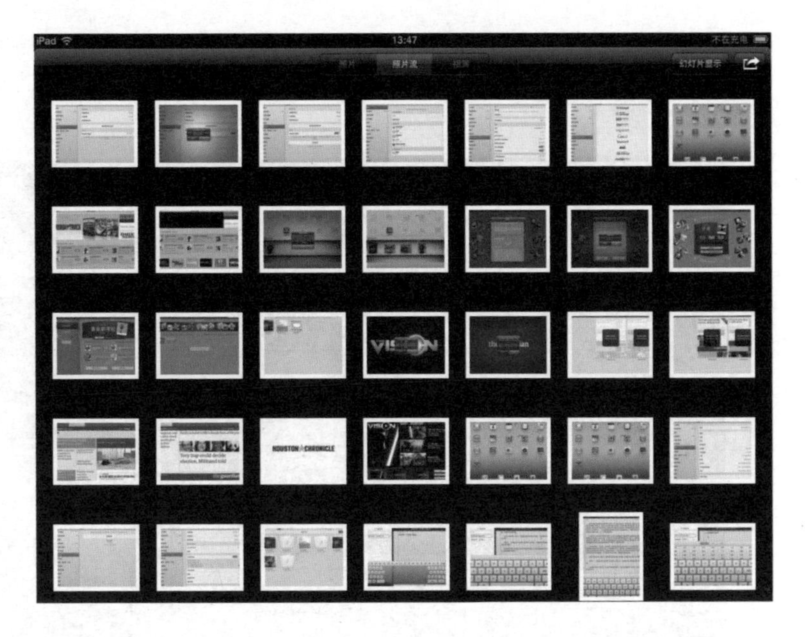

如果照片很多，那么相簿功能就很有用了，它能帮助你把各种照片（相机胶卷和照片流中的照片）进行分类，便于自己今后查看和使用。具体操作是通过上图右上角的箭头按钮，然后选择图片（可多选），命名相簿后即得。

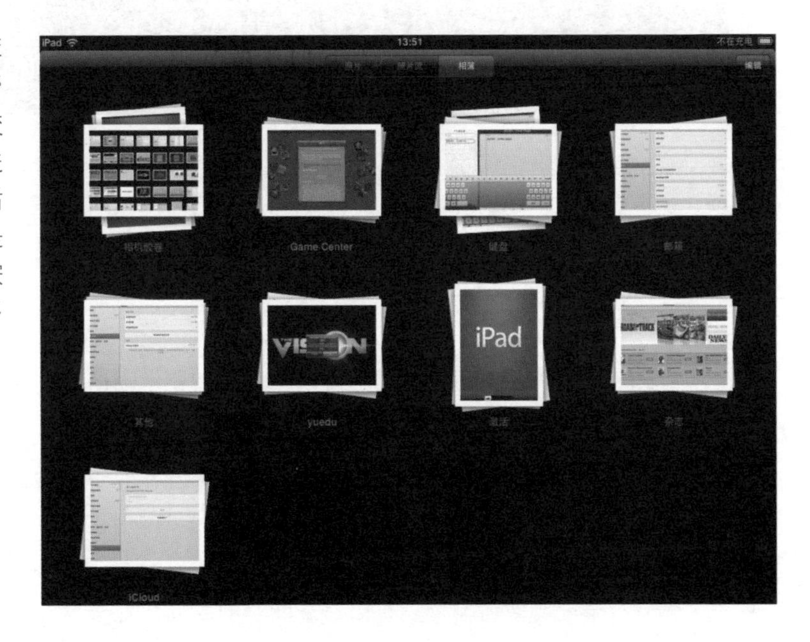

不知道你是否留意到，在iPad的锁定界面右下角，有个向日葵图标。它实际上，是一个电子相册的快捷按钮，即在不需要解锁的状态下，直接以幻灯片的方式播放相簿中的照片，这样iPad就全然成为一个电子相框了。

iPad的相册程序，与其他几款自带的程序一样，遵循了苹果公司的基本设计原则：简单、直观、实用。

固然还有功能更强的相册程序，但回过头想想，用的最多的，还是iPad默认的相册程序。

地图

毕竟是到了21世纪了，出行基本上可以不用带印刷地图册了。因为我们的手机或iPad里，都有了更加智能、更加全面和更加实用的电子地图了。

就全球范围而言，谷歌地图堪称民用地图中最强大的。苹果公司自iPhone发布以来，一直把Google地图作为默认的几大程序之一，全新iPad也一样。

iPad内置的Google（谷歌）地图程序，可以提供全球绝大多数国家的地图信息，包括街道地图、卫星照片、混合视图，甚至还可以显示即时的交通状况。

传统的地图样式，自然不在话下。比起纸质地图来说，Google 地图可以非常方便地实现搜索、缩放、平移、切换城市等功能。

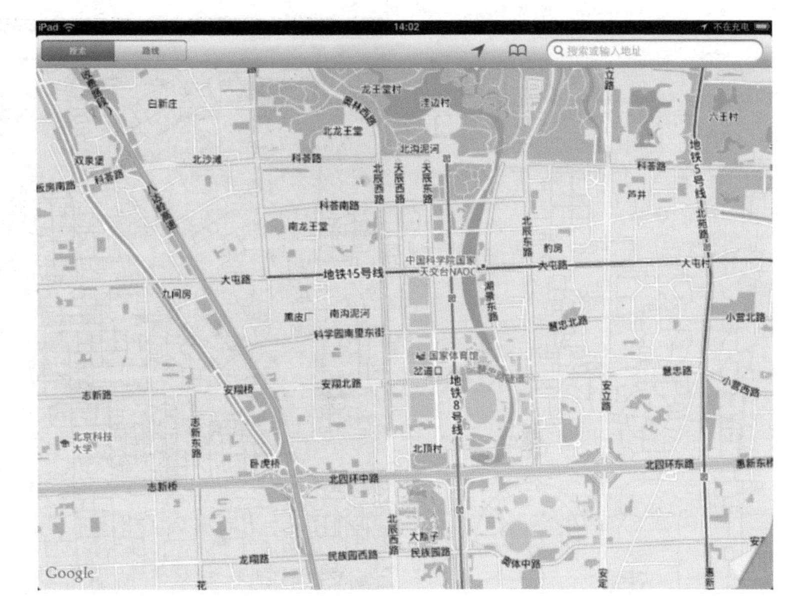

同时，Google 地图还能容纳更多的位置信息，随着缩放级别的加大，更小的地名也将会被显示出来，比如胡同名、小餐馆名，公交车站等。

除了有更多信息之外，Google 地图还有更多的地图类型，最著名的莫过于卫星地图了。在卫星视图上，你几乎能找到自己家的房顶。

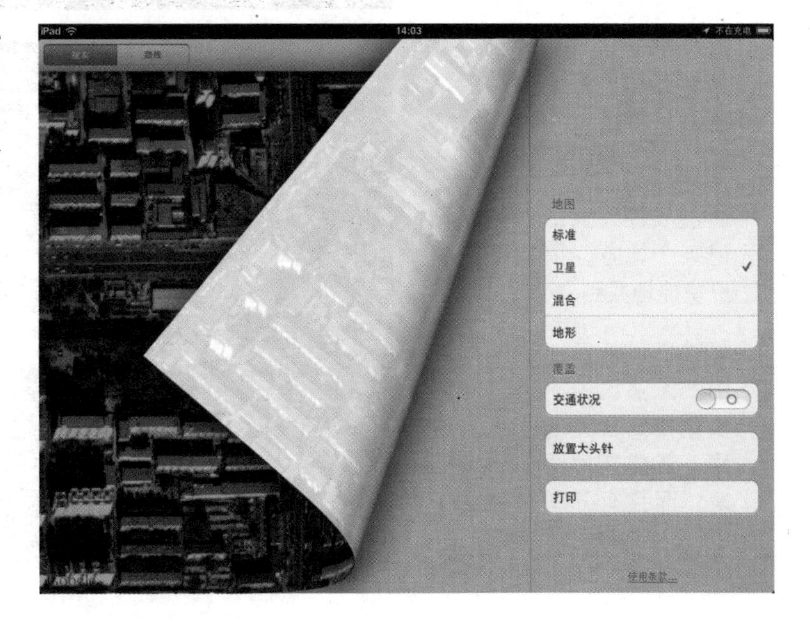

通过右下角的翻页提示来进行切换。当然，也可以显示混合地图，即在卫星地图上再显示地名、路名等信息。甚至还有地形地图可以显示。

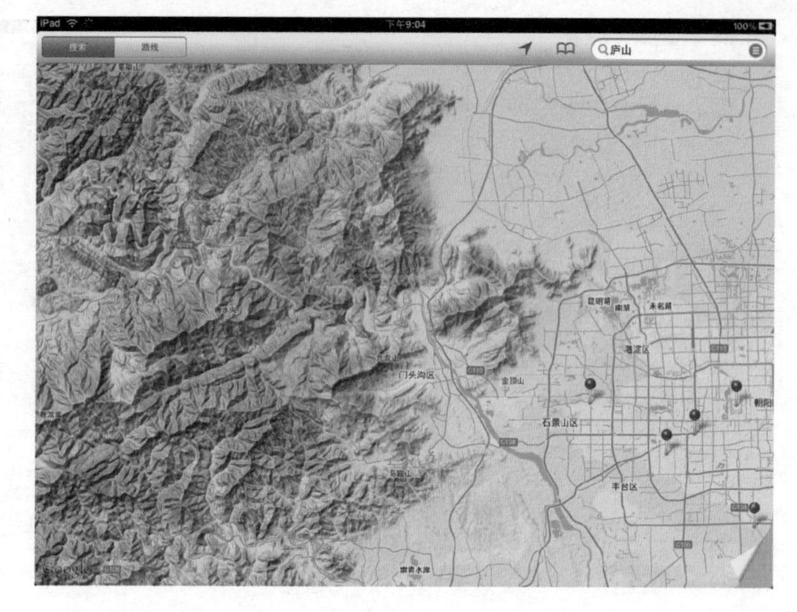

除了地图之外，Google地图还有两个叠加层：交通状况和放置大头针。红色表示拥堵，黄色表示一般，绿色表示畅通。

通过放置大头针，可以标记某个地方，以便下次能更快捷地找到。

路线查询功能，也是纸质地图无法比拟的，不但能快速找到合适的路线、路程，还能在地图上标志出来，而且有开车、公交、步行3种路线可以选择。

就开车和步行而言，还有预计时间的提示。选择公交，还能显示出换乘车次、步行距离等实际参考信息，准确、有效。

正因为Google地图有巨大的信息量，所以它需要有无线网络支持，最好能选用Wi-Fi或者3G等速度较快的网络。

iPad Wi-Fi+4G版本可以用来导航，不过这对网络速度要求比较高，再加上在国内只能用3G，而且Google地图的一些偏差，实际导航效果还不是很理想。越狱后，可以安装位置偏移补丁，效果就好多了。

尽管地图还有些偏差，而且使用效果受限于网络速度，但Google地图仍然是iPad首选的地图程序。

备忘录

Notes（备忘录）是人类大脑的延伸，正如常言道“好记性不如烂笔头”，估计自从有了文字，备忘录就顺便被发明了。

在原始社会人们把备忘的信息写在陶器、甲骨、器皿上，后来又写在竹片、丝绸、白纸上，如今可以电脑上，也可以写在随身携带的iPad上。

备忘录界面模仿黄色的笔记本纸，黄和棕的搭配，还是挺经典的，支持横式界面。所有记录都按记录时间先后排列。没有复杂的分类、加标签等功能。

点击右上角加号，添加新的备忘录，自动记录创建时间。阅读时可逐条向后、向前翻动。

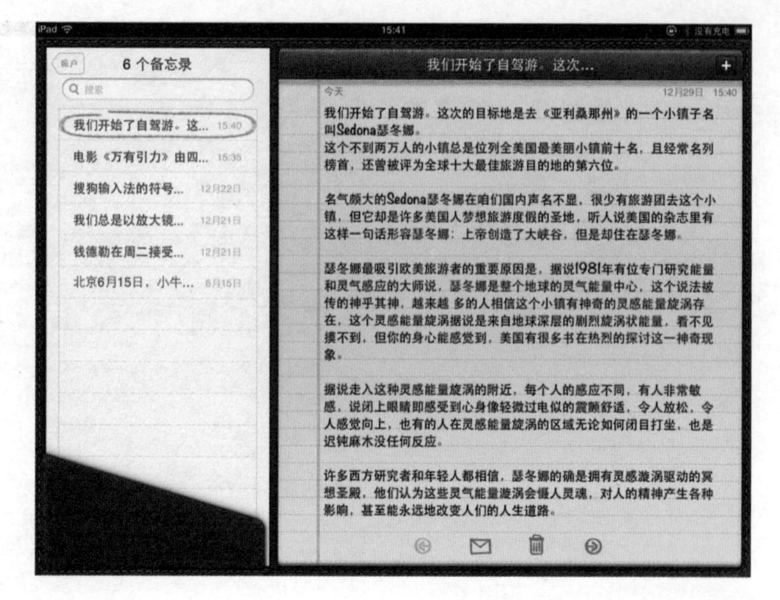

备忘录和邮箱紧密联系在一起，记录的消息和随时作为邮件发送，也就是说，备忘信息既可以作为邮件的草稿，也可以发送到自己邮箱作长久备忘。

备忘录，不需要太多功能，简单、便捷、可靠，足矣。

得益于全新iPad的高分辨率大屏幕，照片、地图和备忘录，都看起来更加精彩，也有更多可发展的空间。

浏览网页也轻松：Safari

Safari是iPad上的网页浏览器，通俗地说，就是用它来上网、看网页的，正如Internet Explorer是个人电脑上的一款网页浏览器一样。

有了Safari，结合iPad的9.7英寸多点触摸显示屏和重力感应功能，在iPad网上冲浪和浏览网页的效率和体验上，确实可以感受到其领先其他电子设备的独有魅力：简单、流畅、美观。全新iPad屏幕有着更高的分辨率，浏览网页也更加清晰。

Safari作为一款浏览器，基本功能与个人电脑上的浏览器相同，比如Internet Explorer，它也包括地址栏，搜索栏、后退和前进、网页书签等功能；点击书签中的标签，可快速打开对应网站。

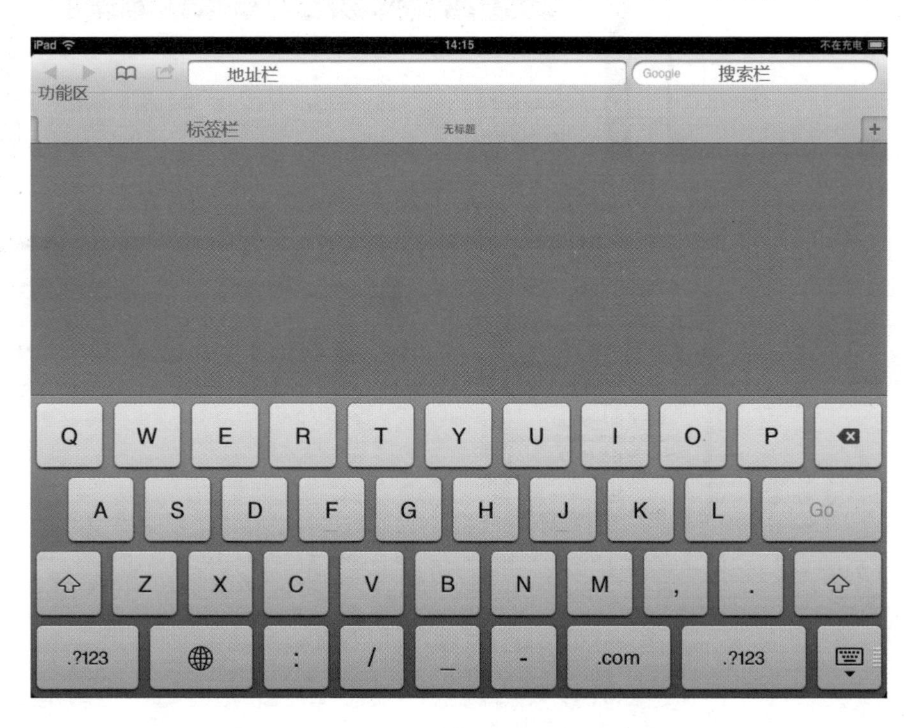

Safari浏览网页可以有两种模式：横屏和竖屏，这是因为iPad配备了重力感应功能，横着的时候，Safari就自动切换到横屏模式。浏览器的左下角是前进和后退按钮，点击这两个按钮，可以方便地进入或回到上一个或下一个页面。

duanzihui.diandian.com/page/2
Google
段子汇
Apple - 技术支持
iPad 手册
一富商一次买15辆路虎，做什么？
你以为是炫富？这是税务安排。
中国企业所得税高达25%。买车，尤其是豪车，可计入公司成本，而豪车作为固定资产，4-5年摊销，摊销后公司盈利大幅降低。
而豪车3年后转手出售所得可不计入公司收入，豪车折旧成本大大小于税务成本。
全文
#所得税 #路虎

Safari的书签功能可以添加当前网页到书签文件夹，也可以在主屏幕上创建网页书签，即在主屏幕上生成一个图标，以便下次一次点击就能迅速打开该页面。

添加至阅读列表，是新增的功能，可以把想读的文章，添加到阅读列表中，以便在闲时集中阅读。

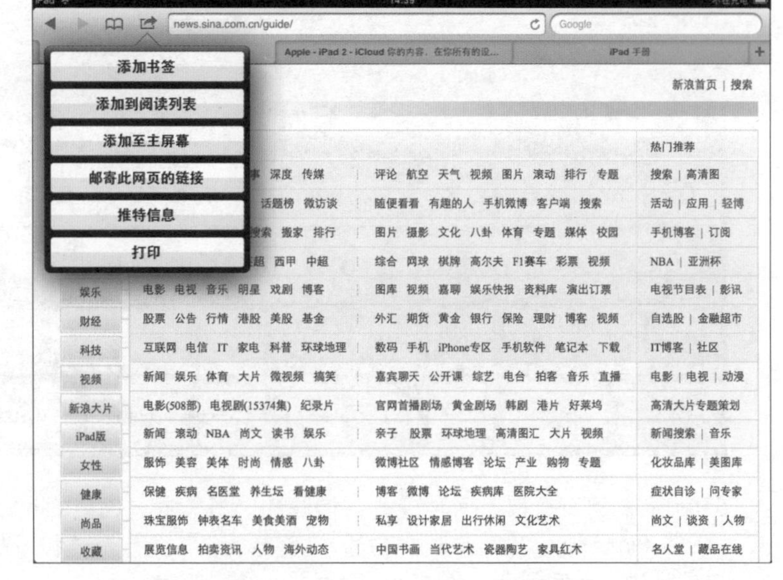

书签功能中有历史记录、书签栏和主要的网页链接，点击其中一个，可快速打开对应网页。默认状态下，还有《iPad用户指南》，点击后可直接打开，而且还是中文版的。

这里的阅读列表，就是已经收藏的各种文章列表，随时可以浏览查看。

或许你已经发现，iOS 5中的Safari与之前的版本，最大的不同是它有了标签，即可以在同一窗口打开多个网页，如果需要切换，只需要点击标签即可，不再需要单独地切换按钮操作。

每个标签左侧有“×”按钮，可关闭该页面。标签栏右侧是“+”，可新建标签页。

Safari的6个其他使用技巧

1. 浏览网页时，点击iPad状态栏（即显示时间、电池容量的部分），网页就会回到顶端。

2. 手指双击屏幕，可以放大该位置的内容，使之更适合浏览。比如说，双击帖子内容，那么文字会变大，图片也一样有效。再次双击，就还原为原来的大小。iPad的基本操作，比如手指移动、放大、缩小等功能，也仍然有效。

3. 在Safari地址栏输入网址的时候，点击地址栏后面的小交叉可以清除已有网址。

4. 在浏览网页时，建议把iPad横过来。横屏状态下，显示的文字更大、更清晰，阅读体验也更好。

点击地址栏或其他要填入文本的地方，会出现横向大键盘，比竖直键盘键更大，输入更容易。在地址栏输入的时候，Safari还能根据历史记录，自动提示你可能要浏览的网址。

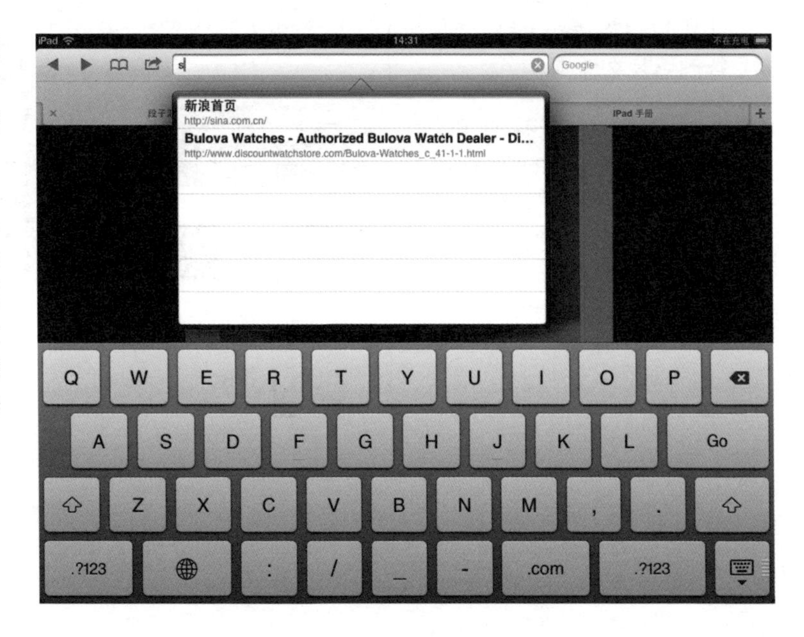

5. Safari地址栏右侧有一个Google栏，在这栏里输入想查询的字，然后点击Google，就能直接打开Google搜索结果页面，可省去先打开搜索引擎页面的步骤。键盘上面的搜索栏，也是新增的，可搜索当前页面的内容。

顶部的搜索栏，默认的谷歌（Google）搜索引擎可以更换为雅虎（Yahoo!）或必应（Bing），在设置>Safari搜索引擎中修改。

6. 如果要保存网页中的图片，可用手指按住该图片，在弹出的命令菜单中选择存储图像，图片就保存到照片文件夹中了。

对于习惯用多标签的用户来说，Safari的网页切换方式有点别扭；对于喜欢玩在线Flash游戏的用户来说，Safari是无法显示的，多少有些遗憾。

但总的来说，在iPad上默认的Safari浏览器，对于实现一般的上网浏览功能是绰绰有余的，包括优酷、土豆等视频网站；而且新浪、网易、FT中文网等门户网站还推出了专门针对iPad而优化的内容，更简洁、易读，广告也非常少，甚至没有。

视听两不误：音乐+视频

毫无疑问，出色的音频和视频播放功能，是iPad不可缺少的娱乐功能。如今全新iPad有了分辨率为2048×1536的Retina屏幕和4核图形处理器，就连播放1080P的视频也绰绰有余。

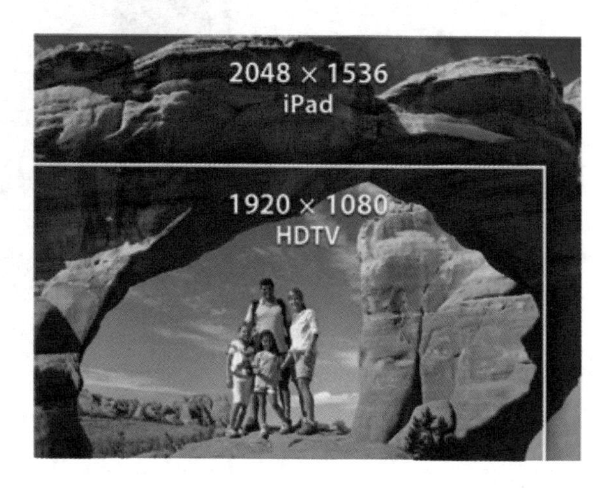

在最新的iOS 5中，iPad的音频和视频等媒体播放，是由音乐和视频这两款程序来负责的，简单地说，音乐和视频是2个播放器，即原先的iPod功能。

iPad根据版本不同，本身有16G、32G、64G的存储容量区分，所以可以存储多达数千首的MP3歌曲，或者数百集连续剧、几十部常规电影。

音乐

用音乐来播放MP3音乐，相当方便和直观，音量调节和进度调节也很容易。音乐播放可以是单曲的选择播放，也可以随机播放。就音乐音质表现而言，iPad在同类电子产品中也是数一数二的。

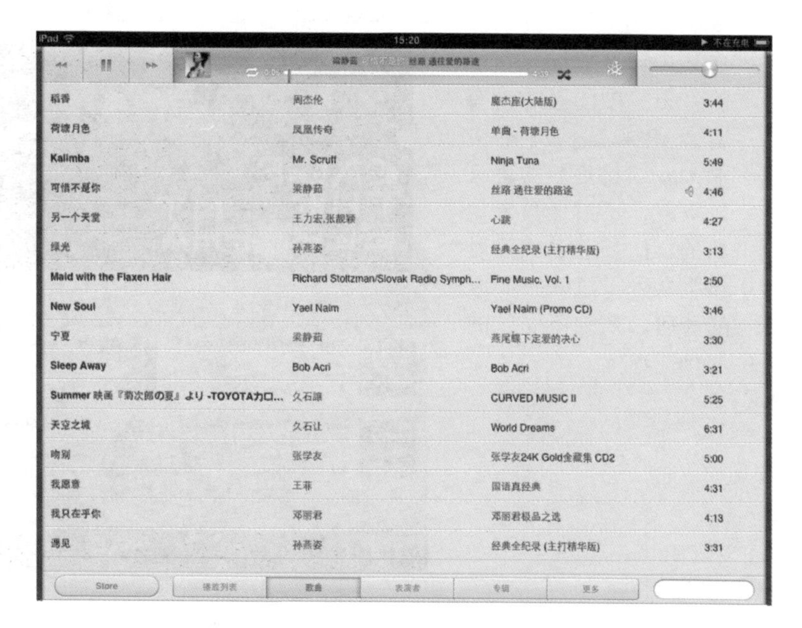

专辑封面，相当漂亮；通过专辑界面，可以按专辑来播放音乐。此外，还可以通过表演者、风格、作曲等方式来选择播放音乐。

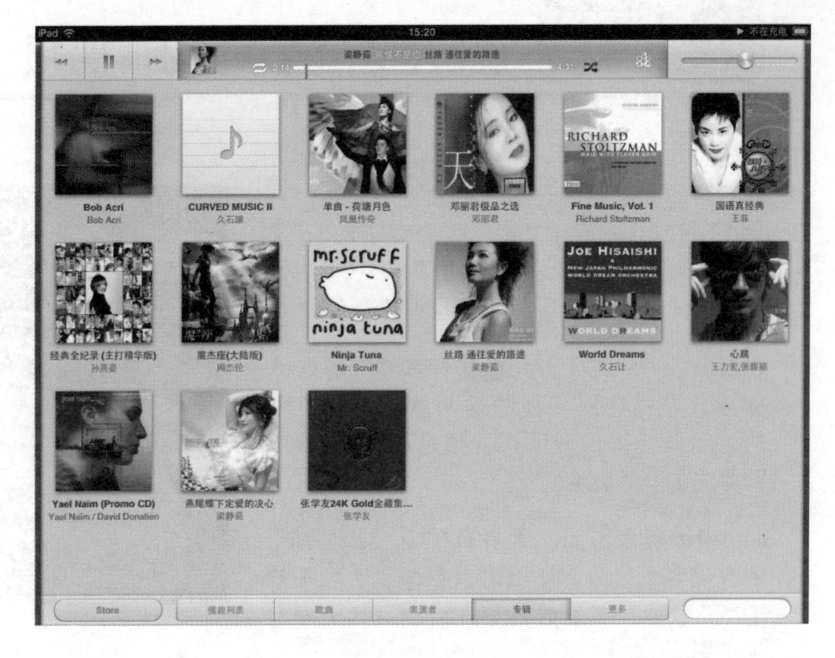

通常而言，从左下角的美国区Store（iTunes商店）中可直接购买其中的音乐。中国区中没有音乐购买，但有不少Podcast（播客）内容可以下载，不过多数是免费的，比如著名的静雅思听系列。进入不同区的商店，需要不同区的Apple ID。

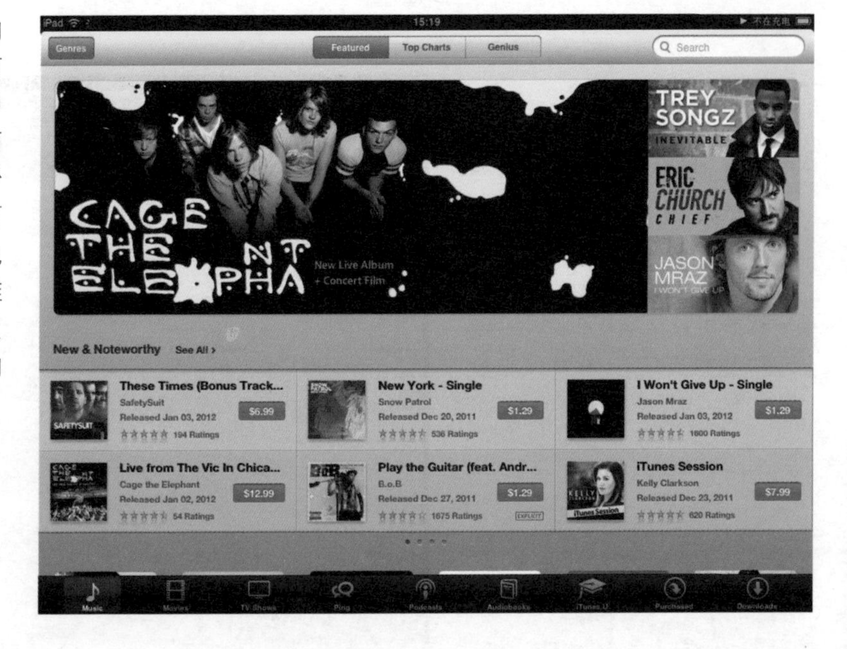

当音乐程序播放歌曲时，还能同时进行别的操作。当选好歌曲进行播放后，可以按Home键，退回到主界面，这时歌曲播放还会继续，同时主界面右上角出现播放箭头，表示音乐程序正在播放音乐。

这时，如果再运行程序，比如用Safari来上网，不会对音乐播放产生影响。但如果运行某些大型游戏，音乐程序会自动退出。

如此一来，歌曲、封面都有，来源也有。但作为音乐播放，不能不说，还有一个小小的遗憾，那就是目前音乐程序不支持歌词功能。

如果说，在国内哪个音乐程序，最能满足绝大多少人的需求，这里推荐QQ音乐HD（可在程序商店中免费下载），下载、封面、歌词、播放记录同步等，一应俱全，界面也相当漂亮。

视频

视频程序，有苹果公司一贯简洁漂亮的界面。对于从iTunes中下载或购买的视频和播客（Podcast）而言，通常为m4v格式，都可以直接播放。

视频以带光的缩略图形式呈现，黑色背景，标题还有倒影效果。

点击任一视频，查看进入视频属性，比如图示的《阿凡达》电影，长度2小时41分钟，原始画面尺寸为854×480，大小是1.4GB，以H.264编码压缩。点击播放按钮，就开始播放了。

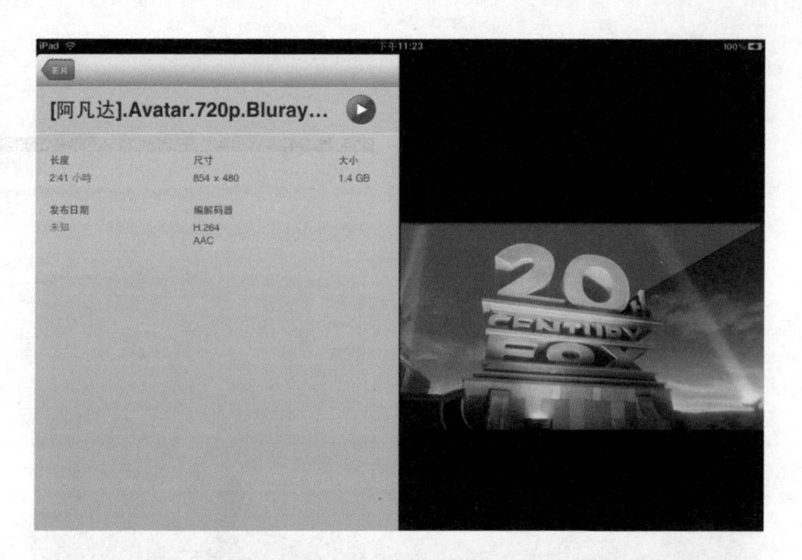

播放时可以通过屏幕上的透明功能键控制。不用担心这些功能键会影响观看效果，因为它们在视频正常播放时会自动消失，再次点击屏幕会重新出现。

通过上部的进度条，可以快速控制播放位置；右上角的按钮，可以切换某些影片的播放画面尺寸，宽屏或常规。

值得称赞的是，视频播放时，还支持多种字幕，这对于观看国外影片就方便多了。

如果想播放更多格式的视频，可以在程序商店中下载安装GoodPlayer等视频播放程序，以弥补视频程序支持格式少的不足。

全新iPad，作为一款移动电子设备，拥有9.7英寸的高分辨率屏幕，就连持续10小时的高清视频播放也能轻松胜任。

格式

音频和视频，格式繁多，但iPad上自带的音乐和视频这两款程序，支持的格式非常有限，特别是视频，比如AVI、WMV、RMVB、MKV、FLV等常见格式，iPad的视频程序是不支持的。

这里推荐一款免费而且好用的格式转换软件：格式工厂。格式工厂基本上支持所有常见的视频和音频文件的转换，使它们适合在iPad的音乐和视频程序中播放。

打开格式工厂，选择左侧所有转到移动设备，在弹出的更多设备对话框中选择Apple（苹果）一项，然后选择需要的尺寸和格式即可。

基本不用理会分辨率、格式、比特率、采样率等复杂的参数，保持默认。

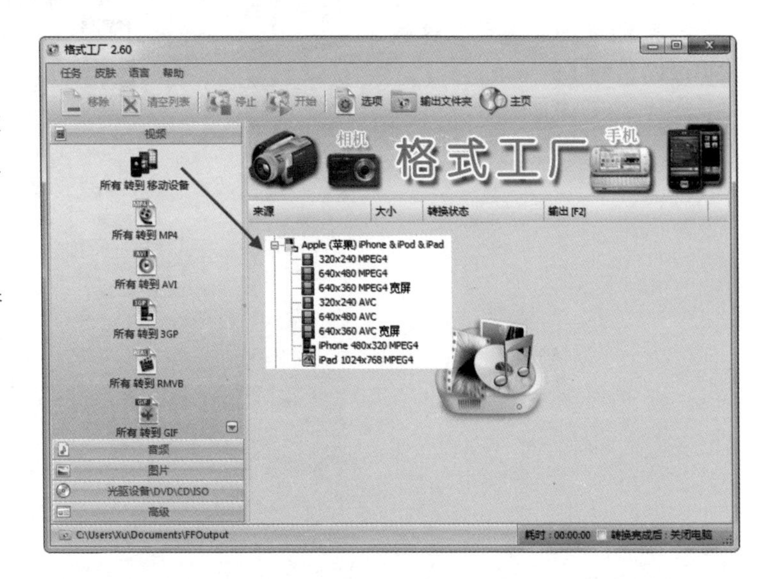

设置完成后，添加文件进行转换。根据文件格式、大小不同，转换所需时间从几分钟到几十分钟不等。

音频转换方法完全相同，选择所有转到MP3即可。如果你对采样率、比特率、声道等参数有更多的设置，也可以操作。

转换完成后，无论视频和音频，都能顺利导入iPad中了。

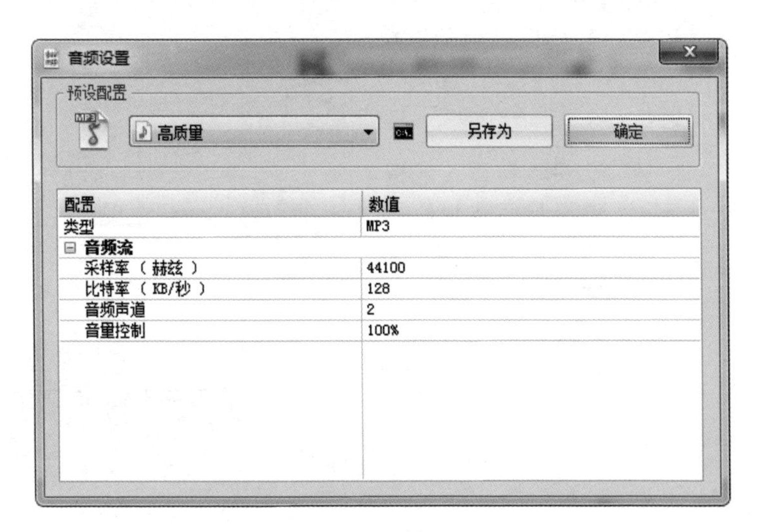

导入音频和视频

上文说了下音乐和视频这两款程序的播放功能，以及格式的转换问题，接下来，最重要的问题就是如何把这些数字内容导入iPad中。

最重要的，就是勾选iTunes同步界面上的“手动管理音乐和视频”选项。这是最简单明了的导入方式。

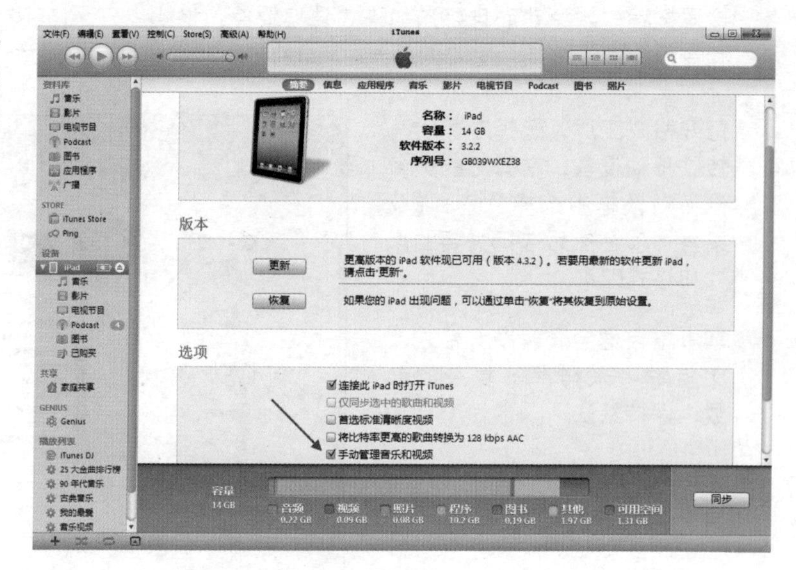

这样做得好处是，无论是iTunes播放列表中的音乐和视频，还是电脑上其他位置的音乐和视频，可直接拖曳，使之同步导入iPad中。

当然，能够顺利导入前提是，这些音频或视频数字内容是iPad支持的格式，即MP3、MP4、MOV、M4V等。

如果你习惯iTunes默认的同步方式导入音乐，那自然也不错。

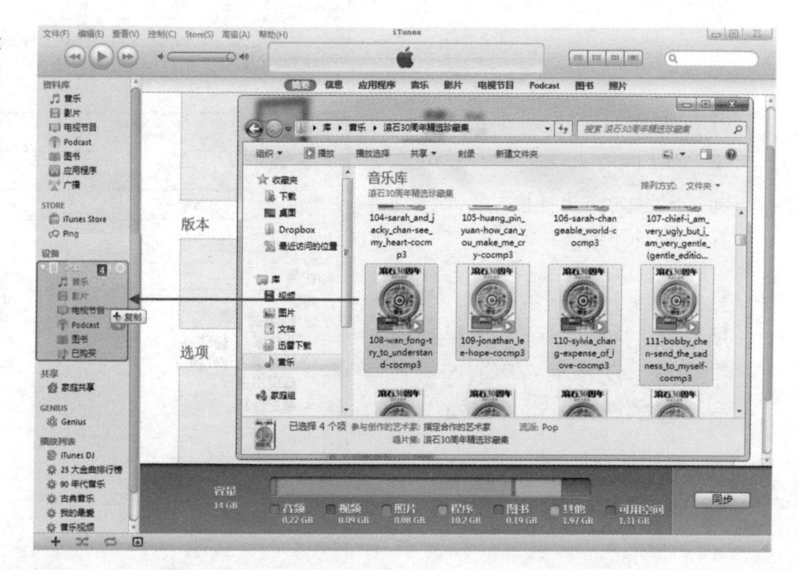

中国区iTunes

iTunes的本意是为用户提供主要的数字内容来源，不过中国区的iTunes，即用中国区域账户登录iTunes，内容相对美国区要少太多，无法成为国内iPad用户的主要音频和视频内容来源。

中国区的iTunes主要有播客（Podcast）和iTunes U（iTunes大学）两大板块。

播客是网友分享的视频和音频内容，大部分还是相当不错的，而且多为免费下载。

比如播客中，有著名的“静雅思听”，有非常多的音频读书节目，可供免费下载，一路畅听。这里下载完成后，可在音乐中看到相应的内容。

比如iTunes U中，有相当多的美国著名高校公开课程，也是免费的。有哈佛大学、耶鲁大学、普林斯顿大学、密苏里州立大学等，包括人文、理工、医学等各种课程。

当然这些课程都是英文，而且多数没有字幕，学习起来要求有点高哦，所以一般用户还是推荐使用网易公开课或新浪公开课等加了中文字幕的内容。

通过音乐和视频这两款程序，iPad可以随时变身成为一部随时的数字娱乐设备，听音乐，听有声读物，看电影，看连续剧。

如果iPad充满电，一次可以连续听30小时音乐，或看10小时的视频，想必够用了吧！

摄像头的妙用：摄像头+FaceTime+ Photo Booth

全新iPad在前后摄像头方面，有了重大升级，并且有了新名字：iSight。iSight不仅能满足常规的视频通话，而且能拍摄不错的500万像素静态图片和1080P的动态视频。这比起iPad 2来说，要强大不少。

相机

全新iPad的摄像头就基本参数而言，已经比iPad 2提升了一大步。iPad 2的前后摄像头只能算可用的级别，而全新iPad前摄像头为130万像素，主要用于视频通话；后置摄像头已达到500万像素，主要用于拍摄静态影像，当然也能拍摄1080P的视频了。

特别是后置摄像头（主要的拍摄摄像头）还拥有了一组高级光学元件和滤镜；能自动识别人脸、调节白平衡。

当然，相机程序界面仍然是相当简洁。左下角是相册（或视频），中间是拍摄按钮，右下角是照相机和摄像机的切换按钮，右上角是前后摄像头的切换按钮。

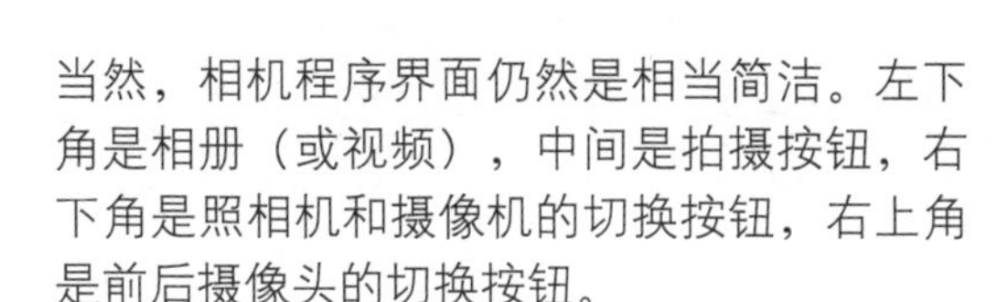

Face Time

用前后两个摄像头拍摄视频，还算不错。苹果公司说这两个摄像头是为Face Time视频通话而设计，配合FaceTime程序，效果还行，切换也很方便，正如iPad广告片中演示的那样。

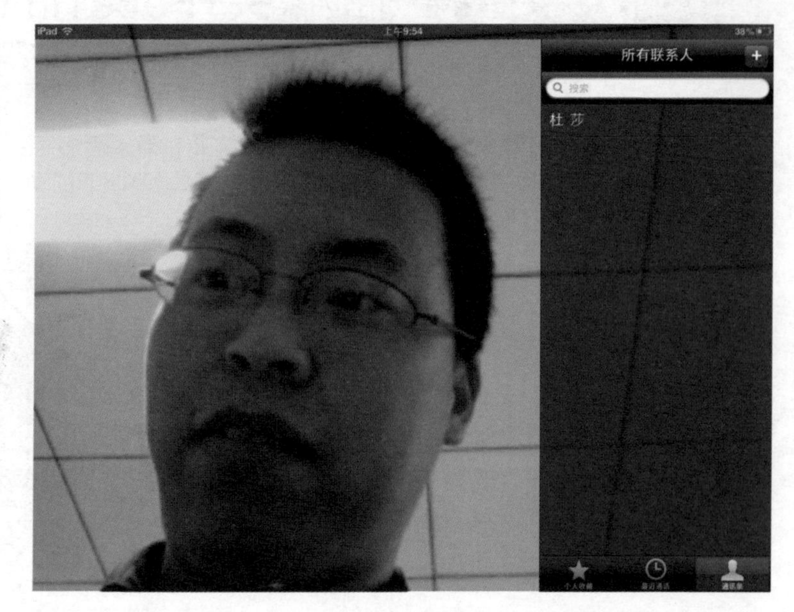

毕竟限于目前的网络速度，像素过高的视频通话，基本上是不现实的。用这两个摄像头拍摄照片，这个质量用于发微博、网络相册等网络用途，也算得上足够了。

FaceTime的通话地址是一个电子邮件地址，比如你的Apple ID。也可以是其他的邮箱，但如果不是Apple ID，则需要验证一下。

FaceTime功能目前只能在iPhone、iPod touch、MacBook、iPad等带摄像头的苹果设备之间进行。但所有FaceTime视频通话这不会产生恐怖的视频通话费用，因为用的是常规的无线网络。

比如说，你想与好友开始视频通话。只须在通讯录中找到她的联系人条目，然后轻点FaceTime按钮。或者直接打开FaceTime程序，然后查找联系人进行拨号。

在FaceTime使用功能界面上，具有一键翻转摄像头功能，这样在使用FaceTime的时候就可以随意地切换前后摄像头。

FaceTime在苹果的各种设备之间使用是非常方便和直接的。不过你在用在更广泛的平台上视频聊天，用最新版本的QQ就能实现，比如在iPhone、iPod touch、iPad、MacBook上都装上各自最新版的QQ，在其他个人电脑上，也装上新版QQ，这样视频通话也很方便。

除了网络费用之外，FaceTime和QQ等视频聊天，其实是免费的。

Photo Booth

有了摄像头，苹果公司一款传统的大头贴程序Photo Booth，也自然地加入了iPad的自带程序了。

Photo Booth几乎不用介绍，非常直观。除了九宫格中间的正常模式，可以看到自己的头像之外，其他8个，就是Photo Booth的特殊效果，有挤压、万花筒、旋转、伸缩等。

选择喜欢的一种，类似相机，点击拍摄按钮，就能把该特效拍摄下来，保存到相册内。

如今这个时代，一个夸张而有趣的头像，还是能博得不少网友的目光。Photo Booth就是为此而设。

全新iPad配备的前后两个摄像头（iSight），虽然物理参数比起如今市面上常见的数码相机和摄像机，还是有些差距，不过用于视频聊天（Face Time）、拍摄大头贴（Photo Booth），还是够用。

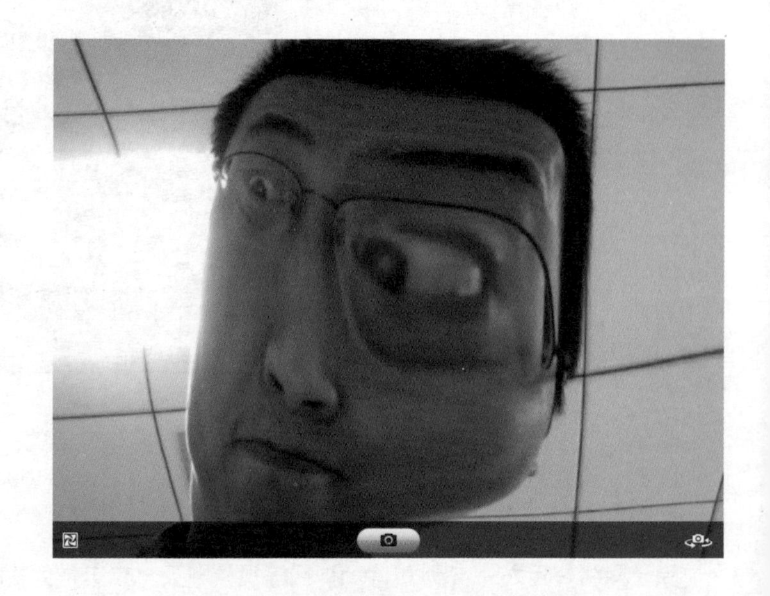

整理与娱乐：多任务+文件夹+Game Center

多任务、文件夹和Game Center（游戏中心）是iOS升级到4.0版本之后才有的功能，全新iPad发布了，iOS 已经是5.1版本了。如果是第一代iPad，需要这3项功能，就需要通过iTunes下载新版本固件，进行升级后才会有。

多任务

多任务就是让iPad同时运行多个程序，有的在前台，有的在后台。双击Home键，弹出后台任务列表，提供包括了后台音乐、VoIP、后台定位、推送通知、本地通知等几乎所有你用过的程序。

对于QQ、邮件、App Store等带有推送功能的程序，多任务就显得很重要。一旦有新的信息，在后台运行的程序，可以马上提醒你。

不过，iOS 的多任务管理也有缺点的，也就是几乎所有的程序，再单击Home键退出后，都会进入后台运行，一段时间之后，你会发现后台有了数十款应用程序在同时运行，哪怕你不需要它们运行。

这就需要通过手动的方式，来关闭其中某些程序，方法和在主屏幕上删除程序类似，即长按后台运行的某个图标，这时程序图标还是晃动，左上角出现关闭小按钮。这时，点击左上角关闭按钮，就能逐一关闭不需要在后台运行的程序了。

值得留意的是，后台运行的程序，可能有好多页，这和主屏幕上的程序一样。

话虽如此，多任务（严格说起来，iOS并不是Android系统那样多任务）管理起来不是很轻松。不过你如果健忘，大可忽略这个功能，因为事实上你不去管它，哪怕后台有数十款程序，iPad照样运行得很好。

文件夹

文件夹也就是用户可以建立文件夹，把同类的程序放入其中，实现程序分类，每个文件夹中最多可以放入9个程序。这项功能，比起多任务来，更加实用。越狱后，可以实现更强的文件夹功能。

几乎每个iPad用户，多少会有数十款的应用程序，这样就会在主屏幕上占用好几屏，每次要使用其中一款的时候，查找就不是很方便了。

如果把这些程序，根据自己的喜好进行分类，比如游戏、新闻、阅读、音乐、办公、视频等，逐一放入文件夹，所有程序可能只占用了1～2屏空间，查找就会便捷很多。

创建文件夹的方法是，长按屏幕中的某个程序图标，直到晃动，然后移动它到另一个属于同类的图标上，这样文件夹就自动创建了。

文件夹的名称可以自定义，中英文均可。文件夹中的程序图标可以移进，也可以移出。如果移出，程序图标会自动回到主屏幕上。如果移出所有程序，文件夹也就自动删除了。

使用的时候，点击文件夹图标，文件夹内的程序就会如图显示，选择其中一款，就能打开运行。程序的先后顺序也可以自己调整，方法和在主屏幕上调整一样。

分门别类地创建文件夹，能极大地提升你用iPad的效率。

Game Center

Game Center（游戏中心）是专为iOS游戏玩家设计的社交网络平台，可以玩游戏、与朋友共享游戏、通过排行榜跟踪进展等。

当然，不是App Store（程序商店）中所有的程序都能通过Game Center来分享。目前支持的，有愤怒的小鸟、PAC-Man、Flight Control、Fieldrunners、FarmVille、Real Racing等数十款热门游戏。

Game Center主界面上就有18款游戏推荐。要和好友一起玩，当然还需要一个账户，可以用事先注册的iTunes账户。添加好友后，就能分享彼此的自己游戏成就。

如果还没有下载某款游戏，Game Center会自动切换到App Store（程序商店）的对应购买和下载界面，进行下载。如果免费，点击该按钮，就能下载。

如果已经安装，游戏就打开了，顶部会有Game Center的提示，欢迎回来。游戏界面和常规游戏相同，但你的游戏成绩会被记录下来，可以分享给自己的好友。

网络社交是如今互联网的一大趋势，游戏社交，自然也是其中一块。iPad的Game Center（游戏中心）提供了这样的便利，那就一起来玩吧！

学习无止境：iBooks+报刊杂志+iTunes U

全新iPad拥有2048×1536分辨率的Retina屏幕，这让爱学习的人也感到这是一项非常棒的升级。所有图书、杂志和视频，都可以有更清晰的展示。

iBooks，专门的图书阅读程序；报刊杂志，可订阅各类电子期刊；iTunes U则提供各专业课程。“学海无涯”，这就是一片学习的“海”。

报刊杂志是全新iPad自带的程序，iBooks和iTunes U需要你在App Store中免费下载。

iBooks——私人电子书架

苹果公司说“iBooks是下载与阅读图书的绝妙方式”，虽然这是广告用语，但仔细回想起来，也确实没错。

电子书，固然早就问世了，但一款好的电子阅读器，其实还并不是非常多。一方面是图书版权的问题，另一方面是阅读器的问题。iPad+iBooks其实就是苹果公司对这个全球性问题的解答。如今看来，还是相当成功的。

全新iPad重650多克，比一本常规彩页杂志稍重；屏幕9.7英寸，大致相当于32开的版面；更重要的是2048×1536分辨率的Retina屏幕，相当于264ppi的印刷质量，已经非常接近300ppi的最高质量彩色印刷（不少常见彩页杂志，其实只有220ppi）。也就是说，你几乎可以把全新iPad当做是一本实际意义上的书或杂志了。更何况iBooks的阅读界面，非常逼真，类似一本精装书；就连翻书的动作也可和真书类似，用手指在屏幕上从右向左或从左向右滑动。

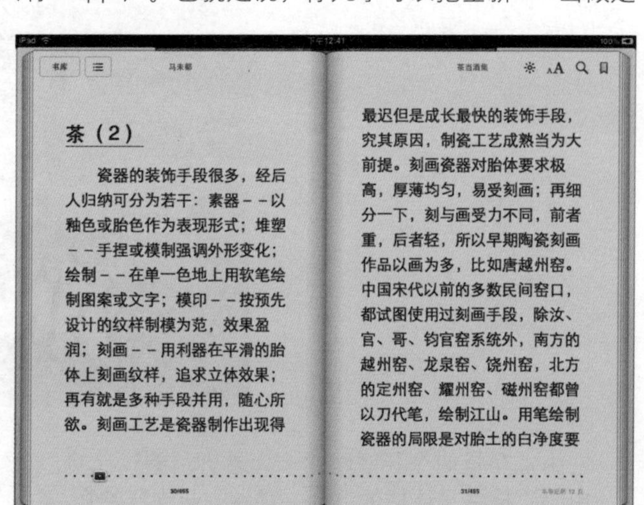

茶（2）

瓷器的装饰手段很多，经后人归纳可分为若干：素器－－以釉色或胎色作为表现形式；堆塑－－手捏或模制强调外形变化；绘制－－在单一色地上用软笔绘制图案或文字；模印－－按预先设计的纹样制模为范，效果盈润；刻画－－用利器在平滑的胎体上刻画纹样，追求立体效果；再有就是多种手段并用，随心所欲。刻画工艺是瓷器制作出现得

最迟但是成长最快的装饰手段，究其原因，制瓷工艺成熟当为大前提。刻画瓷器对胎体要求极高，厚薄均匀，易受刻画；再细分一下，刻与画受力不同，前者重，后者轻，所以早期陶瓷刻画作品以画为多，比如唐越州窑。中国宋代以前的多数民间窑口，都试图使用过刻画手段，除汝、官、哥、钧官窑系统外，南方的越州窑、龙泉窑、饶州窑，北方的定州窑、耀州窑、磁州窑都曾以刀代笔，绘制江山。用笔绘制瓷器的局限是对胎土的白净度要

右上角的功能按钮，能调整屏幕亮度、字体大小、搜索内容、添加书签。左上角是返回书库和查看目录按钮。顶部是作者本书、书名等内容；底部有阅读进度提示，比如书共有多少页，已读多数页等。

当然，最重要的还是电子书的内容。iBooks有两个途径获得内容。一是自带的iBookstore（电子书商店）中下载，有收费的，也有免费的；二是通过iTunes从个人电脑上导入ePub或PDF格式的电子书。

通过左上角的书库和书店按钮，可以进入苹果公司的在线书店iBookstore。到目前为止，书店里的中文内容还是相当少的，基本都是古代小说、典籍之类，从中文的畅销排行（用中国区账户登录）就能看出来，而且也都是免费的。

当然，用美国区账号登录后（左下角），可以看到相当丰富的英文图书内容，收费和免费的都非常多，包括不少时下流行的小说等。

在确认购买之前，你可以下载样本（GET SAMPLE），阅读书中的一些片段。

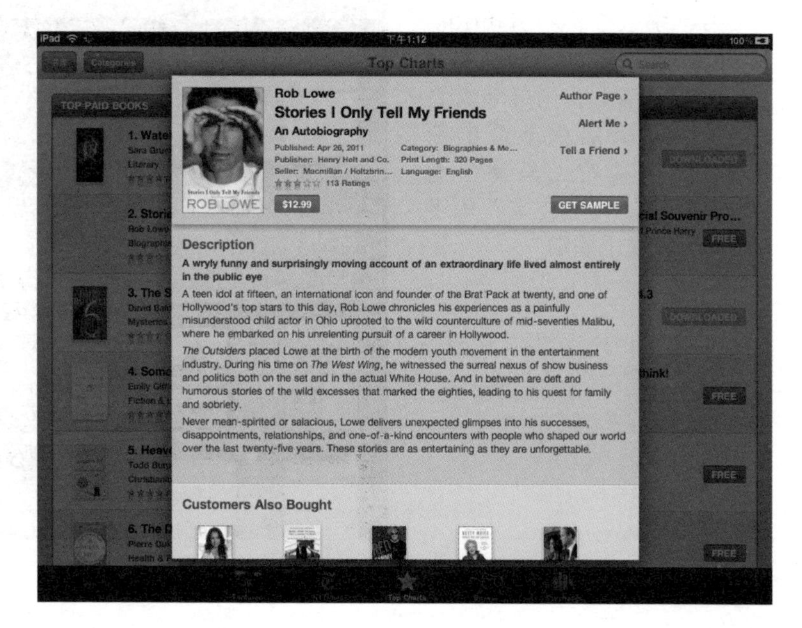

对国内用户来说，自己导入电子文档（ePub和PDF格式），还是一个更切实可行的方式。不少从网络下载的电子图书，通过iTunes就能导入到iPad中的iBooks中，即同步状态时，直接拖曳如图界面。

如果已经导入了很多图书，那么在你打开iBooks的时候，各种图书都会呈现在书架上，同样非常直观。从书店中下载的新书，在其右上角还会有“新增”和“样本”等字样，以便于识别。

读书，其实还有一个阅读习惯的问题。通常人们往往会习惯用一种阅读姿势，比如绝大多数的书是竖开本，大家也习惯于从这样的一种状态。

iBooks中的ePub格式电子书，可以根据你的喜好，来调整显示方式，或横着或竖着；翻动书页时还有动画显示。不过PDF格式的文档只能保持原来的版式，但可以放大或缩小内容显示，如图片一样。

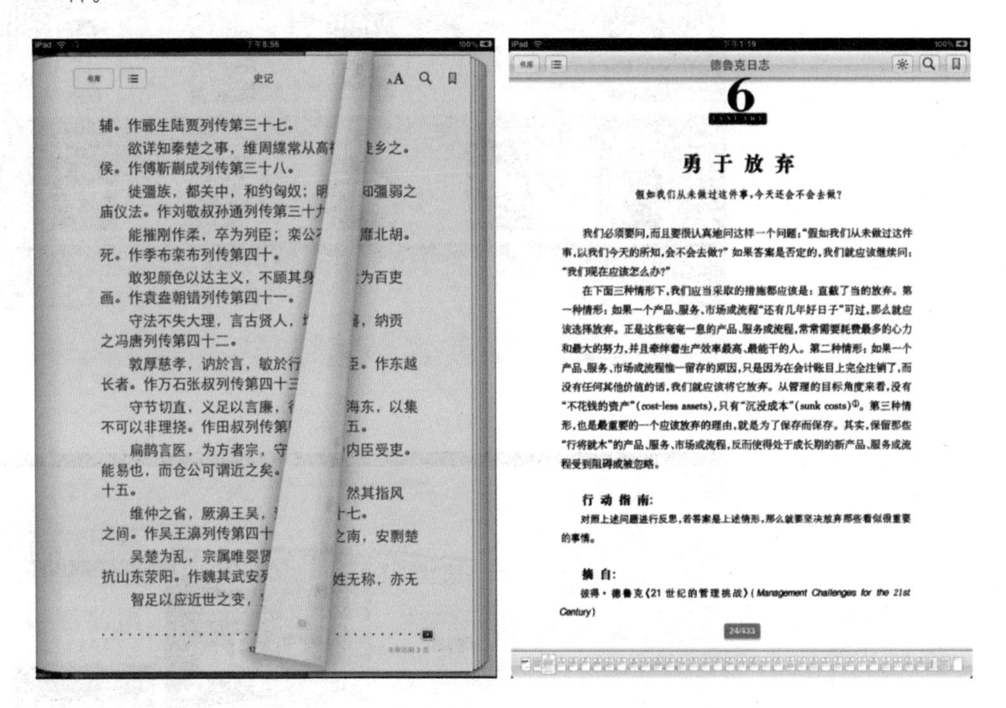

iBooks集书店和阅读器于一身，功能强大，显示完美，而且还是免费的，称得上入手全新iPad后在App Store（程序商店）中第一个要下载的程序。

报刊杂志——属于你的报刊亭

报刊杂志（Newsstand）是一个数字杂志订阅平台，界面看起来和iBooks有点类似，但重点在与杂志的订阅。用户订阅杂志后，一旦杂志有新版出版，就会自动下载更新，并搭上最新的封面，而且会为你发送提醒。了解你喜欢的报刊杂志更新信息只需要注意查看通知中心就可以了。

必须再说一次，全新iPad的Retina屏幕带来了的真正纸质彩印杂志级的效果，其他平板电脑不得不又要兴叹许久了。

当然，刚上手时，架子上是没有任何杂志的。点击右上角Store（商店）按钮，就能进入真正的报刊杂志店。如果你用中国区的账户登录，就能见到不少中文杂志内容。比如《南都周刊》、《第一财经周刊》、《男人装》等。

各种杂志的订阅价格和策略各异，有的是全免费、有的是部分免费、有的是全收费。根据你自己的喜好订阅吧！

用手指轻点，在App Store（程序商店）进行选购，订阅新的刊物。搜索标题、浏览评级以及更多，如同购买其他应用一样，你可以选择你喜欢的杂志。购买新订阅的刊物，即刻会出现在报刊杂志应用中。当然你也可以去App Store为报刊和杂志订阅信息创建新的位置购买。无论你选择哪种方式，自己喜欢和方便就好。图书为美国区账户登录后的杂志展示。

当然，iPad上的杂志刊物，自然有其与纸质刊物截然不同的阅读体验。其快捷性与丰富性，往往是其最大特色。不少国外主流媒体（比如英国的卫报、美国的纽约时报、读者文摘等），都可以在报刊杂志商店中下载了。

目前商店中文杂志也有不少了。但英文内容已经相当丰富，如果阅读还有点困难，或者对内容不是很感兴趣，那么用来练习英文阅读以及学习下这些杂志刊物的设计和排版也是不错的。

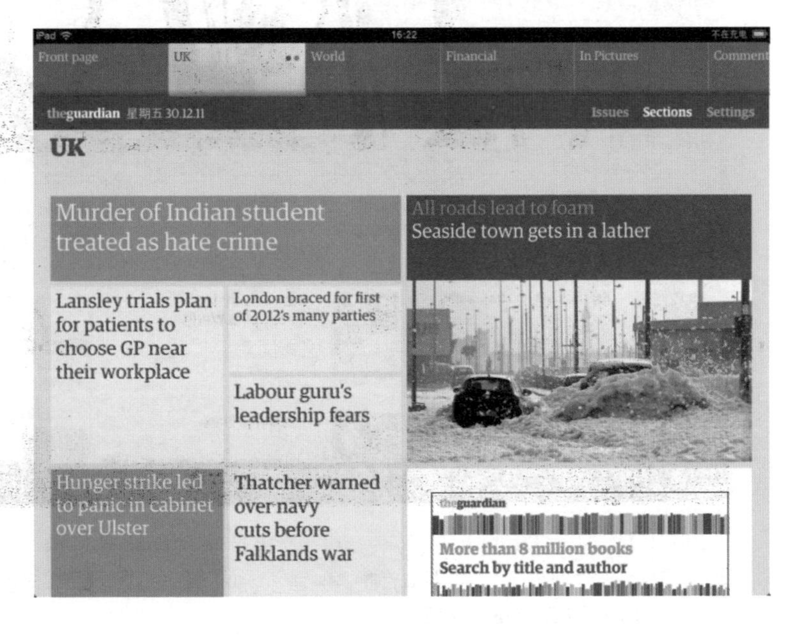

报刊杂志应用可说是报刊杂志的陈列架，排列清晰，而且可以直接订阅，自动更新。全新iPad上的报刊杂志（Newsstand）是你专属的电子报刊杂志箱，不会送错，不会丢失，即时更新；更重要的是，如今的画面质量已经堪比真正的高质量彩印杂志了。

iTunes U——随身的大学课堂

如果说电子书（iBooks）和报刊杂志（Newsstand）就形式而言，还是容易让人联想到的。但这个时代，自然有其更加新鲜和独特的内容出现，并且以非常便捷的方式呈现人们的面前。

是的，我说的就是新的iTunes U这款iPad程序，它也是最新的iPad自带程序。大学，应该是大学问，而不是大围墙，应该可以与每个渴望知识的人分享。

iTunes U是iTunes Store的一部分，专门收集是各种网络公开课、专业课、考试指导课等资料（视频、音频、文档等），包括哈佛、牛津、剑桥等，供各爱学习的人们观看和使用，更重要的是iTunes U中的内容都是免费的。

除了英文内容，如今也有不少中文内容了。中山大学、北京广播电视大学等的一些课程，也能免费订阅观看，比如《基础会计学》、《茶道与茶文化》、《大学英语》等。

丰富的免费、优质资源，是iTunes U本身最大的吸引力所在。不过，它还有着迷人的界面和功能设计。

每一门课程，都有一本学习笔记，包括简介、帖子、笔记和教材本身。不难联想，这已经是社会化学习的开端了。每一门课程，都可以作为个人的学习资料，同时也可以作为内容来分享。可以是一句话的感想，也可以是长篇的笔记。

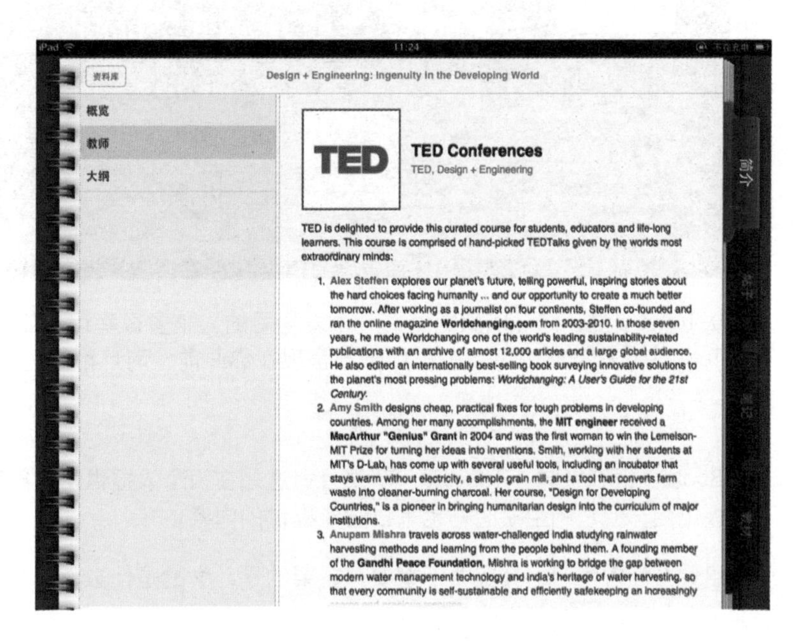

所有订阅的课程，正如在报刊杂志中订阅的杂志一样，会陈列在书架上，当你想学习的时候，可随时选择一门课进行学习。

当然课程视频文件一般都比较大、国内网络也不是很快，所以推荐在晚上给iPad充电时，同时下载这些内容。

从iTunes U里，你可以感觉到，一个爱学习的人是多么幸运。如今有如此多人类知识精华，通过iTunes U这样直观、好用的程序全部呈现在你面前，而且都是免费的。

iBooks、报刊杂志、iTunes U，苹果公司这是在为个人提供学习解决方案。iPad，固然只是一款平板电脑，但它的生命同样也来自它能提供的内容。

用什么设备学习，其实并不重要；重要的是，学的是什么。

自己来设置，iPad更好用

如果你突然觉得iPad有些不好用，那么你可以来设置看看，或许这里有些设置可以帮助你改善使用体验。

比如想换个壁纸、想换个接入网络、想更改下键盘和语言，或者还想某些应用程序的默认状态。

更换壁纸

换壁纸，是很常用的一项功能。只要换下壁纸，整个iPad的气氛就大有不同。图示的壁纸显然是偏商务风格，换张卡通的，马上气氛就不同了。

iPad自带一组壁纸，多自然风格。自己也可以从网络上下载其他风格壁纸，导入到iPad的图片文件夹中，然后在这里选择设定。

默认的亮度也可以在这里设定，通常7成左右就够用，以便节省电量。打开自动亮度调节功能，可以自动帮助你调节屏幕亮度，以适合在不同环境中获得最佳浏览亮度。

通用设置

通用设置涉及非常多项功能的具体设定，网络、声音、锁定、日期、键盘等。

如果要切换网络接入口，可在网络中更换；定位和蓝牙（Bluetooth）功能可以在这里打开；日期、时间、时区、键盘等都可以在这里作出自己喜欢的设定。不要忘了，iOS 5针对iPad新增的多任务手势设置也在这里。

其实，最下面还有还原功能，虽然图片尚未显示。这项功能可以帮助你快速恢复网络、键盘、主屏幕等设定。

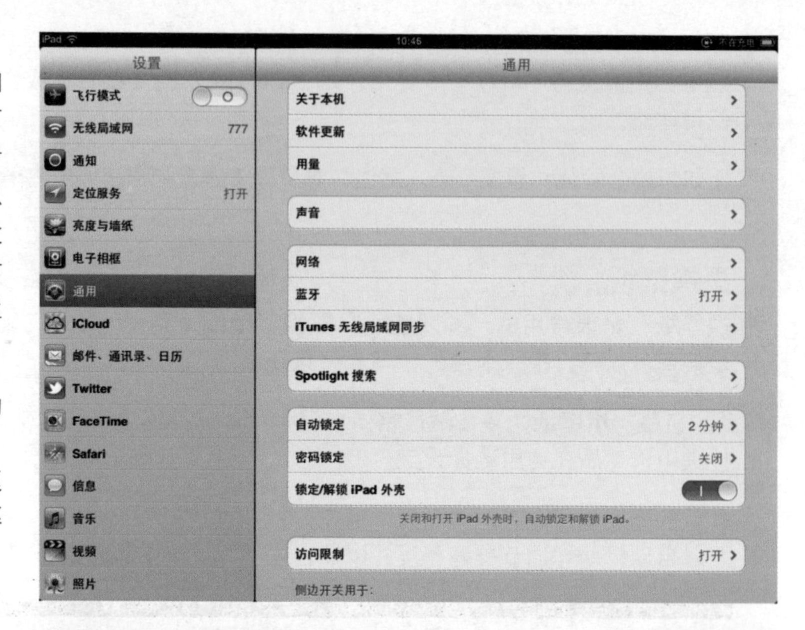

通过关于本机按钮，可以查看本机的使用状况，包括共有多少歌曲、视频、照片，安装了多少程序，还有多少可用容量，本机iOS的版本、型号、序列号、Wi-Fi地址等实际信息。

设置锁定，值得单独说明一下。自动锁定是指iPad打开但屏幕不在使用状态时，自动锁定所需的时间，一般选择5分钟或10分钟为宜。

更换键盘

语言，一般还是选择简体中文，当然还有英、法、日、德等多种语言可以选；键盘，其实是选择输入法，默认中文输入有拼音和手写两种，也基本够用；区域格式设计日期、时间、电话号码的书写格式，选中国符合国内使用习惯。

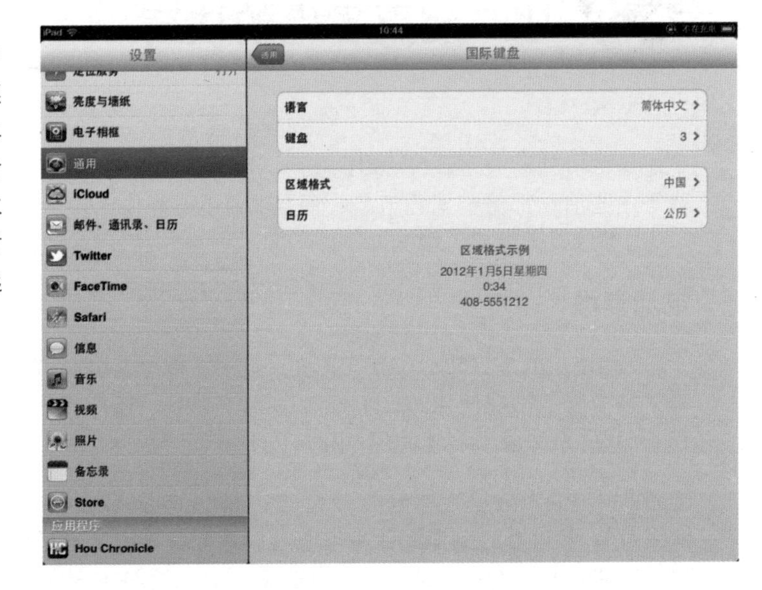

程序设置

设置中，还有很大一部分是程序（Apps）的默认设定。

比如Reeder这款RSS阅读器，可对谷歌账户，相关服务账户、同步喜好设定、保留项目、图片缓存等内容进行单独设定。

同理，可以对这里的iBooks、iWeekly、Skype、有道词典等作出更个性化的设定。

设置这个应用程序，其实相当于Windows操作系统中的控制面板，把所有需要单独设置的内容放在一起。

每当使用iPad，感觉有些不对劲，或者觉得是否有更适合自己的使用方式的时候，就可以考虑到设置中来看看。

让iPad更省电的诀窍

电池是手机的动力之源，iPad也一样，何况又是9.7英寸的大屏幕，还有音乐、视频、上网、游戏等这些活动都需要消耗电量；而且iPad还不能像大多数电子设备一样随意更换电池，这就让iPad的电量显得更加“珍贵”了。了解以下的内容，可以帮你充满电的iPad能“挺”更长时间。

电池参数

全新iPad使用的是11666 mAh电池组，用来支持全新的高分辨率触摸屏，常规使用时，仍然能达到10小时，还能保证在4G LTE网络环境下连续使用9小时。

全新iPad电池规格是标称电压3.7V，充电截止电压4.2V，电池组是42.5Whr可充电锂聚合物电池（换算成常规电池容量单位，即11666mAh）。iPad 2使用的是25Whr（6944mAh）电池，续航时间约为10小时（图示为全新iPad拆开后的电池分布）。

对绝大多数用户来说，这种数据并没有太大的意义，到底能用多久才是关键。以下是Apple公司提供的参考数据，无线上网、观赏视频或收听音乐使用时间可达10小时，待机可达30天。事实证明，官方的数据是靠谱的，而且还算是保守的。有朋友在满电状态下，播放了11.5小时的视频，才把iPad的电池耗尽。

不过，iPad电池充满一次电后到底能用多久，这与其使用方式有关，是听音乐、看视频、玩游戏、看网页还是待机，使用的时间都不一样。就看视频而言，还分普通分辨率和高清；就上网而言，还分Wi-Fi上网、3G和4G上网；就玩游戏而言，还分普通的2D游戏和3D游戏。

电池充满一次电后能用多久还与iPad的固件（可以简单认为是iPad的操作系统）版本有关，目前iPad的固件已更新到5.1版本。一般来说，越新的固件会对电池使用有更多的优化，也就会越省电。

此外，随着长时间的使用，iPad的电池本身也会老化，在正常使用的情况下，两年左右，电池的容量会降为原来的75%～80%，但仍能使用，只是一次充电后的使用时间会相应缩短。

总之，不同版本固件的iPad，在开启不同的功能的状态下，其电池的具体使用时间都不尽相同。但10个小时的预期使用时间，对多数用户来的常规使用来说，都绰绰有余，上述的细微变化都可以当作浮云。

查看状态

iPad屏幕右上角中的电池图标显示电池电量或充电状态，图标的左侧还可以显示电池电量的百分比。充电并锁定iPad时，主界面上会显示电池形象，绿色部分表示已有的电量。

电池电量低于20%，建议及时充电。如果电量过低时，iPad会自动关机。

充电

当发现iPad的电量较低时，可以随时充电，一般情况而言，不必担心这会对电池寿命产生多大的影响。

iPad的数据线同时也是充电用线。充电建议通过自带的充电器（输出功率是10W，即输出电压是5.1V，输出电流是2.1A）来充，即快速又安全。

不过也可以通过带USB接口的设备充电，比如开启状态下的笔记本电脑，但一般情况下，充电速度会比较慢，而且还是iPad在锁定状态下才可以充。苹果的MacBook系列笔记本在正常使用iPad时也能充，但也比较慢。如果是装Window系统的电脑，安装一款华硕的Ai Charger软件后，也能正常充电，即使是在非锁定状态。

这里需要注意的是，如果iPad 连接的电脑处于关闭、睡眠或待机状态，那么iPad 不但不能充电，电池很可能会耗尽。

iPad电池保养建议

1. 每月一次全循环充电：把电池电量用到低于20%，然后充电至全满。每月一次即可，过多反而影响电池寿命。

2. 平时使用时，电池可随用随充，尽量避免把电池电量全部用尽。

3. 存放和使用iPad的适宜温度是0～35℃，过高和过低都会影响电池效率和寿命，所以建议充电或长时间使用时去掉iPad的护套，有助于其散热。

省电

带上iPad出门在外，充电毕竟不会很方便，何况电量毕竟还是能省则省。以下的建议可以帮助你尽可能节省电量的消耗。

关闭蓝牙

蓝牙耳机或车用蓝牙套件等蓝牙设备会消耗额外的电量，在设置>通用>蓝牙中将其关闭，则可以节省iPad不断搜索周边蓝牙设备所消耗的电量。

关闭 Wi-Fi

出门在外，一般很少用Wi-Fi，可以在设置>Wi-Fi中将其关闭来节省电力（或者开启飞行模式）。如果确实有上网的需要，而且周边有可用的Wi-Fi信号，那还是建议用Wi-Fi网络来上网，因为这比通过3G或4G网络（全新iPad支持4G）上网更节省电力。

关闭定位服务

开启定位服务时，会消耗电池不少电量。在设置>定位服务中将其关闭即可。如有确需要，再开启不迟。

关闭 3G或4G

在不需要通信时，可以在设置>通用>网络中关闭3G或4G网络，节省电力。保持3G或4G信号连接，会比较耗费电量。如果iPad用的是国内的3G，因为网络覆盖率还不充分，如果3G信号不佳，iPad不断搜索信号的过程中会消耗大量电力。

调暗屏幕

调暗屏幕也可以延长电池使用时间，在设置>亮度与墙纸命令下的控制条上，向左拖移滑块，即可调低亮度。此外，建议开启自动亮度调节，这可以让屏幕亮度随现场环境亮度进行自动调整，节能的同时尽量满足使用需要。

锁定iPad

在不使用时，按下iPad顶部的睡眠按键，将它锁定，这样可以节省不必要的电量消耗。在锁定时，iPad屏幕关闭。不过锁定前Wi-Fi、3G、4G信号是连通的，锁定后，仍然会保持连接。此外，建议在设置>通用>自动锁定中，设置较短的自动锁定时间间隔，比如5分钟，这样在不使用iPad 5分钟后，iPad会自动锁定。

如果你在电脑旁，或者在汽车里，可以通过电源适配器或者USB线给充电，哪怕只有几分钟，但总会有帮助的。

苹果公司称正常使用和维护的 iPad 电池，在完成1000个充电和放电周期后，仍能够保留原始电池容量的80%。也就是说，正常使用3年左右，而且每天8～10小时，iPad的电池还能保持80%的电池容量，至少还能看6～7小时的视频。

如果你对苹果公司这番承诺足够信任，那我以上的几段省电建议，你完全可以略过。

3年，还有80%的电量，足矣。那时，第6代iPad都上市了。

iPad使用技巧9+1

总有一些技巧让我们对iPad有更多的期待！

保护自己iPad的隐私——设定iPad开机密码

iPad中存放着大量的个人信息，特别是安装的应用程序，保存了诸多文档之后，所以iPad的信息安全就显得非常重要了。

iPad为此提供了设置开机密码服务，具体是在设置>通用>密码锁定命令中设置，默认是4位数字作为密码。设置完成后，每次开启iPad，都需要输入密码才能进入主界面。

如果iPad中确实有极为重要的信息，甚至可以开启“抹掉数据”功能，即连续10次输入错误密码，系统将抹掉iPad上的所有数据。

免去再次切换——快速输入标点符号或数字

在中文拼音输入法或英文输入法状态时，如果想快速输入标点符号，可以按住“123”键后，滑动到要输入的标点符号上松开，可以看到该标点符号已经输入，并且键盘自动回到了字母键盘。如果字母键盘状态输入句号，只需双击空格键。

中文手写状态时，要输入标点，只需轻轻一点，就会出现备选标点，点击其他，还能调出更多的标点符号。

如果输入内容错误，可以摇晃iPad机身，屏幕上就会弹出提示，可以“撤销键入”；再次摇晃后就可以重新输入。

搜索至关重要——Home键与搜索

在主页面状态时，单击Home键，切换到搜索页面。在其他页面时，单击Home键，快速回到主页面。

搜索功能对于一款平板电脑来说是不可或缺的。通过搜索可以快速从iPad中找到自己需要的信息，包括通讯录、应用程序、日历、短信、备忘录、电子邮件、音乐等几乎所有内容。搜索的范围、顺序可以在设置>通用>主屏幕>搜索结果中进行详细设置。

让一切回归清净——Home键和休眠键

iPad虽然拥有最新的iOS系统，但偶尔还会有些故障，比如死机、系统变慢等情况，通过Home键和休眠键就能消除这些问题，让一切回归清净。

如果一款程序有反应迟钝、莫名其妙的问题，可强制退出应用程序，只需按住Home键。

如果无意按下Home键却又不想退出程序，可以继续按住Home键不放开，持续大约5秒，就不会退出这个程序。

如果万一某个程序呈现“死机”状态，按什么按钮都不能退出，这时可以尝试按住“休眠”

键，直到屏幕出现“移动滑块来关机”信息，但忽略这个信息，然后放开“休眠”键，换为按住“Home”键，5秒后，应用程序退出，并回到主页面。

如果以上方法都不能解决问题，那么还是重启iPad吧，同时按住休眠键和Home键持续几秒钟，iPad将重新启动。

最常用的编辑功能——剪切、拷贝、粘贴

剪切、拷贝、粘贴是很常用的一项功能，在iPad上运行的绝大多数程序中都能很方便地使用。用手指点击需要选择的文字，约1秒钟，出现选择范围控制杆，调整后，点击拷贝；在需要粘贴的地方，双击空白处，再点击粘贴，文字就复制过来了。

可以有更多预览——邮件预览

邮件预览可以帮助我们更快地了解邮件的大致内容，以便有选择地打开、浏览和回复邮件，提高工作效率。

在设置>邮件、通讯录、日历>邮件预览中选择“5行”，就能把增加邮件预览内容，最多就是5行，默认是两行。

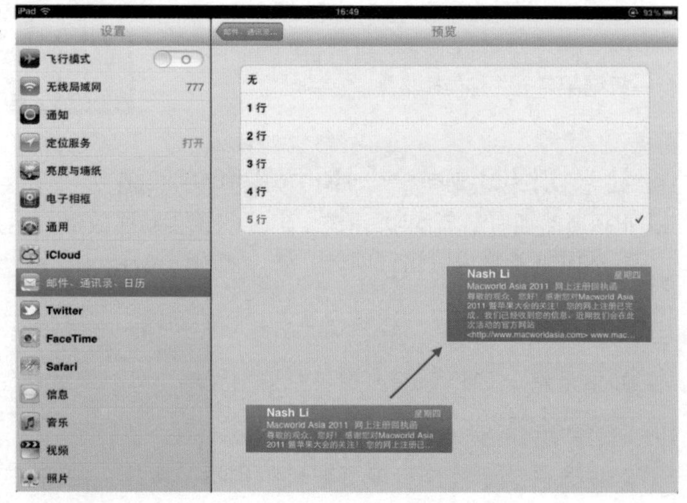

限用App Store（程序商店）

如果你的iPad平时经常会有别人（或者是孩子）使用，那么建议你限制购买和安装应用程序，以免别人误操作，在App Store（程序商店）中购买安装了不必要的付费应用。

这时候，可开启设置>通用>限制功能，设置密码，然后关闭应用程序的购买和安装功能。

移动和删除已安装的程序

不知不觉，我们可能就已经从App Store中下载了几十款应用程序，占据了好几页iPad屏幕。当回过神来的时候，自己会发现我们不喜欢其中的有些程序，或者对自己根本就没用。

那么，你会想，我怎么才能把已经安装的程序删除呢。其实并不难，只需按住主屏幕上任意一个程序图标3秒钟，整屏的图标就开始晃动，点击图标左上角的黑色“×”符号，该程序就被删除了。

如果误删，那只能从App Store重新下载安装了。没有黑色“×”符号的程序，一般是苹果iPad的自带程序，所以不能用这种方式删除。

快速静音

最快速的方法来让扬声器没有声音，就是按住下调音量的按钮两秒钟，iPad就进入静音模式。

此外，也可以把旋转锁定按钮设置为静音开关，即在设置>通用的使用侧面开关中，旋转静音功能。

One more thing（压轴）

同时按下休眠键和Home键，iPad就能把当前屏幕上显示的内容，以照片的形式完整截取下来，格式为PNG，并保存在照片相册内。哪怕是在机器启动过程中，这项功能也是有效的。这一点还是鉴别真假iPad的绝招之一，屡试不爽。

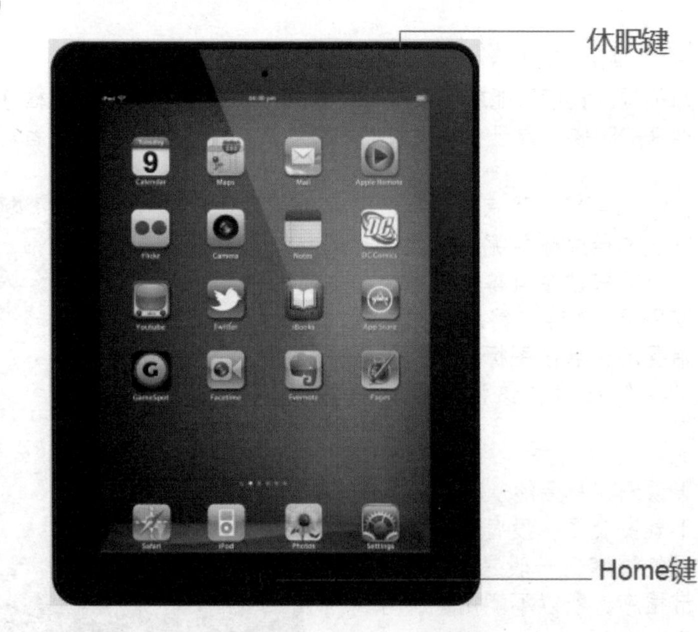

iPad 程序精选 4

iPad既是传统意义上杰出的工业产品，同时又是领先的移动互联网终端设备。App Store（程序商店）中专门针对iPad优化的程序就超过20万款，让iPad成为几乎可以做任何事的设备。本章就来尝尝这里面的“鲜”味。

你的时间是有限的，所以不要浪费时间活在别人的生命里。
不要迷信教条，那意味着你将活在其他人的想法里。

——史蒂夫·乔布斯

iPad功能之多，得益于应用程序之多；3代iPad虽然在硬件上有不少改变，但几乎所有iPad 1和iPad 2上的应用程序（App Store中iPad部分），都可用在全新iPad上，功能相同，但更为清晰。

比如，

你想在线聊天，你可以安装QQ HD、IM+、Skype；

你想看书读报，你可以安装Zaker、iWeekly、南都周刊；

你想在线理财，你可以安装大智慧、支付宝、招行网银；

你想玩游戏，你可以安装愤怒的小鸟、植物大战僵尸、实况足球；

你想……

但是，

在你想和你做之间，还有一个门槛，那就是App Store（程序商店）。

苹果公司建立了这样一家程序商店，就是专门为iOS（iPad、iPhone、iPod）用户提供数以万计的应用程序，有免费，有收费。

如果你想自己下载、购买、安装应用程序，你就要注册一个iTunes账户、一张可在线支付银卡和一个乐于尝试的心。

精选，

必然是个人所见，包括分类和程序。本书只选择了20余款应用程序，是从数百款我尝试过的iPad程序中挑选出来的，自认为你或许会觉得有用和好玩的程序；而App Store（程序商店）中，iPad专有的程序就有20万多款（兼容各型号iPad），这区区20余款，也只是和你一起尝尝“鲜”，感受下iPad上的不同程序的功能和效果而已。

如果你的iPad上，安装的程序和本书推荐完全没有交集，这或可证明，我只是捞到了程序海洋中那完全不起眼的一小勺而已。

免费，

你或许会问，如何免费获得App Store（程序商店）中需要付费的程序？

常规方法：等。不奇怪，不少付费程序会有打折，甚至限时免费的促销。安装限免推荐程序或多留意网络上的此类信息（比如爱Apps、威锋等网站），或许你能等到心目中哪款程序免费的那一天。

非常规方法：越狱，然后下载安装已破解的应用程序。可以根据网络上提供的方法，自己来操作，进行越狱；最好能找个深谙此道的好友帮你，如果你想自己搞定，那就继续往下看，本书后半部分，揭晓真正免费玩的答案。

没有丰富多彩的应用程序，iPad还会是iPad吗？

Quickoffice
办公
HD
iPad上的Office办公套件

Quickoffice可以说是iPad上最为出色的办公应用程序之一。它能阅读、编辑微软Office的Word、Excel和 PowerPoint文档；同时能查看PDF、苹果iWork系列文档，以及BMP、JPEG、GIF、TIFF等图片文件。此外，Quickoffice还能把文档作为附件发送，也可以下载邮件中的附件，进行查看和编辑。

此外，Quickoffice还有对Google文档、Dropbox等在线服务的支持，极大地增强了文档管理功能。可以说，上班不带公文包都没有问题，因为几乎所有文档都在Quickoffice中了。

在主界面上可以选择需要打开文档的位置：本地文档（On iPad）或其他在线文档（比如Dropbox、Box、Google Docs等），文档以目录树的方式排列。

右下角是创建按钮，可以创建微软（MS）系列文档或文件夹。

Quickoffice的各项设置（主界面左下角按钮）中，最具特色的就是添加在线服务账户。这些设定帮助你同步、分享和保存各类办公文档。

界面底部有一个IP地址，可以通过个人电脑的浏览器直接访问，并把文件传输到iPad中。

个人电脑上的文档，也可以通过iTunes导入到iPad中。同步完成后，这些新导入的文档就显示在本地文档（On iPad）文件夹中。点击选择，就能打开浏览和编辑了。

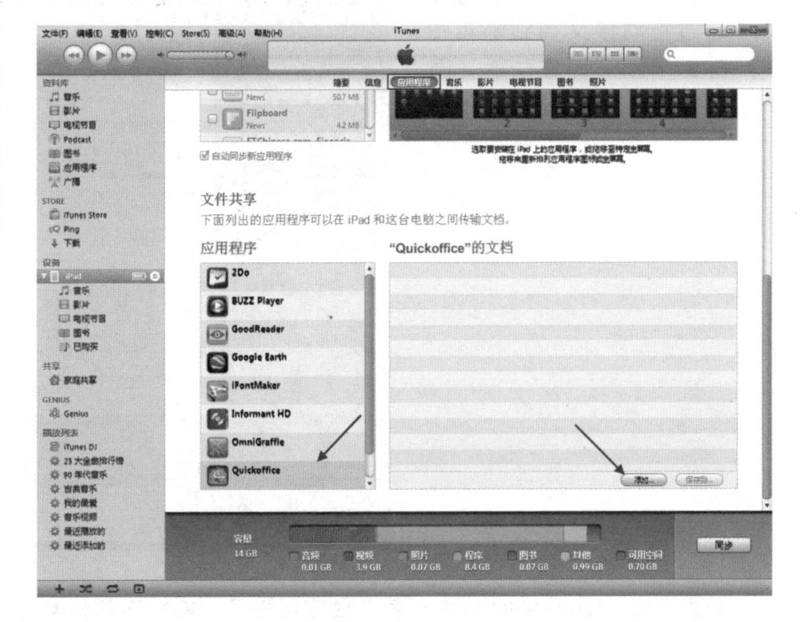

对Word、Excel、PowerPoint等文档，支持都相当完美，无论中英文、图片、表格。直接进行编辑也不在话下。文档编辑功能主要有文字输入、字体编辑、段落对齐、文字颜色等。

已保存的文档，可以直接通过拖动该文档到邮箱图标上来激活邮件功能，然后作为附件进行发送。

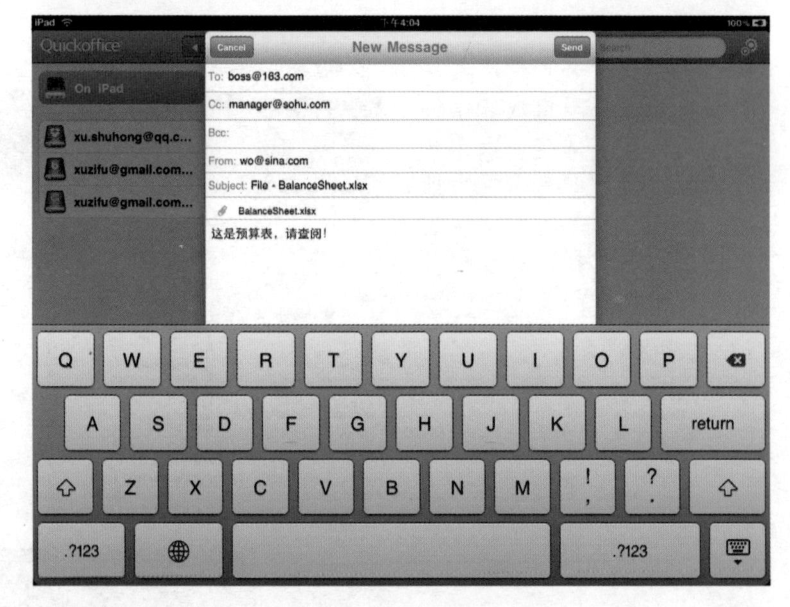

总而言之，Quickoffice作为一款办公应用程序，能编辑和分享绝大多数的日常办公文档，并且支持多种在线文档，所以连苹果公司都认为Quickoffice是2010年度最佳商业应用程序之一。

AutoCAD WS 办公

工程师的亲密伙伴

如果你是文科生，你不知道AutoCAD，可以理解；如果你是理工科学生，你不知道AutoCAD，就有点无法理解了！

AutoCAD（Auto Computer Aided Design）作为在世界范围内都广为流行计算机辅助设计软件，用于二维绘图、详细绘制、设计文档和基本三维设计，在建筑、机械、设计等诸多领域都是事实上的主导工具，其DWG文件格式也是事实上的二维绘图标准格式。

iPad上的AutoCAD WS需要一个在线账户，才能进入软件进行查看和编辑文件。

如果还没有账户，可以马上创建账户（Create an account），注册页面https://www.autocadws.com有简体中文版。

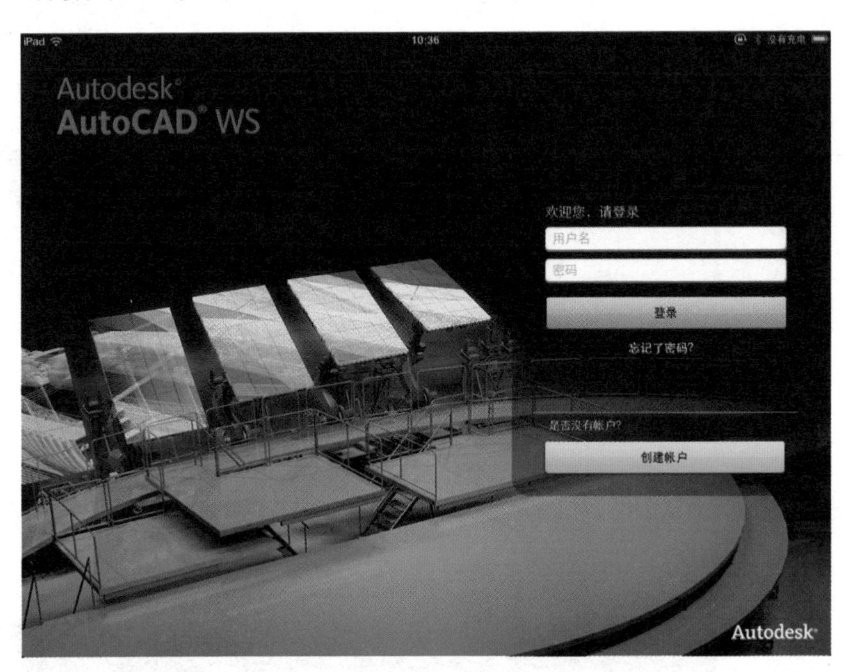

进入AutoCAD WS后，有3个演示文件，涉及建筑、地理和机械等领域。

图示的建筑图纸，是不是很眼熟啊，每一个立面、每一根线条、每一个标注，和个人电脑上的图纸完全一模一样。

机械图纸也一样，主视图、左视图、俯视图统统可以看到。放大、缩小、移动等查看操作都非常简单。

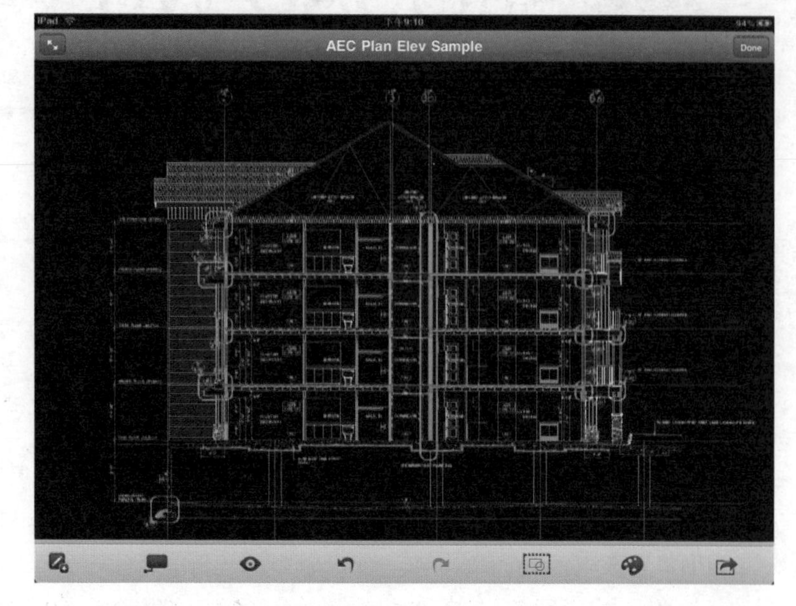

更重要的，如果发现图中有局部的细节问题，可马上修订。基本的工具有圆、线、矩形、标注等，捕捉、正交等功能也不缺，所有这些已能满足常规制图要求了。

离线状态下的修订会自动保存，只要一连线，就会马上更新到网络账户。这样既可以保持在线文件是最新的，也不会因意外丢失文件。

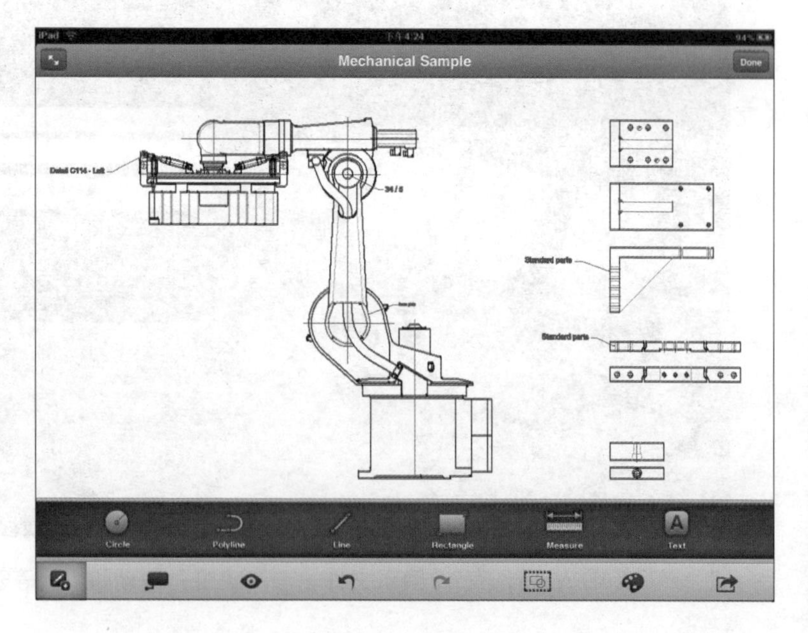

修改完成后的图纸，可以通过右下角的邮件发送功能，和同事、好友共享。

默认的文件格式是通用的DWG格式，通过任何电脑上的AutoCAD软件都能打开编辑。一些专用的图形查看器，比如ABViewer，也可以打开。

如何把电脑上的图纸，比如DWG文件，发送到iPad上的AutoCAD WS中呢？与常规通过iTunes来同步导入不同，AutoCAD WS通过www.autocadws.com中的个人账户到实现文件导入。

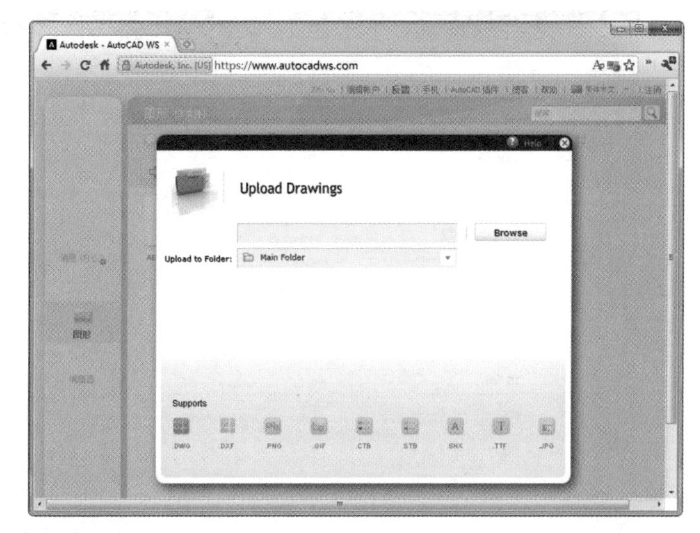

先用个人账户登录网站，在左侧图形功能区中，有上载图形功能（Upload Drawings）。支持的文件格式，不仅包括DWG，还有DXF、GIF、PNG，甚至有JPG。

上载完成后，文件保存在在线的账户（云端）中，然后在iPad端的AutoCAD WS中登录，通过同步（Sync），文件就导入到iPad上了。

固然AutoCAD WS并不是一款大众程序，但却免费，这对于建筑、机械、工业设计等诸多领域，离不开DWG文件的工程师来说，太重要了。

欧特克（Autodesk）新兴业务全球资深副总裁Amar Hanspal说："AutoCAD WS网络暨行动应用程序能随时随地浏览AutoCAD设计档案，大幅简化了设计师和工程师的临场作业方式，以及他们与项目参与团队的合作模式。"

有了AutoCAD WS，随时随地的工程合作成为可能。

出行伴侣 查询

出行伴侣是最佳航班和列车信息查询软件

出行伴侣是一款包含全国航班和列车查询的出行软件。对于经常需要出差的人而言，有即时、准确的航班和列车信息，无疑能提供非常大的便利。

如果是飞机票，可以通过携程的订票专线，迅速购买机票，节省时间和精力；如果是火车票，也可查询到清晰的运行时间、票价和途径站点，甚至还能在线订票、查询余票和晚点信息。

在实时航班板块，可以快速查询指定航班的起飞、降落、所属航空公司、是否延误等实时信息。能提供这样的实时信息，确实不简单。

iPad 下午9:48 100%

实时航班 查询

MU5131 取消

航班号	MU5131
航空公司	中国东方航空公司
航线	杭州-北京-T2
计划起飞	07:58
实际起飞	08:12
计划到达	10:02
实际到达	10:06
状态	到达
延误可能性	

实时航班 航班查询 列车时刻表 个人收藏 设置/工具

航班查询板块，则根据出发地、目的地和出发时间，查询所有可选的航班。航班信息包括航空公司、航班号、机型、起降时间、票价以及折扣等内容，有助于用户安排、选择合适的出行时间和航班。

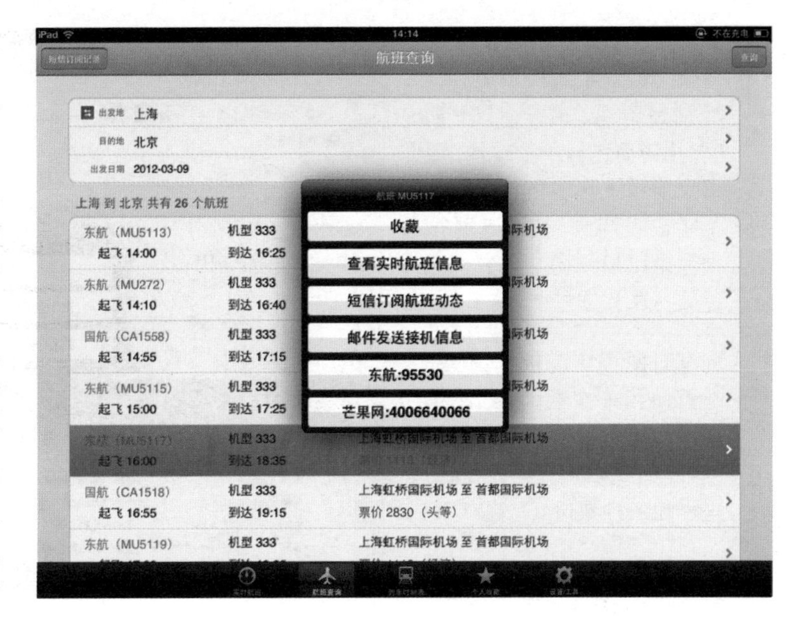

对于选定航班，可以查看实时信息，并且可以通过短信订阅航班的动态信息。这里还提供了携程的订票电话，非常方便。通过收藏功能，可以把特定航班或列车信息收藏到个人收藏板块，方便日后直接查看使用。

对于需要接机的用户来说，通过邮件发送接机信息的功能，显得很实用。点击该按钮后，自动弹出写邮件的对话框，输入收件人后，就能很快发出该航班的起降时间、起降机场等信息。

列车时刻表，同样非常实用。信息准确、可即时更新。特别是春运、五一、十一期间，手中有这样一款软件，还真是能帮上不少的忙。即使不能在线购票（往往这时很难登录12306.cn），至少也能提前打算和安排。

列车有两种查询模式：即站站查询和车次查询。站站查询即起始站和终点站。查询结果也不啰嗦：车次、时间、里程和各种票价。

对于指定车次，可以进一步查看经停站时刻表，还能查看起止站是否晚点信息。

经停站时刻表，可以查看到各类票价信息，比如硬座、硬卧（上、中、下）和软卧；途径站点的名称、到达时刻、路上用时等。这个部分信息，其实就是以前的《全国列车时刻表》这本小册子上的内容。

除了航班和列车的信息查询功能之外，还有几项实用功能，比如手机号归属查询、订票电话、所得税、计算器等。其中数据的更新、网上值机、铁路官网（12306.cn）余票查询和订票最为重要。

火车票的余票查询和订票，会自动切换到Safari浏览器，用自己的账户和密码登录12306.cn后就能查询余票和订票了。

网上值机，那就更方便了。这里有国内7家主要航空公司的官方网站链接，国航、南航、东航、海航等，一点即达。

到官方网站，输入相关个人信息后，就能按照提示进行值机了。无论喜欢前排、后排、靠窗、还是靠走道，你都有了更便捷、更快速的选择。

出行伴侣提供了全方位的航班和列车查询、机票预订、航班动态等信息，界面简洁、操作方便、功能丰富，是名副其实的旅行好“伴侣”。

拉手离线地图 查询

本土化的随身可用地图

反复打开同一地图，却要反复消耗流量，也就是反复扣费，着实令人不爽，这是iPad随机的谷歌地图让人遗憾之处。国产的拉手离线地图，就针对这点来解决这个不爽的问题。

每台iPad都能通过Wi-Fi来上网，通常Wi-Fi信号的费用已经在宽带包月、包年中支付过了，所以通过Wi-Fi来下载地图，几乎就是免费的，而且速度也比较稳定和快速。

通过拉手离线地图下载某地区地图后，地图信息就保存在iPad上了，就再也不需要下载，也就是一次性下载地图，终身使用，避免因下载地图而浪费本来就不多的收费流量。

在连线状态下，拉手离线地图主界面和谷歌地图一样，就是地图。它的核心功能就是左上角的下载。右下角的切换城市，即在已经下载地图的城市间切换。

下载的地图，内容是常规的二维地图信息，不包括谷歌地图中的航拍地图和交通路况等。不过基本信息非常完整，可缩放、移动等。

地图下载以城市为单位。国内和国际热门城市可直接点选下载；非热门城市，可在搜索框中搜索找到，然后下载。甚至可以只下载所需城市的标注，离线时候直接搜索身边的商户信息。

当然，城市越大，地图信息的体积也越大。一般从几十兆到几百兆不等。下载完成后，打开该城市的地图，就再也不需要下载地图信息了。如果是4G版的iPad，用来导航，可以节省流量。

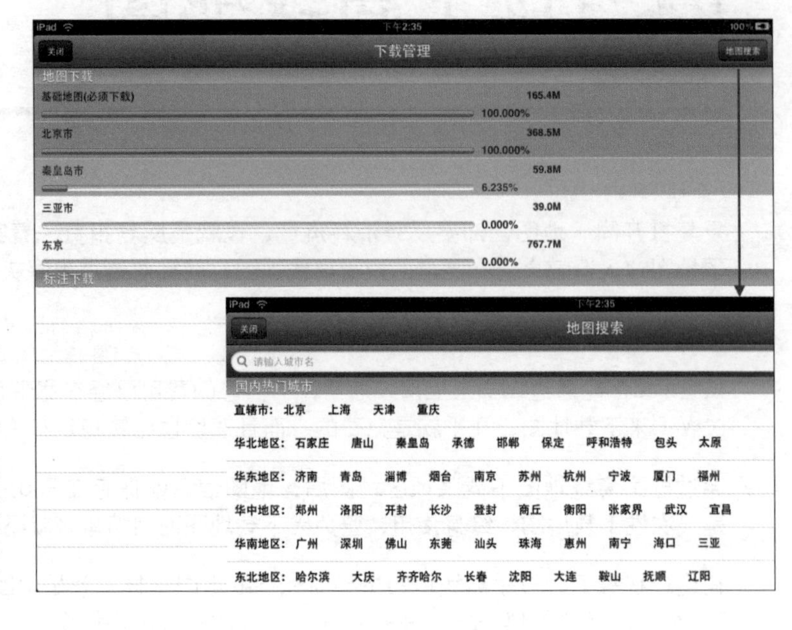

除下载地图功能外，酒店板块也是其特色。该功能可以帮助你找到周边的酒店。设定入住、退房、距离、价格等信息，就能在本城市找到合适的酒店。

通过拉手离线地图的账户直接定酒店，还能获得一定数额的房价返利，通过其登记（CHECK IN）功能来实现。

酒店信息相当丰富，有简介、电话、传真、地址等常规信息，还有酒店图片、服务设施、房型价格等详细信息，甚至还有是否满房的即时更新信息。

酒店图片可放大查看；服务介绍中有该酒店是否有宽带、是否有停车位、是否能用信用卡、是否有银行取款机等贴心实用的信息。

虽然说，拉手离线地图是为避免地图反复下载徒耗流量而存在，但其地图上的酒店查询和预订服务也确实值得称赞。

QQ浏览器HD 工具

多标签多手势的浏览器

简单地说，QQ浏览器HD是iPad上一款多标签、多手势浏览器。

iPad自带的Safari网页浏览器固然足够精简、实用，也有了标签，但如果你是经常用它浏览网页，估计你会觉得是不是可以更方便些，特别是有更多的手势操作。于是乎，我一直在为iPad寻找一款不错的多标签且有多手势的浏览器，就找到了QQ浏览器HD。HD就是针对iPad优化的版本。

相比个人电脑上常规的网页浏览器，QQ浏览器HD已经显得足够精简了。前进、后退、刷新、主页、书签和设置，是全部的功能键。地址栏左侧还有添加到收藏夹按钮。右侧是搜索栏，默认是SOSO搜索引擎（可以在下拉菜单中更换为百度或谷歌）。多标签在顶部，切换也方便，类似于Chrome浏览器。

起始页面上，有快速链接和网址导航两个板块（单指左右划动来切换）。对于爱浏览网页的用户来说，这很实用。网址导航，自然是有很多分类的网站链接，比如视频、购物、社区、音乐、科技、生活等。快速链接可以自定义自己喜欢的网站链接，非常便捷。

如果说多标签和导航，只能说是一款浏览器应有的功能，那么多手势操作就是如今平板电脑特有的，非常直观、非常有效率的功能了。

单指操作和Safari一致，重点是双指手势操作，它解决了切换、关闭和新建标签页的问题。双指左划可以切换到后一标签，双指右划可以切换到前一标签；双指上划可以切换关闭当前标签，双指下划可以创建新的标签。

用iPad浏览网页的时候，一只手主要用来滑动网页，其实握住iPad的另一只手也能发挥作用，无疑双手并用，操作起来更加快捷。

在QQ浏览器HD页面的右下角（或者左下角，可以移动）有个按钮，上箭头可以上翻页，下箭头可以下翻页；中间按钮可以扩展出主页、关闭标签、后退、刷新、亮度调节、全屏浏览等功能；按住拖动，就能改变这组按钮的位置，左右上下均可。

当您在地址栏输入文字时，QQ浏览器HD有2个小功能，可以帮助你减少输入。1.在输入时，会自动列出相关的书签和历史，选择就可以。2.键盘上方自动出现最常用的网址结尾，也可以减少输入。

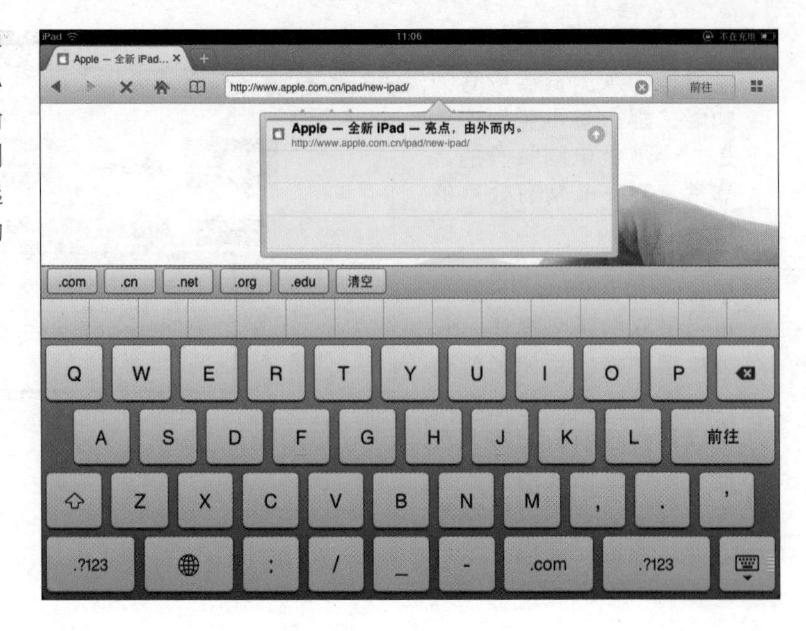

此外，QQ浏览器HD还能管理下载或者进行无痕浏览（即不留下浏览记录）。当然，通过登录账户，可以在浏览网页的同时，收听自己QQ音乐中收藏的歌曲。外部的书签也可以导入到QQ浏览器HD。

如果你经常用iPad来浏览网页，想要更高效、更便捷，QQ浏览器HD是非常不错的选择，导航、手势及部分贴心的细节设计，都值得体验。

LastPass 工具

前所未有的在线密码管理工具

每一次登录同一网站的时候，我都要输入账户和密码，有没有可能登录一次，在我允许的情况下，能马上自动登录?

换了一台电脑，原来保存在里面的账户和密码信息全丢了，有没有可能，把我所有的网站登录账户和密码，都保存在一个安全的地方，同时还能随时取用?

LastPass就是帮你解决这两个大难题的。

管理个人多个网站登录账户和密码，在下次登录同一网站时，自动填写账户和密码，这就是LastPass的核心功能。

iPad上的LastPass，看上去像是一款多标签的Opera浏览器，但LastPass本质上不是浏览器，而是一款浏览器插件，一款在线密码管理程序。

所有奥秘就在右上角红色六角LastPass按钮里（登录前为灰色）。如果是第一次使用，当然需要按照提示，注册一个LastPass账户。

点击我LastPass密码资料库按钮，然后登录LastPass，进入账户后，你可以看到自己访问并保存的网站及登录账号密码。

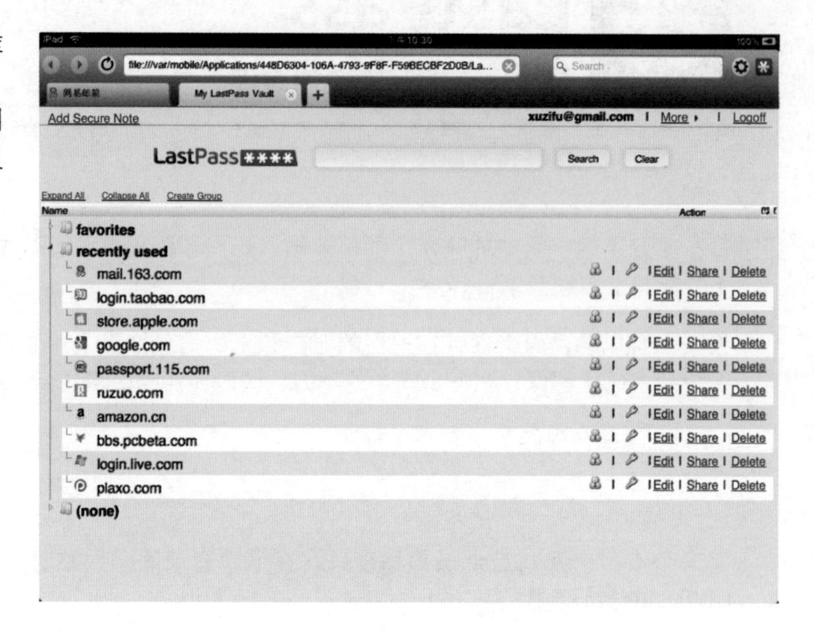

第一次登录一个新网站时，LastPass会提示是否保存该网站的登录账户和密码，如图所示，点击Save（保存）按钮，并根据提示（是否自动登录等）保存后，就能把你在这个网站的登录账户和密码保存到LastPass的在线账户中了。

登录LastPass账户状态后，右上角按钮为红色，当再次访问有保存信息的网站时，你就可以再也不必输入账号和密码了，这个过程全部由LastPass自动完成。哪怕没有勾选常规的“记住用户名”选项。点击登录按钮，就能快速进入账户。

既然是管理账户密码的账户，自然安全问题举足轻重，所以建议LastPass账户本身的密码要足够安全，比如足够长、字符种类足够丰富；并且定期更改。

此外，Setting（设置）面板中，建议开启“关闭时登出”功能。也就是说，下次打开LastPass，要使用其中保存的账户和密码前，要先输入密码，登录LastPass账户，以保证其中账户密码的安全。

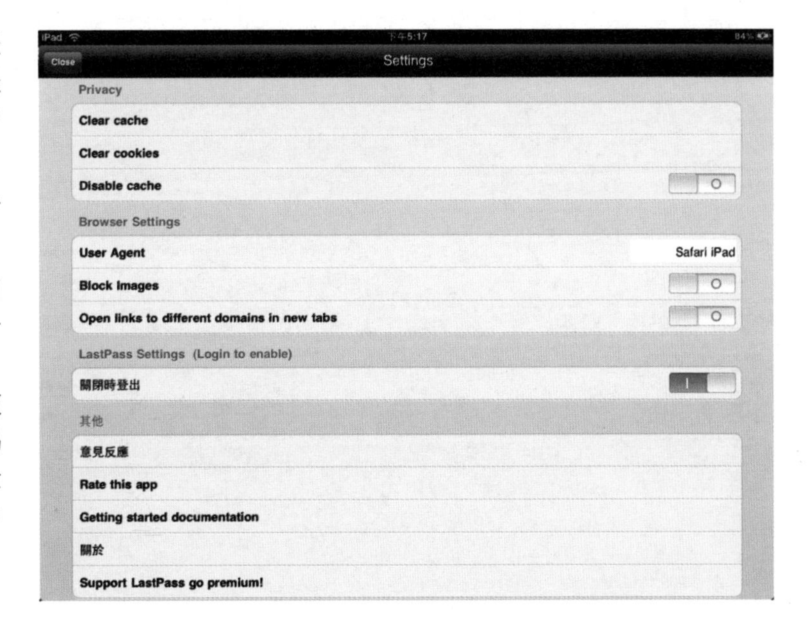

还有非常重要的一点，那就是LastPass作为一款在线程序，除了iOS，同时还支持其他几乎所有常见平台，比如Windows、Linux、Mac OS X，或者Chrome、IE、FireFox、Opera网页浏览器，或者Symbian、Android、WebOS等手机操作系统。也就是说，你可以在上述的任意一个平台上，使用自己保存的账户和密码资源。

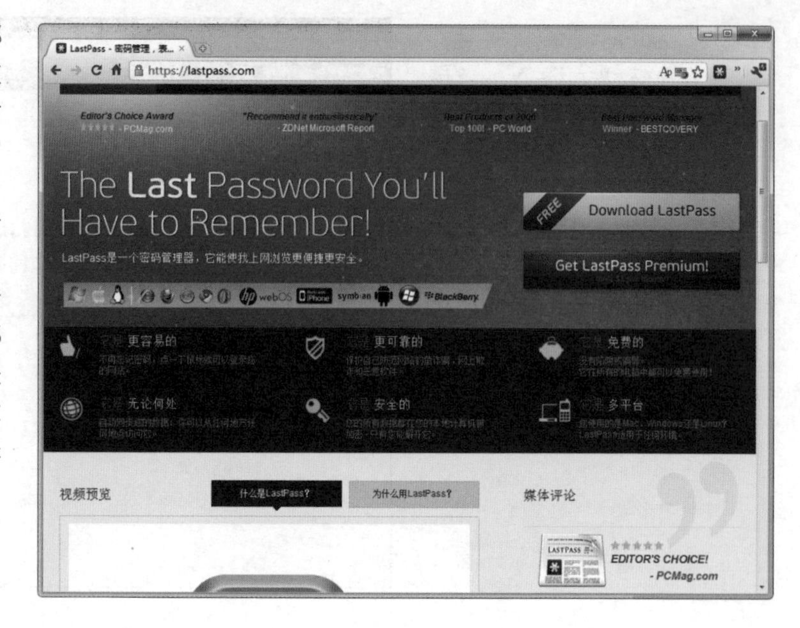

安全、可靠、便捷，我几乎找不到同样实用的在线账户和密码管理工具。LastPass又是如此地无处不在，能满足你几乎在任何平台上对账户和密码的需求。

GoodReader 阅读

iPad上首选电子文档阅读器

GoodReader是iPad上首屈一指的的文档阅读软件，不但有iPhone版，而且还有iPad版。几乎支持所有常见的办公文档，比如Office系列的DOC、EXL、PPT；以及PDF、TXT、HTML等文档，JPG、TIF、GIF等图片，甚至还支持MP3、MP4格式的音频和视频播放。

如此这般，GoodReader成为2011年最畅销的，非苹果公司出品的iPad应用程序，也就不足为奇了。

光是支持众多的文档格式，还算不上杰出，真正重要的是通过GoodReader，使得iPad能很容易地从个人电脑或网络存储中读取、管理和分享文档，帮助我们实现无线办公的愿望。

阅读

最新的iPad 拥有9.7英寸、可自动旋转的2048×1536高分辨率彩色显示屏，使它成为一个无可比拟的文档阅读器，有了GoodReader就更加方便自如了。对于已经导入的文档来说，只要用手指轻轻点击，就能打开对应文档。

对于常规文档来说，比如纵向的A4、B5等版面，纵向的阅读无疑是最合适的。比如图中的MacWorld这本英文PDF杂志，就视觉效果而言，和纸质印刷杂志已经难分伯仲了。

顶部是文档名称，左侧有页数导航条，底部有更多功能可供选择，比如调整亮度，阅读方式、搜索内容、添加书签等。

常规的操作：单指双击是放大，双指单击是缩小；单指单击左侧是往前翻，单指单击右侧是往后翻；单指单击中部是隐藏或显示功能区。

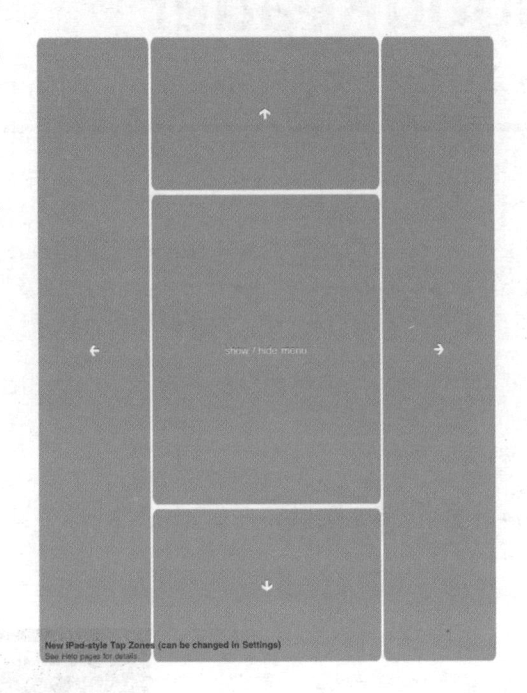

对于文字又多又小的文档，选择横向的阅读，无疑会更加轻松。点击右下角的锁定按钮，可以锁定横向阅读方式，避免自己晃动。当然，iPad右上角的旋转锁定键也能实现同样的功能。

用iPad来阅读电子文档，纵横随意、大小随意，暂时还真没有其他的电子阅读器能如此便捷。

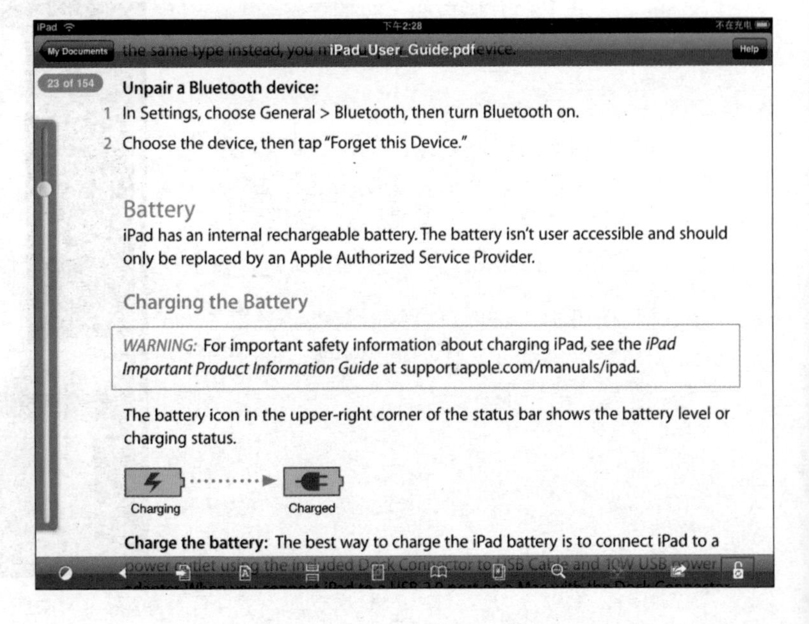

Unpair a Bluetooth device:

1 In Settings, choose General > Bluetooth, then turn Bluetooth on.

2 Choose the device, then tap "Forget this Device."

Battery

iPad has an internal rechargeable battery. The battery isn't user accessible and should only be replaced by an Apple Authorized Service Provider.

Charging the Battery

WARNING: For important safety information about charging iPad, see the *iPad Important Product Information Guide* at support.apple.com/manuals/ipad.

The battery icon in the upper-right corner of the status bar shows the battery level or charging status.

Charging Charged

Charge the battery: The best way to charge the iPad battery is to connect iPad to a

导入

GoodReader用于阅读文档是如此方便、直观，难怪它会卖得如此之好。但如果第一次用GoodReader，主要的困难恐怕来自如何把现有的文档导入到iPad中。

GoodReader强大之处在导入文档方面也是很明显的。可以通过iTunes（在连线状态），在应用程序中，通过添加按钮，直接从个人电脑上选择文档添加。一般来说，这也是最常用的方法。

不过，从最近非常流行的网络存储服务（Connect to Servers）中直接读取文档，则更为方便。比如从Mail Server（邮件服务器）或FTP，Google Docs（谷歌文件）或box.net（Box），甚至是著名的Dropbox。也就是说你可以把自己的文件存储在网络上，通过GoodReader的接口可直接读取其中的文档，非常安全、方便。

对于个人电脑用户来说，没有iPad的连接线，通过Wi-Fi也可以很方便地把文档发送到iPad的GoodReader中。开启WiFi后，在浏览器中输入图示的IP地址，就能通过网页提示把文档导入。

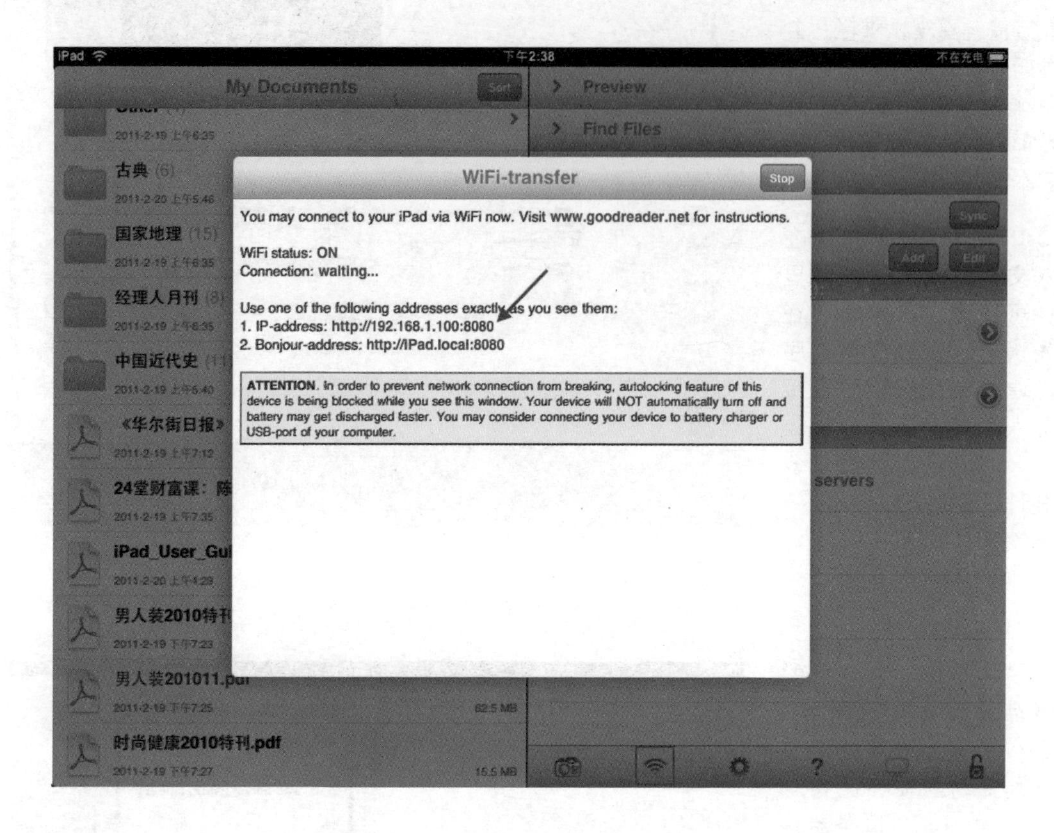

需要特别留意的是，常见的TXT文本文档默认的编码方式为ANSI，直接导入GoodReader并打开会出现乱码，解决方案是在个人电脑上先打开该TXT文档，然后单击另存为，此时选择编码方式为UTF-8，然后保存，这样导入的TXT文档就能顺利阅读了。

管理

文档导入后，点击相应的文档就能打开阅读了。此时诸多文档的管理（Manage Files）就是个重要的任务了。不过，GoodReader也能轻松应对。

Manage Files（管理文档）对话框中，可以对文档进行Copy（复制）、Move（移动）、Delete（删除）、Star（标注星号）、MarkUnread（标注未读）等常规文档管理；Rename（重命名）、New Folder（新建文件夹）等操作都很方便；此外，还能为保护（Protect）某文档或文件夹，而进行单独加密，这项功能无疑非常贴心。

值得一提的是E-Mail功能，即使要选择多个文档作为一个邮件的附件也非常简单，只要在上图的状态中，选择多个文档，然后点击E-Mail按钮，就能自动打开邮件写作窗口，准备发送邮件了。

GoodReader在阅读体验、文档导入、分享、管理等诸多优点，让我一见倾心。这也就是为什么在购买iPad之后，GoodReader是我最急切要安装的应用程序了。

Stanza 阅读

浩瀚无边的电子图书馆

正如媒体所评价的，Stanza几乎满足了所有人对常规书籍阅读的需求：海量、易得、免费。其海量，意味着想读完它里面的书，得指望下几辈子；其易得，即只需要添加在线书库，就能轻松下载到各类书籍；其免费，不但该应用程序免费，而且在线书籍大多数也是免费的。

Stanza相对于其他iPad阅读器，其最妙的地方就是它自带了十几个在线书库的链接，同时还可以自己添加更多的书库链接。书库是可以自定义的，书自然就是海量的。在中文书库“书仓”中有《梦里花落知多少》、《挪威的森林》、《大唐双龙传》等各类中文著作；通过书仓网，读者还可以把自己的文档转换为Stanza支持的格式，并下载到iPad中阅读；在“古腾堡计划”中大量的中文经典著作，如《论语》、《汉书》、《西厢记》、《阅微草堂笔记》、《中国小说史略》等。更大量的是西方经典著作，各种语言的作品应有尽有。

素雅的主界面，上部3个标签用来进行图示分类；下部4个按钮是功能区，包括我的书库、获取书籍和正在阅读等。

右侧的饼图，非常直观地显示了每一本书或杂志的阅读进度。点击任意一本书，进入阅读界面。

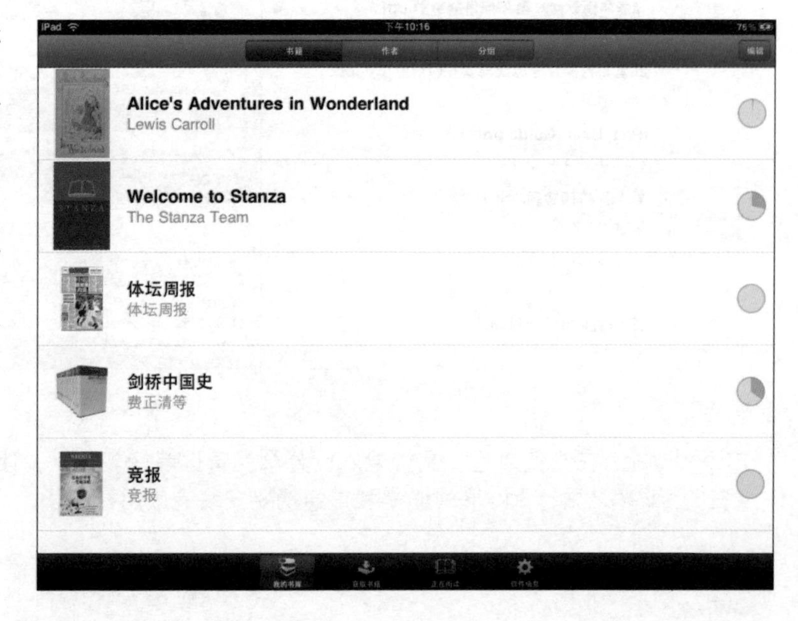

Stanza的阅读操作也相当简单，点按右侧是翻往下一页，点按左侧是翻往上一页，点按中部可显示或隐藏控制栏。在控制栏中可通过进度条翻看全书，也可以查看本书目录、设置背景、查找内容、调节字体等，甚至还有字典。

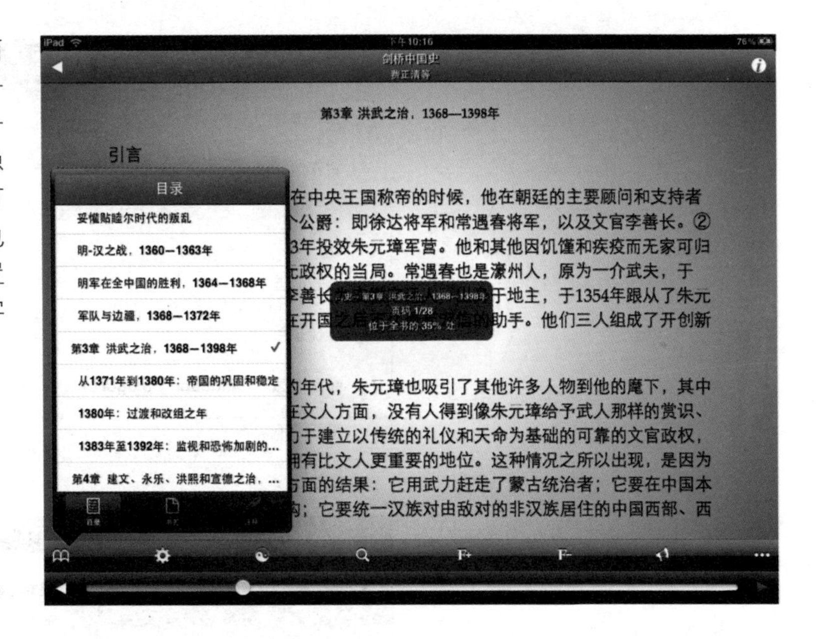

Stanza自带了14个在线书库，其中“书仓”和“古腾堡计划”中有大量中文书籍和文档。通过“书仓网”还可以自己制作并上传电子书。此外，你还可以添加自定义的书库，即通过分享页面中右上角的加号来添加。

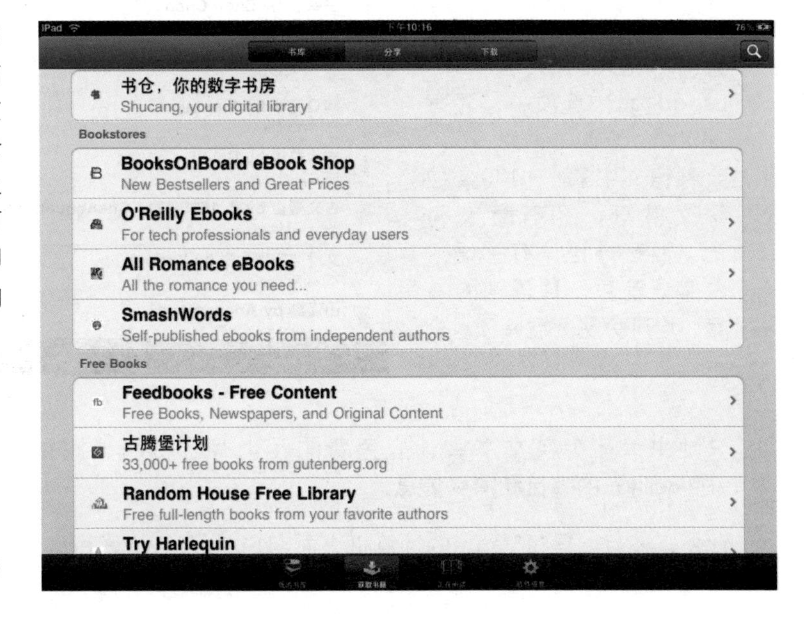

推荐在线自定义中文书库：

1. EPUB掌上书苑
   http://www.cnepub.com
2. Wingworm书库：
   http://hifiwiki.net/stanza
3. 轻小说的书库:
   http://book.2dmoe.com

书仓网提供了多种中文阅读资料，包括小说、诗歌、经管、哲学、军事、历史等各类书籍，还有多种包括杂志、文档。同样内容之多，非常人能读完，选择自己喜欢的内容就足够了。

古腾堡计划中的中文书籍多为古代经典，如《易经》、《论语》、《孙子兵法》、《红楼梦》等，共405余种。在所有语言（All Language）选项中，还有24000余种英文书籍、500余种德文书籍、1400余种法文书籍，还有意大利语、西班牙语、荷兰语、希腊语等数十种语言的书籍，均可免费下载阅读。

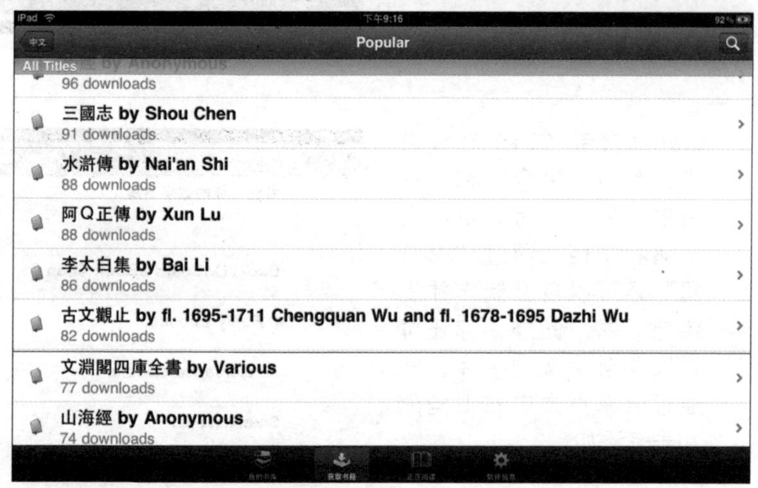

其他书库多为英文书库，有免费的，也有收费的。比如有著名的电子书出版商奥莱利（O'Reilly）的书目和购买信息。

此外，还可以通过Stanza的计算机桌面客户端（从www.lexcycle.com网上下载）向iPad中导入电子书，这样即使不便于用iPad上网，也能随时读到自己想要的书籍和文档。

无论你在哪里，想读书了，那就打开Stanza吧！

Photogene（图片精灵）照片

图片处理的第二选择

一代iPad没带摄像头，导致iPad没有iPhone那么多图片处理程序，即使iPad 2也只有前后2个分辨率超过100万的摄像头。但如今最新的iPad，前后摄像头的分辨率已达到300万和500万。不难想象，将来iPad会更多地用于拍摄照片。

如今的新iPad，2048×1536的屏幕分辨率，细腻无比，让其也成为处理个人图片的平台。因此苹果公司也推出了一款iPad版图片处理程序iPhoto，功能强大，售价4.99美金，物有所值。

不过这里介绍iPad上处理图片的第二选择，小巧精悍（9.5M），同样功能强大、好用的图片编辑程序：Photogene（图片精灵），售价2.99美金。

Photogene本来就是iPhone平台上销量第一的图像编辑软件，自问世以来，曾被无数媒体、杂志编辑、专业人士评选为最佳图像处理软件！2010年，iPad甫一问世，Photogene就推出了iPad版。

通过Photogene，我们能够在iPad上轻松地处理图片、照片，旋转、剪裁、色彩调节以及加入对话框等，都能直接通过底部的功能区来调整，非常方便。

裁剪，最常用的一项功能之一。Photogene不但能随意调整裁切范围，还能固定图片比例，以便用于不同的场合，比如头像、宽屏展示等。

预设（Presets）效果，很多人都非常喜欢这项功能。通过预设，我们能在点击的瞬间把图片变成我们想要的某种既定风格，比如摄像胶片效果、灰阶、网络以及各种年代风格等。

滤镜功能，通过著名的图片处理软件Photoshop，其效果也是广为人知的。同样，效果立竿见影，不需要繁琐的调整，一看便知。细节处，可以在通过右下角的调节（Adjust）滑杆进行细调。

添加相同的边框，可以让很多图片看上去有强烈的一致感、精致感。Photogene自带就有13种，比如邮票、方角、圆角等，还可以有很酷的倒影呢！

如果你对图片的细节要求更高，那就会涉及曝光（Exp）、对比度（Contrast）、饱和度（Saturation）等参数的调节，甚至包括色阶、曲线。

此外，左上角的回复按钮，右上角的分辨率（Resolution）设置、保存分享等功能，让Photogene变得更加易用。帮助功能中，还有使用教程呢。

到目前为止， Photogene仍然是iPad上数一数二的图片处理程序。很难想象，这么小（才9.5M）的一款程序，竟然有如此多的图片处理功能。

Photoboard 照片

神奇的照片演示程序

有一种程序，常常能给你一种难以形容的惊喜。Photoboard就是这样一款图片展示程序。Photoboard充分利用iPad屏幕优势，用来一起排布多张图片，并用来查看、展示。

Photoboard可以在不同的背景下打开多张图片，并且可以对图像进行放大、缩小、移动、旋转等操作。触摸空白处即可显示隐藏的操作键盘！新版本支持图片幻灯片放映，支持自定义背景。

图片可以从随机的照片文件夹中拖曳出来。图片的位置可以由手指随意挪动、摆放。

完成图片的初步摆放后，可以就这样直接展示、查看，互相交叠、可松可密。

不过，也可以通过手指按住屏幕中心，选择一种自带的图片排列方式，比如交错重叠、十字花、扇形等。

通过底部的设置按钮，还可以更换展示背景，比如上图中的灰调背景，这里就换成了蓝色的宇宙空间；还可以为图片统一加上白框，以及开启三个手指的三维展示控制。

如果说，上述功能让人眼前一亮的话，那接下来的功能才真正让人惊喜。且看上图右下角的播放按钮。

点击后，就变成关闭上一张和下一张按钮。这时，展示桌面上的图片就开始逐张演示了。过渡动画之流畅、漂亮，超出平常的幻灯片动画太多。比如图示的十字花排列，每点下一张按钮，图片就通过旋转动画过渡到下一张，并且有图片前后次序变化、尺寸放大动画。

说到这里，就不得不再提一下苹果在线商店中的一款iPad配件：Apple Digital AV Adapter（苹果影音适配器）。

这款配件能将幻灯片、视频、照片等 iPad 屏幕上显示的内容输出到外接HDTV 的大屏幕上，而且是画面同步，也就是说，其他人都能通过宽屏电视、投影屏幕或其他兼容 HDMI（高清晰度多媒体接口）的显示屏，进行同步观看。

这不就类似于个人电脑加投影仪的效果吗？这不就可以代替PowerPoint来做演示了吗？通过Photoboard，iPad就能轻松实现图片演示功能，而且简单、漂亮。

此外，该适配器内置第二个30针接口，即可以在 iPad 同步镜像的同时为其充电，这样就不用担心iPad在会议或放映中耗尽电量。

iPad本身就是一件挺神奇的产品，有了类似Photoboard这样的程序，无疑变得更加神奇。

奇艺高清影视

视频

有奇艺的视频网站客户端

爱奇艺（www.iqiyi.com）是百度旗下的高清视频网站。虽然在在线视频行业是个迟到者，但发展及其迅速。iPad端的奇艺更是一跃超过优酷和土豆，成为视频行业软件下载量第一。

成为第一，不是偶然的。实力证明一切。

1. 内容丰富。奇艺的高清正版视频均支持在iPad上直接播放。电影、电视剧、动漫、纪录片、综艺、娱乐、旅游共7大板块，每个板块的内容都非常丰富，比其他视频网站客户端都多。其中纪录片、旅游等板块也是其独有的。

首页上，自然是各板块的精彩推荐，一般都是时下最流行的电影、电视剧。同步剧场、娱乐资讯、综艺精选等小板块也都是最新的视频内容。

2. 分类细致。虽然网页版视频网站分类都非常细，但只有iPad版的奇艺继承了这个优点，而且是每个板块都有细节分类。

就电影而言，既可按类型分，又可按地区分。类型中有爱情片、战争片、喜剧片、科幻片、恐怖片、动作片等分类。

3. 细节独到。除了有海报视图，还有列表视图。列表视图有视频的内容简介，相当实用贴心。

右上角还有播放记录，至少我在国内其他iPad视频客户端上没有看到类似功能。甚至记录了某个片子的播放位置，等下次打开时，会自动续播。留意查看播放记录中，灰色的字体，比如“观看至18分”，就是这个片子看了18分钟。离线观看，方便用户把片子下载到iPad上，随时观看。

视频播放时的细节设置更棒！

除了播放界面简洁、漂亮之外，还有详情介绍、分集选择以及跳过片头的设置。

除了通过iPad客户端观看影视外，iPad用户也可通过网页（比如用Safari）直接登录奇艺观看。风格同样清新、简洁、细致。

综上所述，奇艺是iPad上观看在线视频非常不错的选择。如今优酷、土豆、酷6等客户端也已经快速跟上，毕竟我们总是喜欢有更多的选择。

网易公开课 视频

无界的大学课程

再过十年，有些事就会逐渐产生真正的影响力。近两年，网上世界名校的课程的风行就是这样的事。

网易不是为这些课程添加字幕的始发者，但也是个积极的推动者，它把这些带中文字幕的名校公开课带到了iPad上。首批1200集，其中有200多集配有中文字幕。这些公开课视频来自于哈佛大学、牛津大学、耶鲁大学等世界知名大学。

作为一个iPad视频客户端，网易公开课相当漂亮、好用。课程种类也比较丰富，比如有心理学、数学、物理、哲学、人文、经济等大分类，每个大类有10多门课，加在一起，总共有60多门课，已经超过4年大学本科学习的课程量了。

很难想象，现在你足不出户，就可以旁听世界名校的顶级课程，比如哈佛大学的《正义：该如何做是好？》、普林斯顿大学的《科技世界的领导能力》、剑桥大学的《人类学》等。

当你进入真正的听课状态，你会发现，名校的公开课绝对是需要课后消化的。或许只是一个课时的《家庭与夫妇伦理学》内容讲解，课下可能需要数个小时的资料收集、整理、理解与吸收过程。激情或许一时，学问却实实在在，需要天长日久的积累。

多数的课程视频就是在教室里拍摄的，看上去和中国的大学也没有太多不同，阶梯教室、墨绿色的活动黑板；不同的是站在讲台上的人和讲解内容的方式。

界面底部中间有一个CC标志，因为正是有了这个协议，我们才能合法但又免费地旁听这些课程，这个协议全称为Creative Commons（知识共享）。该标志表示，在按照作者或者许可人指定的方式对作品进行署名，又不进行演绎和用于商业用途的前提下，任何人都可以复制、发行、展览、表演、放映、广播或通过信息网络传播本作品。

当然可以进行全屏播放，控制方式和常规视频播放器一样。作为国外课程，字幕至关重要。网易公开课提供或人人影视等其他字幕组提供的中英文字幕，无疑给国内学子提供了极大的帮助。一方面，可以听国外名校教授的精彩课程讲解；另一方面，对提升个人英语听力水平也会有潜移默化的作用。

在感谢课程、字幕提供者的同时，我们也该感谢网易为iPad带来了一款如此直观好用的公开课客户端。

名校公开课，对于有心求学的人来说，无疑是极大的财富。怀着“虽曰不能，愿学焉”的心态，坚持下去，你必然受益匪浅。

新浪微博 沟通

火爆的微博，火爆的新浪

微博是微型博客（MicroBlog）的简称，时下大家还给了它“围脖”的昵称。通过微博，人们可以更轻松便捷的方式记录生活、获得信息、表达观点。如今微博已风靡全球，国内也有多家网站提供微博服务，比如新浪、搜狐、网易、腾讯等门户网站，也有做啥、嘀咕、Follow5、人间等专门的微博网站。

新浪是国内门户网站中第一家提供微博服务的网站，凭借新浪网的人气，新浪微博如今也已相当红火，不但有传统网页登入方式，而且还有iPhone和iPad客户端。

通过新浪微博的iPad客户端，大家可以非常方便地发布、查看、交流各种文字、图片、音频、视频信息，充分享受微博的乐趣。

登录后，界面最左侧是自己的头像和功能区。中间是好友的微博，点击其中一段，可以在右侧看到其他网友的评论。对于附件图片，点击就能在右侧显示。

左侧功能栏，上面一组，依次是个人主页、转发我的微博、收到的评论、收到的私信、我的微博管理和话题。下面一组，依次是刷新内容、撰写新微博、账户设置和更换皮肤。功能已经非常全了。

我的微博管理板块里，可以看到自己发的微博、收藏的微博、关注的好友还有粉丝的管理。同时也可以编辑个人信息。

用iPad写微博，比起iPhone来会更加自在些，毕竟键盘大。基于定位功能的“我在这里”服务也集成到新浪微博了。此外，图片也能作为附件，直接发送了。

iPad上的新浪微博客户端，功能齐全、阅读方便、相当可人，同类客户端里可称首选。不过，搜狐的微博客户端，也有其独到的地方，即没有账户，也能阅读精彩的分类微博段子，界面类似Zaker，推荐一试。

QQ HD 沟通

不用介绍的即时通信程序

QQ，这个名字应该称得上是国内最不需要解释的名词之一了，2010年3月5日，QQ的同时在线人数超过1亿，国内用户之多，令人叹为观止。

iPad上的QQ HD，可不仅仅是款传统的即时通信（IM）程序而已，还集成了空间、微博、邮箱、朋友、搜搜、问问等诸多腾讯在线服务，几乎可以说是腾讯主要在线服务的全集。

即时通信（IM）仍然是QQ最核心的功能，号称有6亿用户，同时在线也有1亿以上。相比个人电脑上的QQ，iPad上的QQ只保留了最重要的聊天功能，显得非常简洁。

发送表情和图片也是保留的。多个窗口同时打开时，可以通过右侧不同颜色的标签来选择区分。

如果说即时通信是这个客户端第一大功能，那么QQ空间就是这个客户端第二大功能。QQ空间如今已成全球第四大社交媒体，价值过百亿美元。

虽然QQ空间有单独的iPad客户端，但这个也足够用了。各种服务相互嵌套，似乎也是腾讯的一种策略。

上文提到的其他腾讯服务：微博、朋友、邮箱等，在哪里呢？ 左侧空间图标的下方。在应用推荐部分，有最常用的腾讯服务。热门应用是可以在App Store（程序商店）中下载的应用程序。

我的应用部分，比如微博、朋友、邮箱等，则可以在这个客户端里直接打开使用。

QQ邮箱，必须说，还是做得很不错的。速度快，核心的邮箱功能都有。没什么广告，也没什么乱七八糟的信息。

如果你没有在系统邮件功能中绑定QQ邮箱，那么就直接在这里查看，效果也不错。

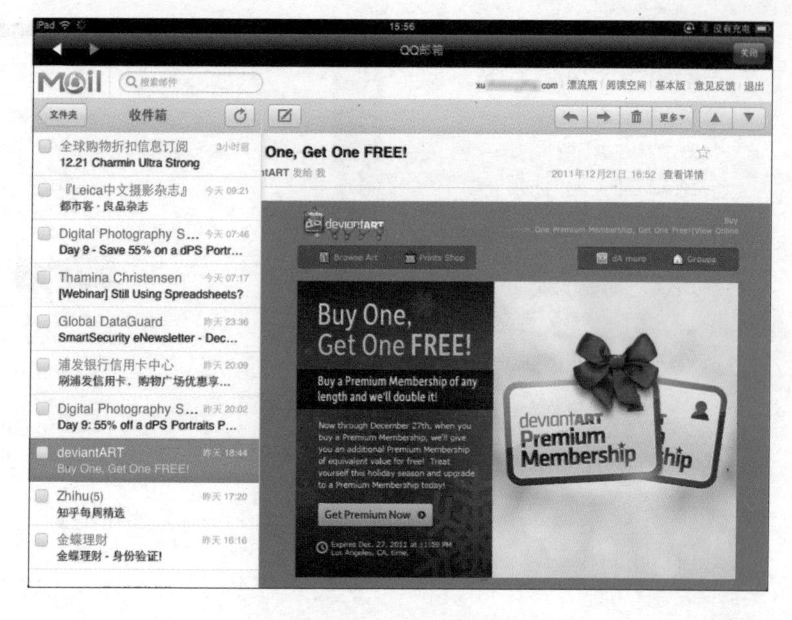

虽然腾讯微博也有专门的客户端，但在这里也可以很方便地登录和查看。不难发现，这就是网页版的腾讯微博。集成在这里，求的就是方便。

我的文件夹，可以帮助你把个人电脑上的内容（文档、图片、视频、音乐等）导入到iPad中，以便查看和使用。导入方式是通过iTunes的文件共享功能。如果你不知道该如何操作，在iTunes共享文件夹中，有《如何使用QQ HD与iTunes同步文件》的文档，可供参考。

总的来说，QQ HD是有点类似个人电脑上的QQ客户端，主要是即使通讯（IM，就是常说的在线聊天）功能，同时也绑定了腾讯的其他在线服务，QQ空间、QQ邮箱、腾讯微博、朋友网等。

仔细的用户，或许还发现，左下角竟然还有QQ音乐，不愧是大集成啊。

有道词典 学习

相当好用的英汉互译电子词典

有道词典是网易公司推出的一款著名的电子词典，问世以来，广受用户的喜爱。不但有PC版、iPhone版，如今也有了iPad版。

当然，有道词典最重要的还是中英文的互译、查询功能，就其内置的多语种字典（汉英、汉法、汉日、汉韩）而言，已足够一般用户使用了，更不用说在线版了。

需要网络支持的网络释义，不仅有详细的解释，更有短语、双语例句、原声例句等更多相关学习内容，右上角还有单词朗读功能。

汉英和英汉都非常快捷。输入词组的同时，左侧能及时显示相关的词组或单词。

无论查询任何语种的单词、词组，都可以在历史中找到查询过的内容。某些重要内容，也可以加入单词本，便于集中复习。

有道词典除了本身的词典功能之外，还可以当随身的百科全书来用。比如想了解下河北省省会城市“石家庄”的概况，通过百科一查，便知其来龙去脉了。

更为强大的，是长篇文字段落的互译。比如图中一段常规的汉语文字，转眼间就能翻译成英文。虽然说这样的翻译不能直接用，比如“师资力量雄厚”，这里直译为“teacher force strong”，但也有五六成的意思在了，再通过些调整，翻译出基本的英文还是不难的。

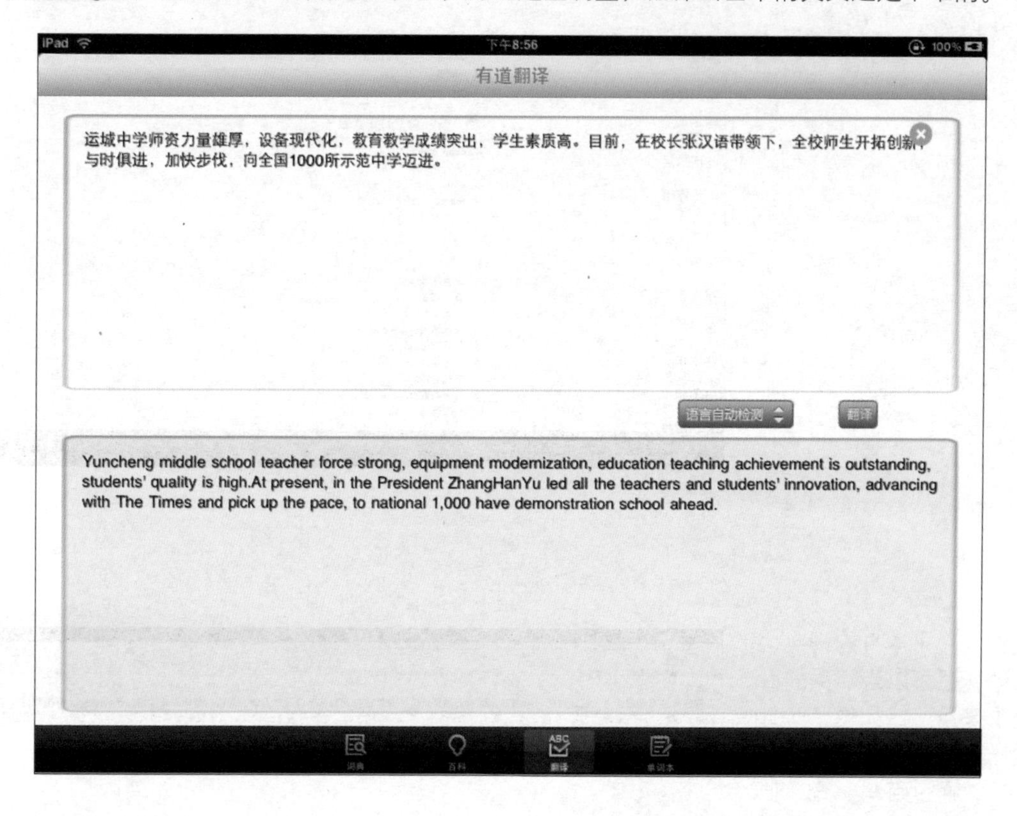

有道词典，作为一款免费的iPad电子词典，能查多语种单词、例句，又能当百科全书用，还能进行长篇文字的多语种的基本互译，也算是尽了该尽的义务了。

新華字典

新华字典 学习

没错，就是《新华字典》

《新华字典》作为我国的一部小型的现代汉语规范字典，是学习中文的主要参考字典之一，上过学的同志们，估计都用过。就我个人而言，曾经还迷恋过这本“小砖头”一样的书，因为当时我想认识其中的每一个字。

iPad上的《新华字典》专业版，全面收集了20791个汉字，囊括了几乎中国所有的国标汉字，是一款杰出的汉语学习工具。快速、准确、详尽、齐全、细致、深入，是本字典的最大特点。除了中文的详尽解释外，绝大多数汉字或词语还附有相应的英文解释。

iPad《新华字典》专业版，可以通过手写输入中文，然后直接查到该字。比起纸质字典来说，更为便捷。手写识别率也相当高，即使是草书。

作为字典，首要的当然是权威的现代注音、注释、多音字等；当然还有该字的常规应用、常规词组。

“可”，可得好好解释。其各种解释，可能要半个小时，才能看完，相当可观。

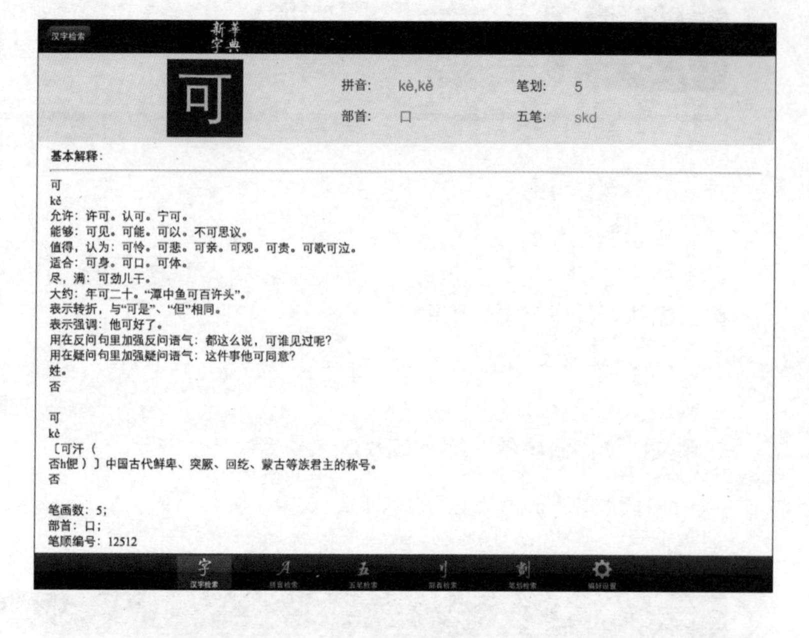

对于汉字而言，同样重要的，还有汉字的出处，文化典故，因为这是文字真正的历史和生命。

就比如图中的“可”字，现在每天都用。其实在公元前的《诗经》中就已经广为应用了，其后汉朝、宋朝、清朝等，历朝历代都有应用，文字的历史传承可见一般。

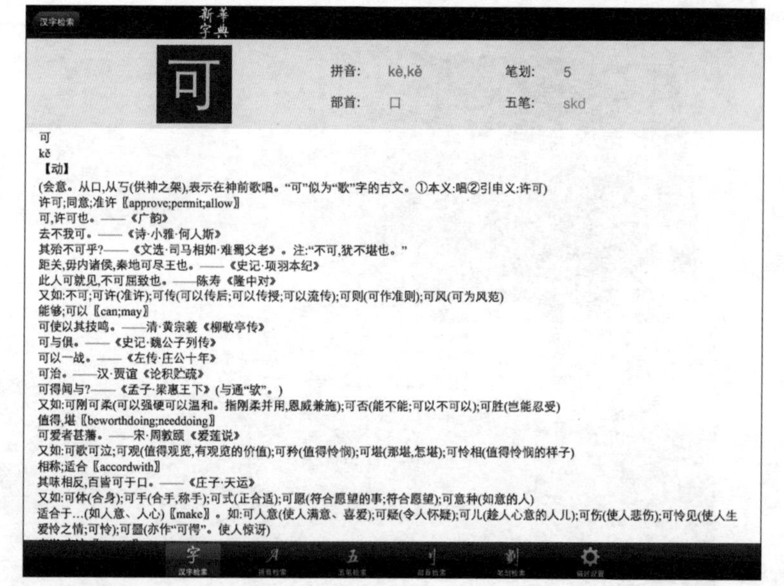

与常规的《新华字典》不同的是，该《新华字典》的注释中，还有英文对应单词，这自然是与时俱进的表现。

比如“可以”，其中一种英文解释为can或may，是可以的。当然也有其他很多可以的译法。

作为《新华字典》，也没忘把拼音检索、偏旁部首检索、笔画检索等传统检索方式放入；此外还有五笔输入检索方式。

电子字典，有个好处：快。当刚输入拼音，对应的汉字马上显示在屏幕上，如果有很多待选的同音字，可用手指滑动挑选。

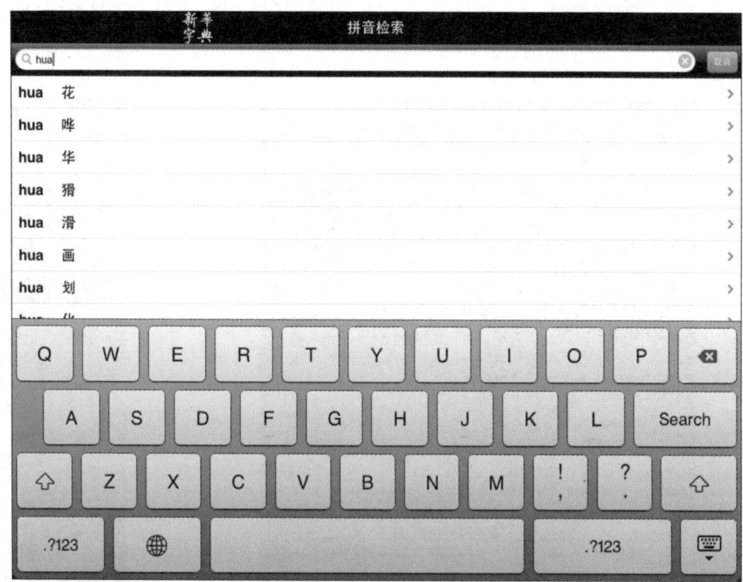

在iPad这样新鲜的电子玩意上，其实也可以有如此传统的《新华字典》，这不免让人心生暖意。但从程序的界面、易用性、文字的版式上，与同期的很多英文字典相比，还有很多进步和提升的空间，也让我对它有了更多的期待。

大智慧理财

功能全、信息足，炒股可无忧

iPad上的大智慧是一款多功能的炒股程序，可以为投资者提供全方位的国内指数、全球指数、商品期货、股指期货、港股行情、外汇市场、基金、债券等服务。

大智慧整合海量资讯，便于投资者分类查阅，包括综合资讯、大盘资讯、个股资讯、国内国际财经要闻、研究报告、宏观信息、产业新闻、各金融理财品新闻动态等。

当然，iPad端得大智慧也支持在线委托交易。

大智慧主页面的信息，基本上是国家的大政方针，这些都有可能对你的股票投资产生影响；但用户急切关心的，估计是涨跌排行、决策系统、全球市场、委托交易等实质性操作。

涨跌排行可以是沪深两市的排行，也可以是各板块的排行，实时、高效。右上角的搜索框，可随时查询任意股票信息。

如果看好某些股票，可以加入自选，以备自己特别关注、比照。对于自选的股票，也可以进行排行。

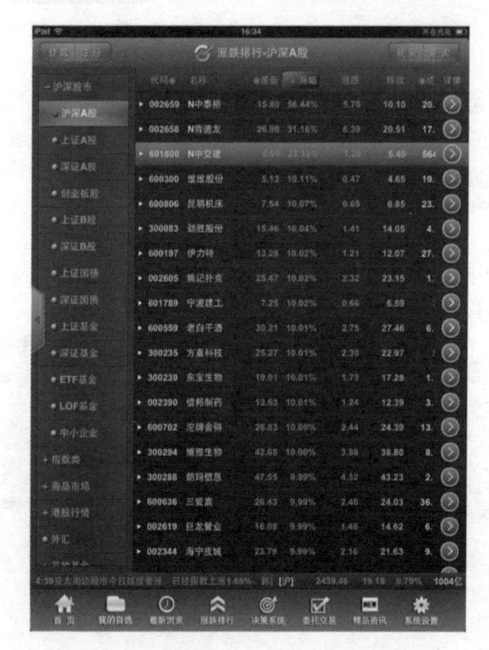

实时的行情当然是最重要的，或许一眨眼的功夫，行情就变了。大智慧可以提供及时清晰的实时行情和分析图表（走势图、日/周/月等K线图），而且还有自选股个性化管理功能，还提供深沪两市A、B股、权证及基金、债券各类证券品种实时行情、个股基本财务指标、公告信息等查询。

别具特色的是大智慧的个股关注度趋势图，有五日走势、五周走势，柱形图和线图，非常清晰，值得参考。

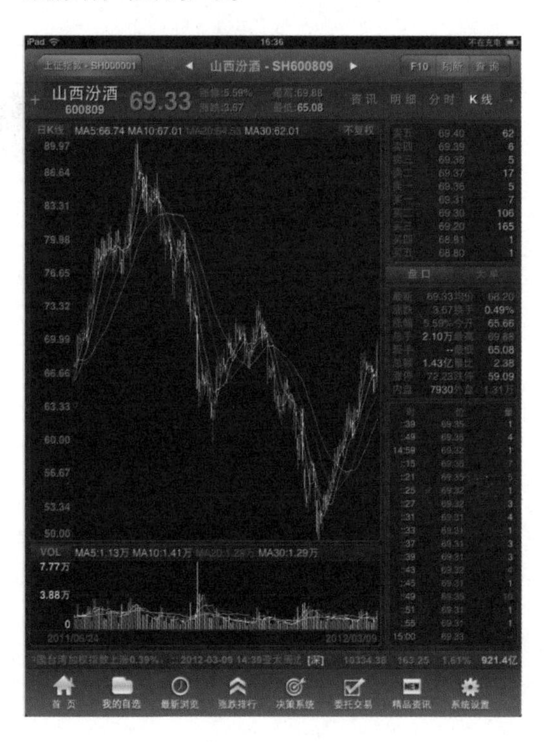

通过大智慧，可以直接进行在线的证券交易。在查看实时行情时，可点击“委托”按钮，马上进入买入或卖出交易，也可以加入自选进行观察。

个人的账户信息，可以在主页面的委托交易板块中输入，支持20家国内券商。

券商列表
我的券商
国泰君安证券
东方证券
湘财证券
新时代证券
新时代远东证券
财富证券
华鑫证券
中山证券
爱建证券
德邦证券
厦门证券
华宝证券

国泰君安证券登陆
账号类型 资金账户 选择
交易账号
交易密码
登陆

对于单个股票，除了查看近期走势外，要查看公司的基本信息，在iPad端的大智慧上也非常方便，即右上角的F10按钮。

公司的基本信息包括操盘必读、财务透视、主营构成、最新季报、股东进出、股本分红等16项，一应俱全。

此外，大智慧的决策系统、全球市场板块都能提供非常有价值的参考信息。

总而言之，iPad上的大智慧是一款能提供准确行情、专业资讯、实现在线委托交易等功能的实用炒股客户端，有助于投资者更准确及时地把握投资机会。

支付宝 理财

iPad上的支付宝，非常方便

支付宝，一款个人理财助理程序，它能帮助我们解决在线购物的支付问题，堪称移动电子设备网上支付的首选。很难想象，支付宝能发展到今天的状态；更难想象的是，支付宝的未来是怎么样的。

通过支付宝可以查询交易信息、确认收货、手机充值、在线付款等常规业务；也能在娱乐消费中购买彩票、Q币、游戏点卡等非常规业务；更加方便的是在南京、上海、成都、杭州、重庆、沈阳等城市，已经可以通过支付宝直接完成交水费、电费、燃气费等公共缴费，再也不用去营业厅排队了。

在交易记录中，可以查看、确认正在进行或已经完成的在线交易。这些交易可以是淘宝网上的，也可以是其他网站用支付宝支付的交易。

交易共分为待处理交易、全部交易和成功交易3大类。在待处理交易中，有目前尚未完成的交易，如果已经收到货物，可以在此确认支付。

在账户管理中，可以看到自己的账户信息、绑定手机号、可用余额等；同时也可以查看账户收支明细，实现在线充值、提现等功能。在账户设置中，可以更改自己的支付密码。

卡通，是支付宝的特色服务，可以实现银行卡到支付宝账户的便捷转账。

在iPad上装上支付宝，让你可以不用去移动营业厅就能为手机充值，也可以减少了你去银行排队的次数。

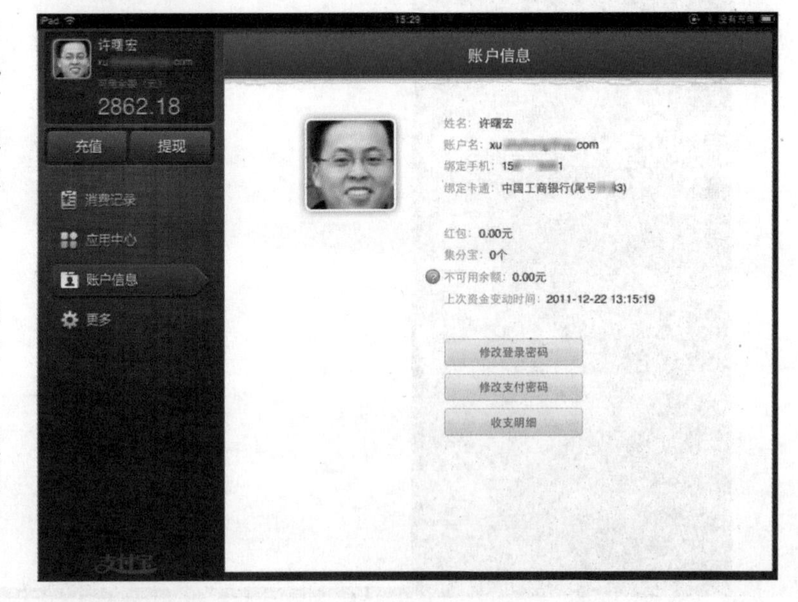

支付宝，已经有专门的iPad版本，如果你是支付宝用户，那么非常推荐你也装上支付宝的iPad版本。

123 Color HD Talking Coloring Book

幼教

宝宝学色彩

123 Color HD Talking Coloring Book（会说话的图画本）是一块功能强大、内容丰富的幼教程序，可以帮助小朋友学数字、填色块、学英文，甚至还有音乐。

刚开始的时候，如何不会用，该程序有演示功能，点击左下角Demo（演示）按钮，就能演示本程序的使用和学习方法，非常方便。

其学习主题又分别在Shapes（形状）、Cartoons（卡通）、World Maps（世界地图）和More Cartoons（更多卡通）4组简笔画中来实现。让宝宝不仅学会数字、字母等基本内容，还了解更多关于形状、动物、地图、交通工具等世间万物。

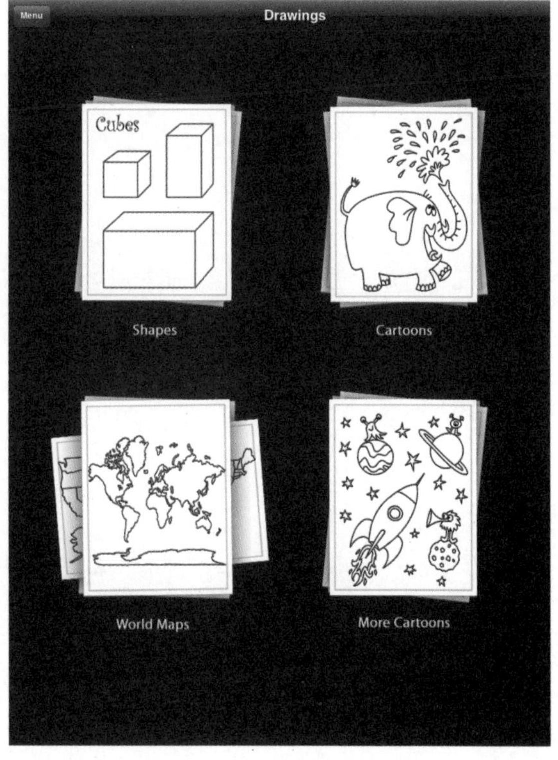

比如世界地图，不仅可以学习地图本身，也可以用来学习英文字母（点一下底部的字母，可以同步说话），还可以学习颜色的种类。其他的图形也类似，形状、颜色、字母、数字结合在一起学习，又有很强的互动性。

可见，123 Color HD Talking Coloring Book（会说话的图画本）是小朋友学习字母、数字、颜色和认识许多动物的好帮手。

Color & Draw for Kid（孩子的颜色和绘画）

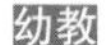

宝宝学画画

Color/Draw for kids邀请宝宝学画画。各种颜色、装饰画或语音照片等，都可以成为小小画家的工具，来绘制属于自己的作品。

宝宝可以在内置的白板、黑板或画框里画画。底部有18种颜色可以选择，并且有8种大小的笔触（Stroke），并且还有现成的12种装饰画（Stickers）可以用呢。

用来填色的线稿就更多了，足球小子、小猴、机器人、小猪、公鸡、房子等，多达50种。画画开始前，还有英文语言提示，告诉宝宝可以怎么画呢。

SPEAK

INDEX STROKE

SPEAK SHARE

此外，还可以导入自己的照片，通过调色版和装饰画来美化，比如加上太阳、篮球、小熊、画上红色的头发等。完成后，也能保存和Email分享。

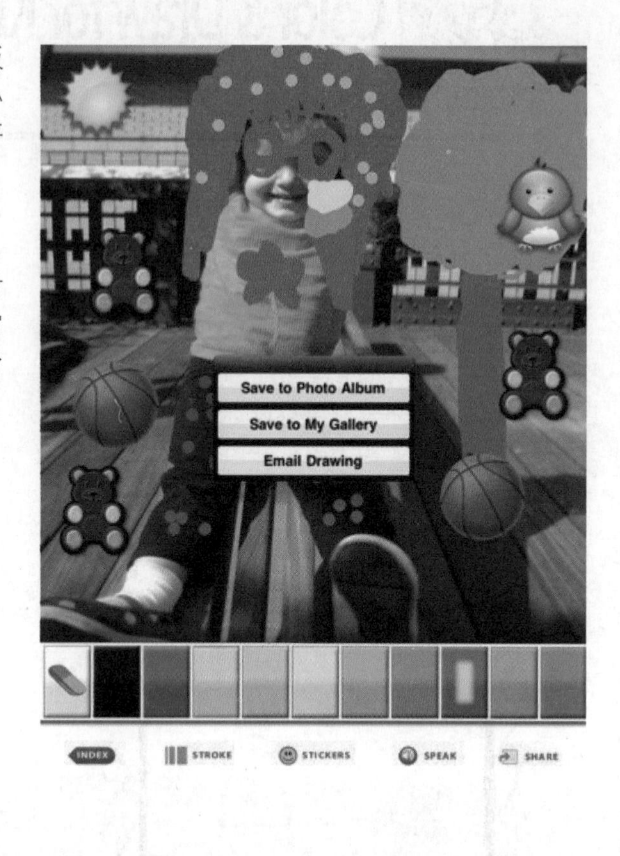

Color & Draw for Kid（孩子的颜色和绘画）对于充分展现宝宝的绘画天赋，无疑将是非常好的小助手，而且还可避免颜料倒在孩子身上的尴尬。

Mathing Animals（动物匹配）

幼教

锻炼下记忆力

Mathing Animals（动物匹配）是一款锻炼宝宝记忆力的小游戏。刚开始的时候，也是不小的考验哦。

每一关有若干对小动物图片，原先是盖着的，点一下会翻开一会，马上自动盖上，如果连续两个图片相同，就会保持翻开状态，直到画面中所有图片都翻开，一关就通过了。

点击某种动物图片的时候，会同步发出该动物的叫声，帮助宝宝记忆。过关后，程序还会根据难度、时间自动给宝宝评出过关分数呢。

越往后，游戏也会越难，比如三星级的关卡，图片数量、种类会增加不少。相当考验人呢，如果宝宝都能迅速通过，那记忆力和反应能力都相当了得了。

Mathing Animals（动物匹配）在游戏的同时，帮助宝宝提示记忆力，还记住了多种小动物的叫声，一举三得。

LunchBox（小猴便当盒）幼教

一起学数字

LunchBox（小猴便当盒）这款小程序通过数数、分组、拼图等游戏，可以让宝宝数得更顺、认得更清、动得更准。

比如一组葡萄，要找出不一样的一串。

一个柠檬拼图，要把它准确拼起来，每一块都移到应该的位置。

数数，也是不可缺少的一课。和小猴一起数吧。

每过一关，小猴都会表扬宝宝，Great Job（太棒了）！还可以获得一份小礼物呢！

LunchBox（小猴便当盒）游戏设置简单、有趣、交互性好，很容易就能帮助宝宝学习最基本的数字、形状，并分辨一组东西中与众不同的一个。

愤怒的小鸟 游戏

小鸟，愤怒地向肥猪们撞去吧！

有极少数游戏，称得上红遍全球，愤怒的小鸟（Angry Birds）就是这样的一款简单而有趣的游戏。

其新版游戏《愤怒的小鸟在里约》（Angry Birds Rio）在发布的前10天的时间里，下载量就突破1000万次，而且这还只是iOS平台（iPhone版和iPad版）的下载量，不包括Android、Facebook、Symbian、PC等平台，可见其风靡全球的程度。

这款游戏风靡全球，但情节非常简单。“为了报复偷走鸟蛋的肥猪们，鸟儿以自己的身体为武器，仿佛炮弹一样去攻击肥猪们的堡垒。”

游戏画面，十分卡通；操作非常简便，几乎一个手指就能玩转。通过手指控制，在弹弓上控制愤怒的红色小鸟，通过不同的飞行曲线，往绿色的肥猪堡垒砸去，令肥猪全部覆灭，一次又一次，一关又一关。就这种种奇妙的战斗效果，还真令全世界的人感到很痴迷和快乐。

除了每一关的肥猪城堡有变化之外，红色小鸟还会有其他的小鸟伙伴出现，比如黄色、青色、黑色、白色、绿色等，其各自都有特殊的撞击功能。比如绿色小鸟，在飞行途中，可以通过再次点击屏幕，令其转变飞行线路，从非常规线路撞击肥猪城堡，获得意外破坏效果。

游戏的配乐同样充满了欢乐的气氛，轻松的节奏，明快的风格，游戏过程中，鸟儿的叫声和肥猪的嘲笑声，同样为游戏增添了不少乐趣。

上下班途中，总能见到不少的“同好”，通过各自的电子设备，一次又一次地让小鸟撞击肥猪城堡。不久同名的电影也会面世，或许会再次风靡全球。

植物大战僵尸 (Plants vs. Zombies)

欲罢不能的塔防游戏

植物大战僵尸无须多作介绍，iOS最经典的塔防游戏，无数次被抄袭，从未被超越，常年App Store下载排行榜第一位。僵尸入侵了你家的花园，唯一帮助你的就是院子里的植物，无数种可能的植物组合，打败不同类型的僵尸。

植物大战僵尸是一款极富策略性的游戏。在国内的iPad游戏排行榜上也常常是数一数二的。

游戏的基本情节是可怕的僵尸即将入侵植物园，唯一的防御方式就是栽种防御植物。此游戏集成了即时战略、塔防御战和卡片收集等要素，一个看似简单实则极富策略性的游戏，在世界各国都非常流行。

用你的豌豆射手、向日葵、樱桃炸弹、大嘴花门向僵尸、摇旗僵尸、路障僵尸、撑杆僵尸、铁通僵尸们发动反击吧。

当然角色远不止上述这些；场景从白天到夜晚，从房顶到游泳池，变化多样；还可以通过“疯狂戴夫店”购买特殊植物和工具，以你能想象得到的方式干掉僵尸。

“植物们，向僵尸们发动最猛烈的反击吧！”

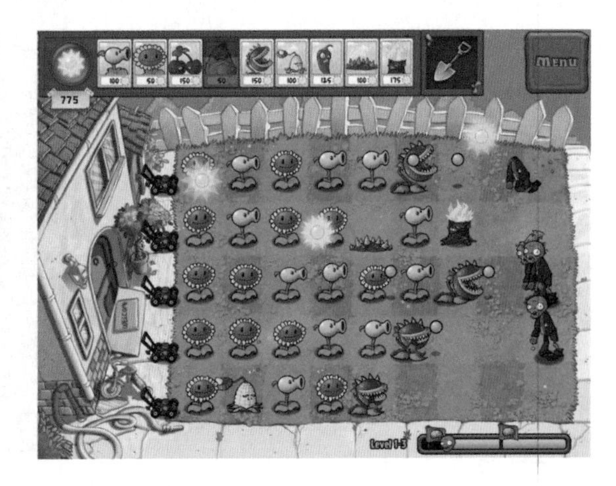

坚守阵地 游戏

欲罢不能的塔防游戏

Fieldrunners（坚守阵地）一款激烈火爆的炮塔防守游戏，玩法很简单，即用各种各样的战术和战略，抵挡一波又一波的进攻，通过打击敌人积累费用，然后逐步购置右下角的武器进行防守（触摸右下角的 装备移动到您指定的位置即可），防止敌人进入塔内。

第一次玩，可以先在Help（帮助）中查看游戏的基本规则和玩法。随机游戏配乐，相当有出征气氛，让人顿时血脉喷张。

坚守阵地分三种模式，Classic（经典）、Extended（延展）和Endless（无限）；Classic只有4种武器，Extended（延展）有则6种，但都是100回合，Endless（无限）模式则不限武器和回合，以分数来记录最后的结果。

同时这三种模式有不同难度，Easy（简单）、Medium（中等）和Hard（很难）。刚开始玩，还是从Easy（简单）模式入手，免得受太大打击。

坚守阵地虽然是二维游戏，但画质也相当精美。有草地、十字路、沙漠、空中走廊和雪地5张地图，其难度和过关技巧也会不同。

相对来说，草地地图还比较简单，即阻止左侧敌人通过你的防线到达右侧，共有20个突围名额（右上角红心数字）。超过20个，你就算这局被打败了。

其他地图则要复杂些，画面也更华丽，需要防止多个方向的敌人往多个方向突围。如果动作不够快，或者武器配置失当，则你的防守很快就会被攻破。

比如雪地，敌人从4个方向向中心进攻，稍有不慎，20个突围名额转眼间就会被用光，眼睁睁地看着自己的防守一泻千里，兵败山倒。

Fieldrunners（坚守阵地）作为一款经典的塔防游戏，确实足够经典，堪称同类游戏的楷模。

水果忍者 游戏

看着简单，却很有挑战性

水果忍者是一款充分利用iPad大触摸屏的动作游戏，游戏目的只有一个——切水果！非常简单，但也充满了有趣却又紧张刺激的元素，一个个水果在玩家指下被迅速切成两半，那种感觉相当爽快。

2D结合3D的画面表现方式，让游戏的视觉效果变现得相当不错。像一些水分多的水果，一刀下去，切开不同的水果，可以看到不同颜色的鲜艳果肉、果核，各种颜色的果汁飞溅到半空，或者飞溅到墙上，同时伴随着清脆的切水果声音，悦耳的鸟叫声。

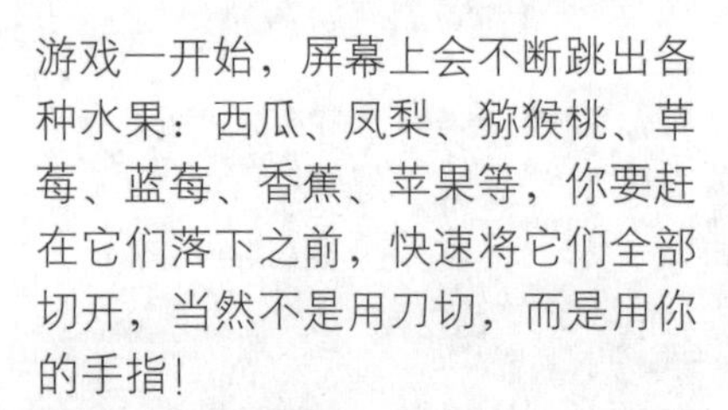

游戏一开始，屏幕上会不断跳出各种水果：西瓜、凤梨、猕猴桃、草莓、蓝莓、香蕉、苹果等，你要赶在它们落下之前，快速将它们全部切开，当然不是用刀切，而是用你的手指！

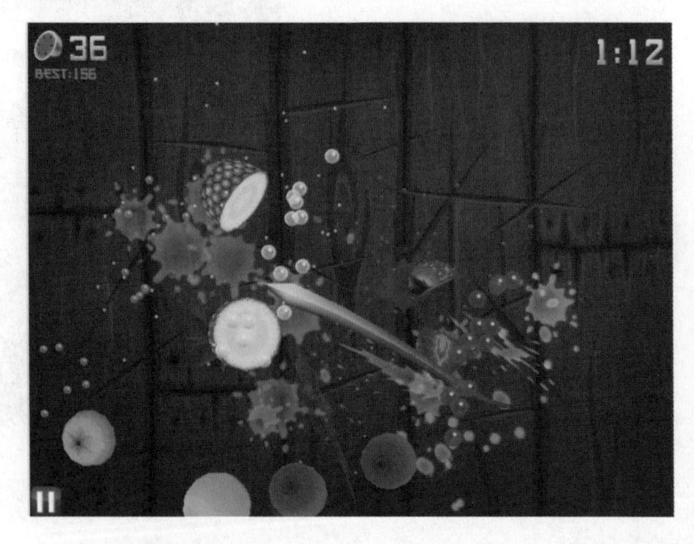

水果忍者可以创造自己不同线条的白色刀光，如打横、打竖、打弧、Z字形等，手指在屏幕上怎样比划，就有怎样的剑影，有手起刀落的忍者风范。

水果忍者的单人游戏有三种不同的模式可选择。

经典模式（Classic），会不断出现水果和炸弹，时间无限。但只有三次因没有切到而失误的机会，而只要切到炸弹，游戏就会马上结束。每积累到100分就会自动补充一次以前失去的机会。这个模式拼的是准确和速度。

禅模式（Zen），只会不断出现水果，时间为1分半钟。在这时间内，谁因连击而切出的分数越高，谁就是胜利者，游戏不会因没有切到水果而失败。这种模式拼的是技巧和速度。

混合模式（Arcade），会同时出现水果和炸弹，时间为1分钟。特别之处是，该模式的目的也是获取更多的分数，碰到炸弹不会导致游戏结束，而是减少分数。其中一个变数是有特殊香蕉：冰香蕉（使时间暂停并且大幅度减缓水果的飞行速度）、双倍香蕉（让短时间内切出的分数加倍）和疯狂香蕉（使大量水果从屏幕两侧不断飞出）。这种模式有更多挑战性。

MultiPlayer（双人模式）是两个玩家的挑战（PK）玩法，这里面有经典模式和禅模式。一人一半屏幕，拼准确性、也拼速度。

比赛结束，显示胜负结果和彼此分数。如果不服，可再战（Retry）。

总的来说，水果忍者是一款效果逼真、容易上手、刺激好玩的动作游戏。上至退休的爷爷奶奶，下至未入幼儿园的弟弟妹妹，中间匆忙谋生的白领工人，水果忍者全盘通吃。

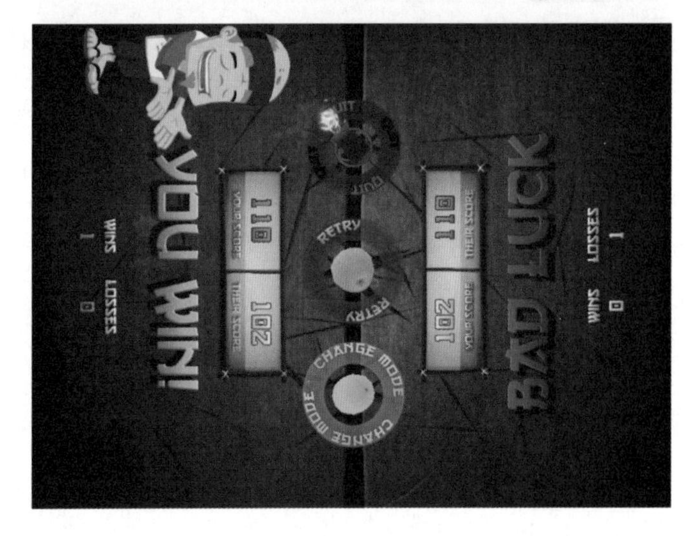

让精彩的程序免费玩

限时免费HD+AppShopper

App Store（程序商店）固然是下载应用程序的第一选择，其中iPad程序就超过20万款，其中有3成多是免费的应用程序，中文类的免费程序比例则更多；剩下近7成是收费的程序。上文推荐和讲解的几款最常用的程序，只能算是尝尝鲜，以管窥豹而已。

这些收费应用程序的价格，一般是0.99美元、1.99美元、2.99美元递增。就算是最便宜的收费程序，也是0.99美元，也相当于人民币6.3元，即使用国内银行卡，也需要6元，也不算太低，况且中国人的消费水平还远低于美国。不过这些收费的程序，经常会有打折，限时免费等促销活动。

如何从App Store（程序商店）中找到最流行的程序，莫过于查看其中的排行榜。如何从数十万的程序中找到实惠、适用、免费的应用程序，实现几乎是“零开支”的免费玩，这就是一大问题了。参考本书推荐的常用推荐，固然是一个途径，但毕竟数量和覆盖面都有限。如何长久地解决这个问题，且看如下2个免费程序，一个中文，一个英文。

限时免费HD

限时免费HD是一款推荐程序的程序，每天给你推荐最新、最好玩的限时免费应用与游戏，这就是它的最大特色。限时免费，就是你在这段时间内下载和安装这些程序，都是不需要支付任何费用的。通常，这些程序还能免费升级。这也就是限免得最大乐趣所在。

这是限时免费HD的主界面，重点是游戏和应用这两大分类。首页上是各种免费或者限免的程序推荐，涵盖了绝大多数常用中文程序。编辑推荐和特约限免，也是相当有特色和值得关注的板块。

通过右侧的过滤开关，比如只想看中文iPad程序，就能很快实现。

主界面右上角，是热门排行和限时免费的切换按钮。热门排行的实用性，丝毫不亚于限时免费，游戏和程序都有各自分门别类的排行，对于你的下载和使用，无疑有极大的帮助。这与App Store（程序商店）中的选择还不一样，更加精细、好用。

比如要找到中国区的免费iPad旅行类程序，两三下就能搞定，切换方便、迅速。如果要找到英文（美国区）的社交程序，同样容易。

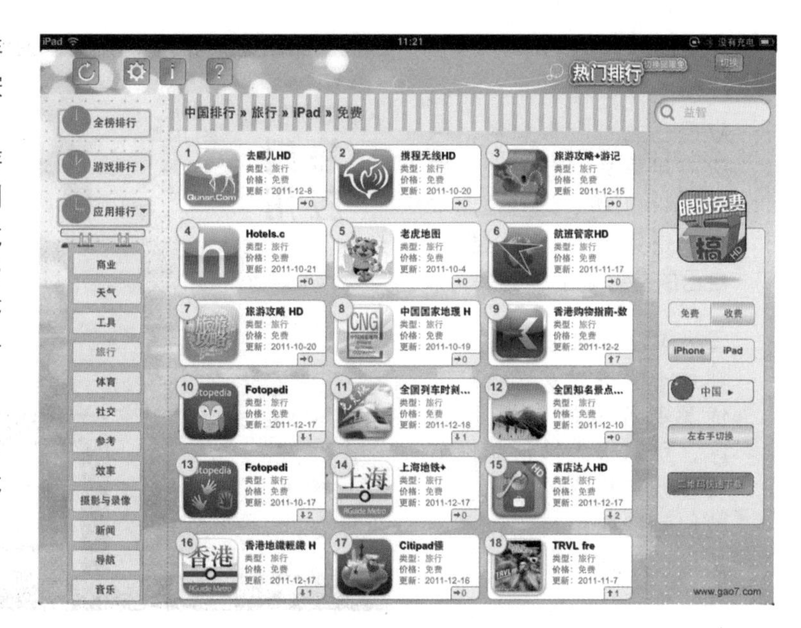

选择自己喜欢的程序之后，进入程序介绍页面。有中文简介、程序大小、支持的iOS版本等。截图部分有内容截图，帮助你快速了解该程序。

确认之后，点击底部立即下载按钮，就能马上切换到App Store（程序商店），输入自己的苹果账户（Apple ID）密码后，就能进行下载了。当然，还可以通过微博和邮件进行分享。

现在明白了吧，其实限时免费HD就是一个索引界面，所有程序，还是来自于App Store（程序商店）。

除限时免费HD之外，同类的中文推荐程序还有热门应用、免费应用大全、免费应用管家、App每日推送、APP汇等，这些程序本身都是免费的，可以根据自己的喜好来下载安装。

每天关注下限时免费HD，你几乎能每天发现新鲜、优惠甚至免费的应用程序，可以极大地帮助你节省查找新程序的时间、下载优秀程序的费用，是不是相当不错呢？

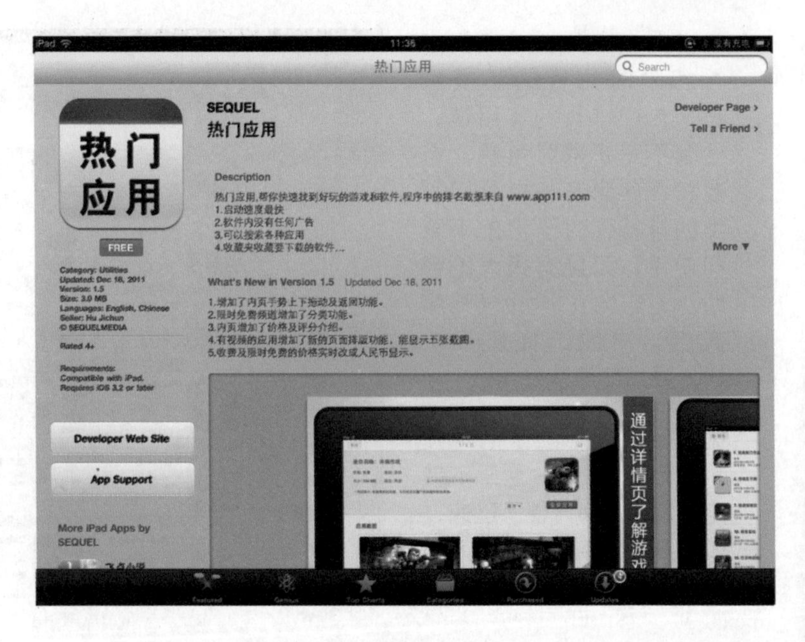

AppShopper

AppShopper（程序消费者）是一款强大的英文程序推荐程序，基本定位与和国内的限时免费类推荐程序接近，但无疑内容更丰富、功能更强大，包括了收费程序和打折程序。

一看主界面，你就会发现，这里的程序推荐数量之多，覆盖面之广。左侧有Popular（流行）、Price（价格）、Type（类型）、Device（设备）、Category（分类）等多组菜单，有助于你分类查找，这是一般的中文推荐程序所不具备的。

最流行（Popular）、最新（What’s New）的程序都可快速显示。显然，这里关注的是全球的程序最新动态，主要的当然是英文的。

降价（Price Drop）、更新（Update）、排行（Top100）等情况也非常清晰，还包括用户对程序的星号评级。

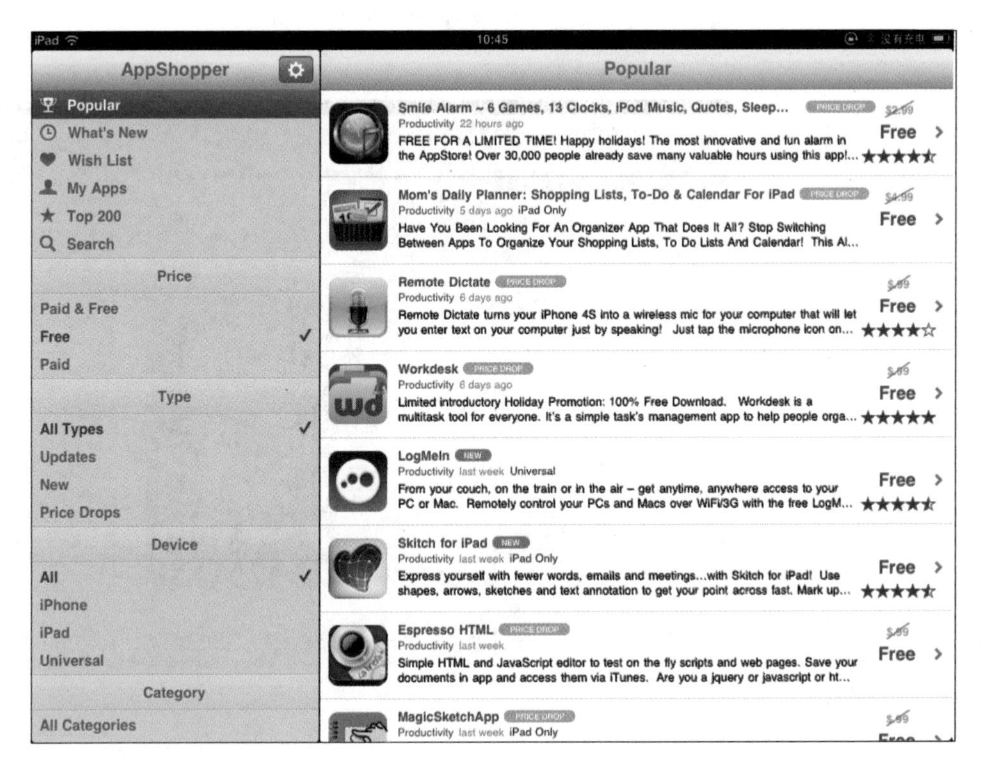

你可根据自己的兴趣，使用多种筛选条件搜索具体信息，比如可搜索已经降价到免费的各类热门iPad程序。这，不就是iPad免费玩的初衷吗？

很快，你就能找到这一组你需要的细致分类，从中下载自己喜欢的程序，这是AppShopper的一大特色。

AppShopper的另一大特色是通过账户的意向名单（Wish List）帮助你跟踪自己喜欢的程序，并把这些程序的更新、降价等情况告诉你。

创建账户（Create Account）后，在自己喜欢的程序下，勾选想要（Want it），就能把它加入到自己的意向名单，通过想要清单（Wish List）帮助你时刻关注它的最新动向，如果你已经拥有了该程序，则勾选已经拥有（Own it），在我的程序（My apps）中，关注其动向。

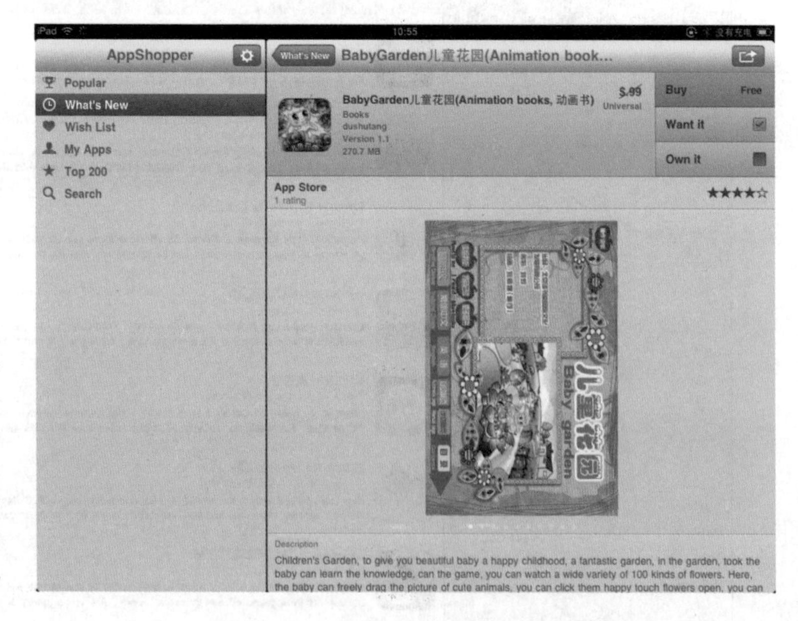

此外，在更多（More）中有Top100的排行榜；通过搜索（Search），你还能找到多种语言的应用程序，英文、日文、法文、中文等都可以一次性找到，比App Store（程序商店）还方便。

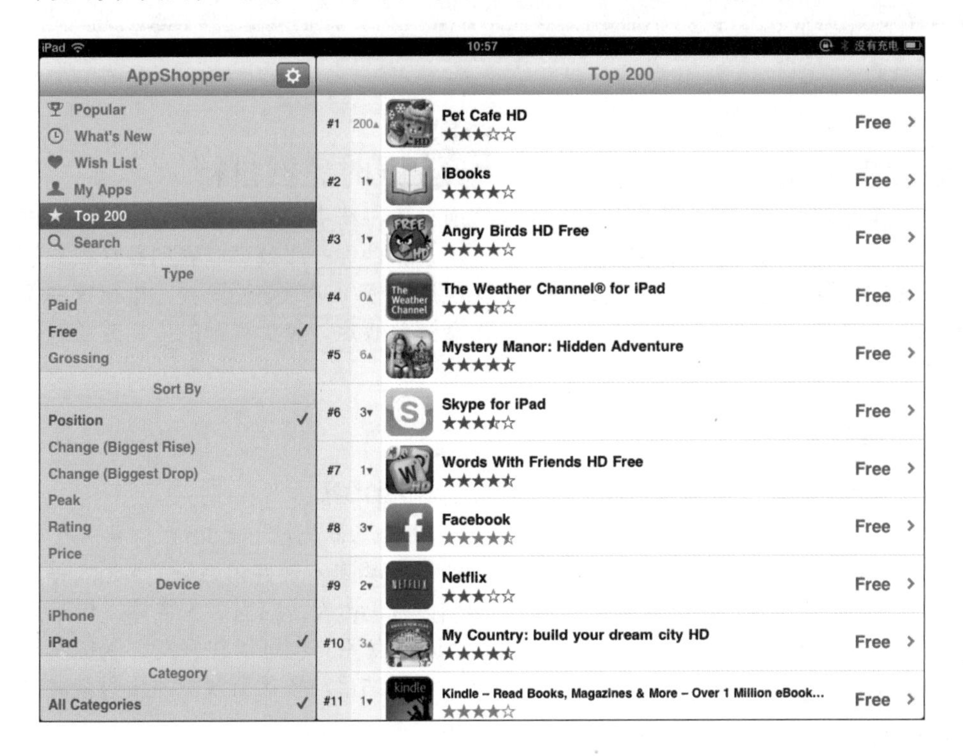

当然，所有这些程序，都是来自于App Store（程序商店），AppShopper也是一个定制的程序推荐索引。其实，AppShopper还是一个网站（http://appshopper.com/），如果没下载安装AppShopper，用Safari登录该网站，内容是一样的。

限时免费HD是全中文，更本土化；AppShopper是英文，更强大、更全面。有了这两款程序推荐程序，你就能更快、更方便、更节省地购买和下载自己喜欢的程序了。当然，类似限时免费的推荐程序还有更多，且看推荐列表。

限时免费程序精选

限时免费大全

限时免费大全收录全球，特别是中国区正在限免的软件和游戏。界面简约易读，分类清晰明确，方便看限免程序的详细信息，同时也支持分享到新浪微博。

限时免费360

限时免费360是没有广告的限免推荐程序，每24小时发布最新，支持分类查看，排行，并且对于英文程序能翻译简介。

揣着App限时免费

揣着App 限时免费，具有豆瓣风格的界面，并且有想要和用过的选择。此外还通过数据挖掘，猜测你喜欢的程序进行推荐。如果iPad上看得不过瘾，可以上Chuaizhe.com网站。

最新限时免费

最新限时免费还是第一手限免、降价的程序的排行榜。海量限免游戏、精品降价的应用，都可以再这里找到。

限时免费排行

限时免费排行提供每天限时免费程序的排行情况，帮助你一眼就可以看到最受欢迎的限免程序。榜单实时滚动更新，排行榜由用户下载数量决定，越受欢迎的应用或游戏排名越靠前。

App汇

App汇（www.apphui.com）也是一个帮助你和朋友共同发现好用好玩的App的程序，特别是其iPad版，相当受人追捧。你可以对App进行点评、也可以在好友之间推荐和分享。其网站目前使用新浪微博账号就能登录使用。

提示： 所谓限时免费是指程序和游戏开发商将自己的产品，通过免费发售的方式，来达到答谢用户、推广产品、增加知名度等目的。在限时免费期间下载的程序，一般而言，即使该程序过了免费期限，已经又开始收费，但你依然可以再次下载更新而无需付费。

5 iPad 越狱篇

越狱，对一个真正的iPad玩家来说，实在是不可抵挡的诱惑。更强的系统功能、更多的插件补丁、更多可能的玩法、更丰富的程序获得途径、更实用的内容管理工具；让越狱后 的iPad更加好玩、好用。

活着就是为了改变世界，难道还有其他原因吗？

——史蒂夫·乔布斯

iPad越狱这点事

如果手上有一台苹果公司出品的iOS电子设备，比如iPhone、iPad或iPod touch，你或多或少，听说过“越狱”这个词。

江湖传言：“iOS设备越狱后固然好玩得多，但高深莫测，一不小心，设备完蛋。”

江湖传言自然还是江湖传言，通常半真半假。说设备会完蛋，是非常离奇的，实际上没听说谁的设备硬件因越狱而彻底不能用了；说如果不越狱，玩这些苹果设备就不能很尽兴，到确实有着一部分的道理。

越狱有什么好处？

从技术上来说，iPhone和iPad的越狱是指利用iOS的某些漏洞，通过指令取得到iOS的ROOT（根）权限，从而突破iPhone和iPad的封闭式环境，以便于对其进行更多设置和修改，这个过程就是开放用户的操作权限，使得用户可以随意擦写任何区域的运行状态。换句话说，越狱后的iPhone、iPad和iPod Touch能借助一些工具，可以很轻松地导入从分享网站上下载的程序、音乐、视频、电子书等数字内容，而不受任何限制。

当然这也带来了一定的潜在安全风险，比如病毒，虽然目前还很少。

众所周知，苹果公司一直以来，以封闭著称，正如其Mac OS X操作系统一样，不允许安装在除Mac系列电脑之外的个人电脑上。同样的，iPhone、iPad或iPod touch共同的操作系统iOS，也是不能安装到其他智能手机上。在iOS系统上，甚至只允许通过其审核的程序，即在App Store（程序商店）下载的程序，才能安装到iPhone和iPad等iOS设备上。要导入数字内容，也必须通过并不好用的iTunes来进行。

因此，国外有些程序开发者，就利用iOS系统的漏洞，对其进行额外的设置和修改，即越狱，使iOS设备能更容易地被人们使用，但这却是苹果公司本身所不愿意看到的。

iPhone和iPad越狱，意味着其不再受iTunes和App Store（程序商店）、iBookstore（电子书店）的限制，可以通过更多的方式和渠道，让iOS设备获得更多的数字内容，比如电影、音乐、程序、电子书等，这无疑让苹果公司在线数字内容业务大受影响。这也就是为什么尽管美国通过数字千年版权法案的修正案，使苹果产品的“越狱”成为合法，但苹果公司一直竭力反对的主要原因之一。

当然，越狱对多数用户来说，是个充满诱惑的选择：能免费使用众多的iOS程序、音乐、视频、电子书，并且也能够让iOS设备实现更多的功能。但越狱同时也是比较麻烦和折腾的一件事，既要完成越狱过程，又要了解额外的内容来源和使用方式，通常这比iOS的操作方式要复杂。

目前，国内的互联网上有相当丰富、免费的数字内容，而且这些内容多数是国人喜闻乐见的，也更能让人接受。比如虽然是英文原声电影，但有中文字幕；在线音乐曲库有大量的中文歌曲和歌词；电子书分享网站有丰富的中文电子书，以及被修订为中文版某些英文程序等。

而苹果在线的数字内容商店，即iTunes和App Store（程序商店）、iBookstore（电子书店），中文内容相当稀少，特别是电影、音乐、电子书等；购买还需要通过能够支付美元的信用卡等不便因素。

从2011年11月开始，苹果商店中国区已经开始支持一般的国内银行卡直接购买支付（注册的时候，即银行卡的标志）。招商银行、工商银行、建设银行、农业银行、浦发银行、光大银行等银行卡，直接在iOS平台上进行支付。电脑端的iTunes里，还支持中国银行、平安银行、上海农商银行、民生银行、广发银行、北京银行、北京农商银行、中信银行等银行卡进行支付充值操作。

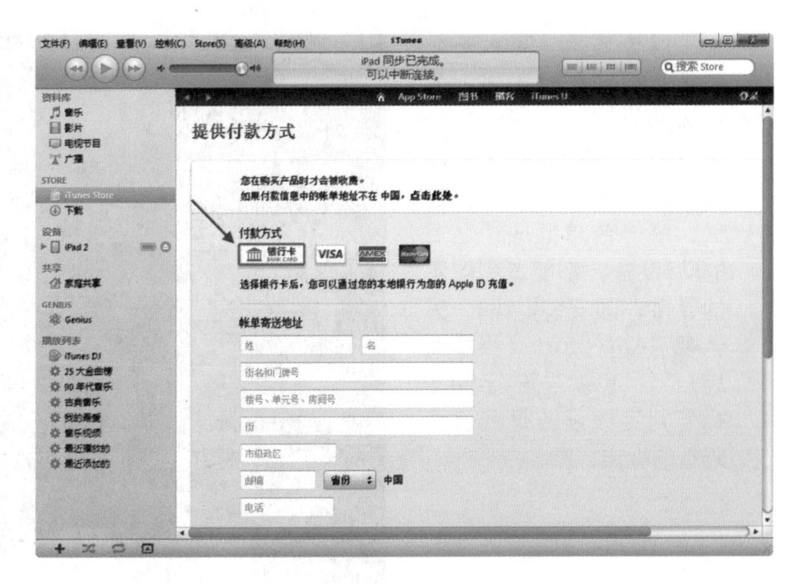

此外，iPhone和iPad越狱之后，可以有更多的功能设置。比如iPhone和iPad的蓝牙功能，可以iBluetooth等程序，让其不但能用来连接蓝牙耳机和键盘，还能用来传输文件；又比如越狱后，可以装上搜狗、QQ、百度等中文输入法，以弥补iOS自带中文输入法的缺陷；还比如越狱后的iPhone或iPad可以被当作常规U盘来使用，便于复制和携带文件；此外，能安装额外的桌面主题、导入各种铃声、加入附加功能等。

基于对免费的、更本土化的数字内容和对更强大的iPhone的渴望，不少iPhone和iPad用户都选择了越狱。无论通过何种方式越狱，每一台越狱成功之后的iOS设备，都能看到图示的界面，即安装Cydia，另一家“App Store（程序商店）”；也就是说Cydia图标是判定该设备是否已经越狱的标志。

此外提一句，越狱对于iPhone来说还有一个目的：解锁（iPad不需要）。不过这是针对非正常渠道进入中国的iPhone（水货）而言的，不少水货iPhone带着个国外电信运营商的“锁”，无法接入国内电信运营商的服务，比如中国联通和中国移动。这些设备越狱之后，可以再通过一个软件工具（比如ultraSn0w），就能实现解锁，即软解，就能和正常iPhone一样使用了。

难怪有不少iOS设备的用户和玩家发出这样的感慨：“越狱不是必须的，但我们要越狱。越了狱的iPad、iPhone和iPod touch使用起来会更爽、更方便、更好玩。”

越狱有什么坏处？

光从上文来看，越狱对iPad、iPhone和iPod touch用户来说是非常有利的，但是不是也会带来不利的影响呢？

不能说完全没有。

第一，在越狱状态下，苹果官方不会给iPad、iPhone和iPod touch进行保修服务。这听上去有点吓人，就像原先买的保险一下子失效了似的。不过，如果你在拿去保修之前，先以通过iTunes恢复了原先的iOS固件，即让iPad、iPhone和iPod touch回到越狱前的状态，保修还是可以的，因为没人能发现你的设备曾经越狱。通常，越狱本身并不会对产品的硬件产生破坏作用。

第二，在越狱状态下，可能有个别的程序兼容性有问题，会和其他程序或iOS有冲突，导致其他程序故障或iOS无法正常运行，甚至出现“白苹果”（iOS无法顺利启动）现象。毕竟有些程序，特别是DEB或PXL格式的应用程序，通常没有经过严格的审核。不过这种意外情况已经相当少见。

第三，在越狱状态下，出现某些无法预料的情况。比如电池突然比平时用得更快、无故死机、iOS运行明显缓慢等非正常情况。遇到这种情况，可以尝试卸载最近安装的程序来解决，如果实在找不到原因，可通过iTunes恢复官方iOS。类似这样的意外情况，实际上也并不多见。

由此看来，越狱不会影响iOS设备的硬件本身，又没带来其他明显的弊端。不过，有一个弊端是非常明显的，如果你想自己越狱，并挑战各种可能，那就是越狱这个过程就会“折腾你宝贵的时间”。学习基本知识是一块、实际操作是另一块。

从开始了解越狱概念开始，你将进入一推有关越狱的“新鲜、连续、复杂，有可能失败”的概念、问答、操作中，这很会“折腾你的精力”。

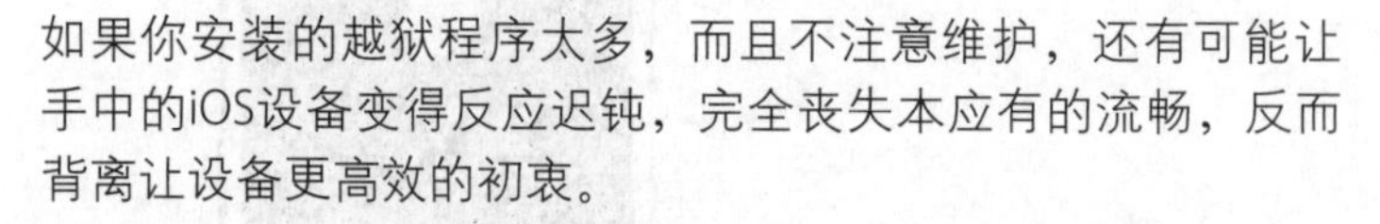

如果你安装的越狱程序太多，而且不注意维护，还有可能让手中的iOS设备变得反应迟钝，完全丧失本应有的流畅，反而背离让设备更高效的初衷。

当然，有不少iPhone、iPad和iPod touch玩家和用户对这样折腾时间和精力非常喜欢，还“乐此不疲”，有人甚至还因此“发家致富”。

什么是不完美越狱？

说到越狱，上面所说的都是“完美越狱”之后的事，此外还有一种说法，叫“不完美越狱”。

为什么说不完美呢？那是因为这种越狱方法成功越狱后，每当iPad再次开机（强制重启或电池耗尽）的时候，需要连接个人电脑，通过引导（即重新越狱），才能正常开机。不能像完美越狱手机一样，可任意开关机。此外，其他并没有不完美的地方，iPad中的信息内容不会消失。

因此，对于喜欢越狱的人来说，有一个纠结的问题：喜欢用最新版的固件，体验系统的新功能，又同时想越狱，但这事很难两全其美。最新的固件，往往没有越狱工具和方法，即使有一般也是不完美越狱。

新的iPad固件更新，先出现的是“不完美越狱”方法，然后才能推出“完美越狱”方法。需要完美越狱，要等待多长时间，这谁都说不准。所以如果着急想越狱，使用“不完美越狱”方法，也是不错的。

比如最新的iOS 5.1还没有完美的越狱方式，只有不完美的。不过据网上传言，全新iPad的完美越狱，也许很快就能面世了。iPad 2多个版本的固件已经都有完美越狱教程了。

iPad　　用鼠标滚轮选择固件

iPad2 Wi-Fi (4.3.5/8L1)

iPad2 Wi-Fi (4.3.4/8K2)

iPad2 Wi-Fi (4.3.3/8J1)　下载固件　完美越狱教程

iPad2 Wi-Fi (4.3.2/8H7)

iPad2 Wi-Fi (4.3.1/8G4)

但无论你怎么使用iPad、iPhone和iPod touch，还是建议定期使用iTunes，备份（同步）设备内的信息。如今有了iCloud，有网络的情况下，可以随时备份。毕竟设备中的信息，才往往是最重要的。

这个同步备份的功能，暂时还没有能完美替代iTunes和iCloud的其他程序和服务，虽然如91手机助手等有部分这方面的功能。

总而言之，如果是不完美越狱，只要不彻底关机或重启，和完美越狱一样。如果重启了，那么就再需要越狱一次。

什么是iOS和固件?

iOS，在2010年6月前被称为iPhone OS，是由苹果公司为iPhone开发的操作系统。目前，它主要是给iPad、iPhone以及iPod Touch使用，在功能上有细微差别。最新版本是2011年10发布的iOS 5。2012年3月，全新iPad上市时，就已经是iOS 5.1版本了。

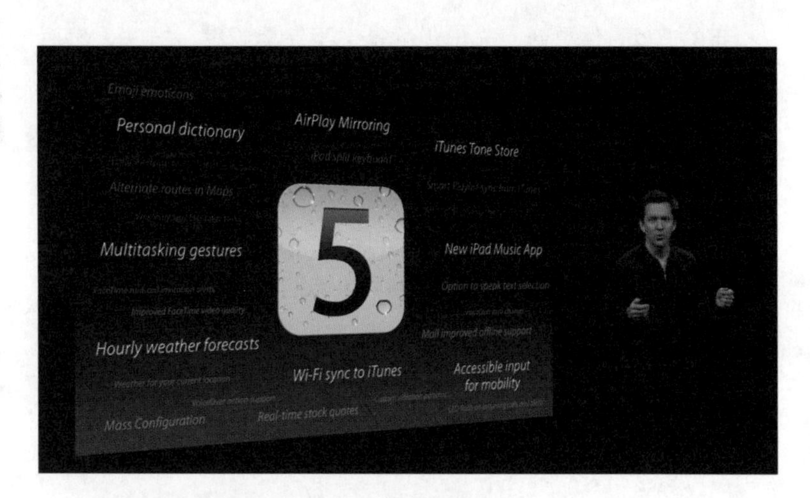

iPad是一部平板电脑，在硬件之上部署了一套iOS操作系统。这个操作系统如同以前Windows CE和Windows Mobile一样，是智能手机的操作系统。打个比方：iOS（操作系统）之于iPad（硬件平台）相当于Windows 7之于个人电脑（PC）。

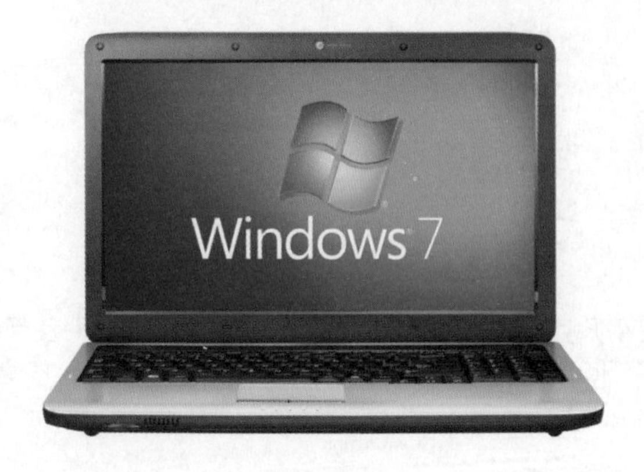

固件是iPhone和iPad用来存储基础iOS和通讯模块实现软件的载体。固件分为应用部分和基带部分。应用部分主要指的iOS，而基带主要就是iPhone和iPad的通讯系统。两部分加起来，合成为一个后缀名为ISPW的文件，即一个iPhone或iPad的固件。

没有固件，iPad只是一堆没有大脑的硬件设备，无法展现任何功能，就相当于买来一台电脑没有操作系统。平常，固件也可以简单认为就是iPad的操作系统；iOS设备就是指iPad、iPhone以及iPod Touch的集合。

如何恢复和更新固件？

正如个人电脑操作升级换代一样，iPad的固件也会更新，需要你手动更新。一个固件的更新，通常会加入新功能、完善已有功能、弥补原有缺陷、增强安全性能等，所以通常一有新固件推出，苹果公司就会通过iTunes通知你，是否要更新固件。这个过程，其实就是俗称的“刷机”。

如果你已经安装的iOS 5，它直接通过系统设置，提醒你有新的固件版本更新了。图示为iPad，iPod touch和iPhone也类似。

iOS的更新，也有版本大小之分。从4.1到4.2，或者从4.3.1到4.3.2，这些都属于较小的升级，一般功能和性能改变不大。从3.0到4.0，从4.0到5.0，这些都属于较大的升级，通常会有一些大的功能或性能提升。iOS 4之前，被称为iPhone OS，正如图示。

更新固件，一般是通过iTunes进行的（最新版的iOS 5可以直接通过网络直接进行更新）。更新方式有恢复和更新两种方式。

“更新”就是在保留原有程序的基础上直接进行升级，相对速度会比较慢。

“恢复”就是格式化重装，即手机中的个人数据会被全部清空，固件升级完成后，再通过iTunes同步，导入电脑中备份个人数据。

需要注意的是，“恢复”之前，建议通过iTunes同步备份数据到个人电脑上，否则会造成数据因没有备份而损失。

如果是在线更新和恢复，单击更新和恢复按钮之后，iTunes就会自动下载固件（从苹果官方网站）。如果是事先下载了固件，则在单击更新和恢复按钮的同时，安装键盘的Shift键，就能选择该固件。各版本固件可通过搜索，找到下载链接，下文也有推荐。

更新和恢复过程，其实比想象的要快，一般10分钟之内就能完成，而且也不再需要别的操作，耐心等待即可。

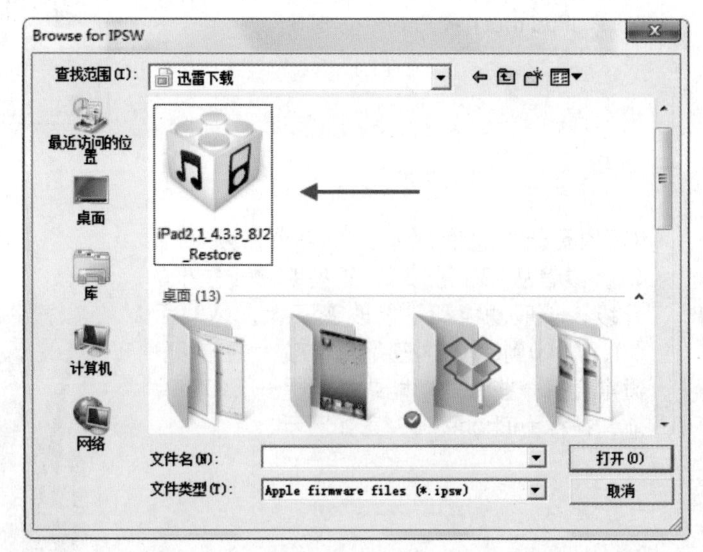

iPad越狱这点事，前期就这些。知道了其好处、坏处，什么是不完美越狱，iOS和固件，对于具体越狱操作，也算是有了心理准备。如果完全不了解这些，后期万一出错，可能会比较麻烦哦。

轻松搞定iPad越狱

如果你愿意多花点时间，看完本节的内容，并且有耐心做好越狱准备工作，比如备份资料、下载工具、了解流程等，那么你会觉得iPad越狱其实是可以轻松搞定的一件事，并非如传说中那般神秘和奇妙。

越狱的过程，即使你很不熟练，满打满算也花不了1小时；不过越狱之后，确实有相当的精彩，比如你可以马上更换系统的中英文字体，让你的iPad与众不同。

越狱的准备和操作

《孙子兵法》有云："胜兵先胜而后求战"，意思是充分的战前准备，其实能决定战争的胜败。这对于iPad越狱这回事，也是这样。没有充分的准备，越狱这个过程，可能会让你的iPad数据丢失、不能启动，以致于焦头烂额，不知如何是好。

如果你按照本书的流程，做好充分的准备，那一切都是理所当然，水到渠成。哪怕出现越狱失败等意外情况，也能从容应对。

大体来说，iPad（iPhone和iPod touch也类似）的越狱过程大致有如下4大环节：确认手机型号、查看固件版本、下载对应固件和工具和根据教程实施越狱和安装补丁。其实这4个环节，每个都不难，只是要小心，不出错就行。

确认iPad型号的3个方法

确认iPad型号，是越狱准备的第1步。不同的iPad型号，越狱所需要的工具是不同的，比如系统是iOS 5.1的全新iPad（The New iPad），目前还不能越狱，如果是iPad 2或者第一代的iPad，就可以轻松越狱。

要确认手中iPad的型号，说简单也简单，对于熟知iPad的人来说，一眼就能分辨。大体说来有看包装、看外形和官网鉴定3种方式。

看外包装

如果是未开封的，就看外包装正面，左侧包装正面图片是薄薄的iPad侧影，是2011年发布的iPad 2，盒子稍微小些；右侧包装正面是iPad正面图片，是2010年发布的第一代iPad，稍微大些、也稍微重些。

如果外包装丢失或者手中的iPad就是没有包装，那么可以通过如下2种方法，来确认iPad的型号：1.外观对比；2.官网查询。前者很快，很直观；后者需要网络支持，但更准确。

iPad外形

与iPhone不同，iPad从2010年诞生以来，只有3代，即iPad、iPad 2和全新iPad（可参考本书附录的参数表对比表）。这3代iPad虽然屏幕大小、整体外形基本一致，但还是很容易分辨：比较厚重的是第一代iPad，比较轻薄的是iPad 2。

iPad 2和全新iPad差别极小，只是全新iPad稍厚、稍重。

如果对iPad不太熟悉，单看iPad正面右下角的音响位置，有3个明显的扁圆孔的，就是一代iPad，反之就是iPad 2或全新iPad。

官网鉴定

如果你能上网，你也可以通过苹果官方网站，来帮助你鉴别手中的iPad。在https://selfsolve.apple.com/agreementWarrantyDynamic.do这个网址（确认服务和售后支持）的输入框中，输入你iPad的序列号（serial number），即iPad的设置>通用>关于本机的序列号。

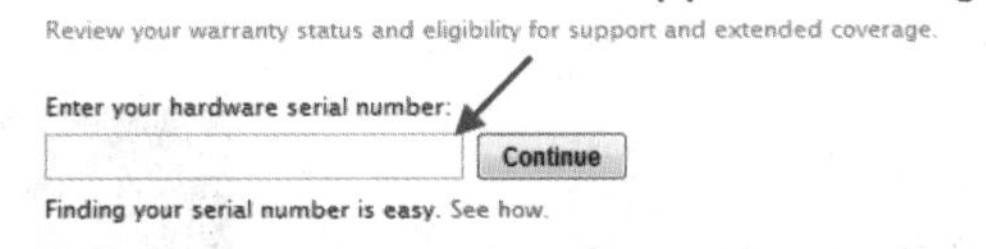

输入之后，单击继续 (Continue) 按钮，新的页面可以显示你手机的型号。同时还能显示你的手机是否已经注册、是否还有电话技术支持、是否还在保修期内等信息。

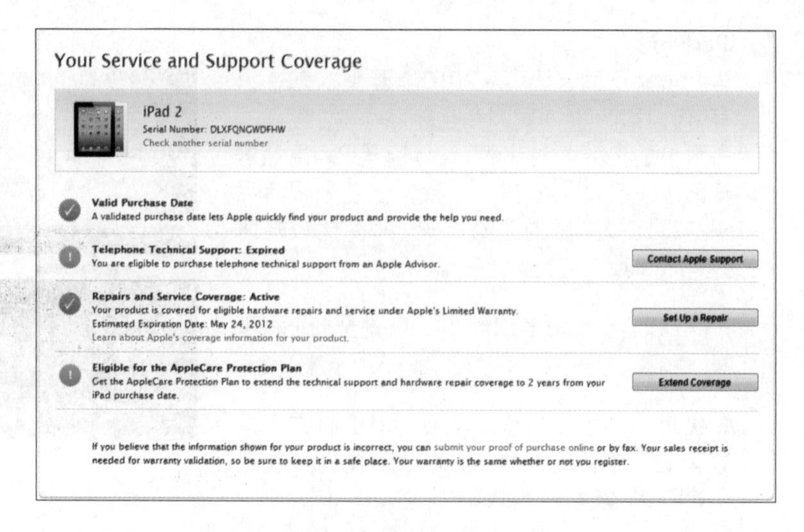

应该说，这种网络鉴定的方法是最不会出错的。

此外，如果用软件工具，当然也很方便，比如iTools这款程序。非常方便、非常直观、非常易用，只要从网上下载iTools，直接打开；然后通过USB线，连接自己的设备后，软件能马上显示设备的型号。

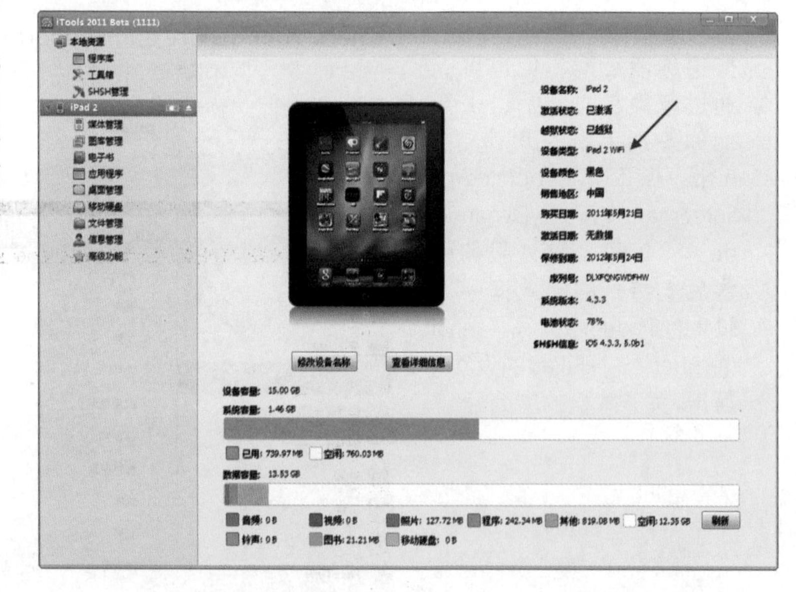

无论你选择哪种方式，其实都相当准确。如果你没有信心，那就3种方法一起上，眼睛看，再上网确认，最后再用软件鉴别，无疑就万无一失了。

确认了iPad的版本，就完成了越狱的第一步。

查看固件和基带版本

查看固件（即iOS的版本），是查找对应越狱软件工具。iOS的版本不同，越狱工具也不同。这个步骤很简单，还是在iPad的设置>通用>关于本机页面查看版本内容。图示的iOS版本是5.0.1，如果你的iPad显示的是5.1，而且又是全新iPad，那就意味着暂时还不能越狱。

额外提一下，因为涉及“解锁”问题。如果是iPhone，这里看的是版本（iOS固件版本）和调制解调器固件（基带版本）这两项。确认调制解调器固件（基带版本）是选择解锁工具，不同基带版本对应不同的解锁工具（解锁是针对国外运营商“锁定”的iPhone手机而言的，国内的行货手机不需要这一步）。

iPad，无论是一代、二代还是全新iPad，都是无锁的，因此在这里，只需要确认固件版本号即可。

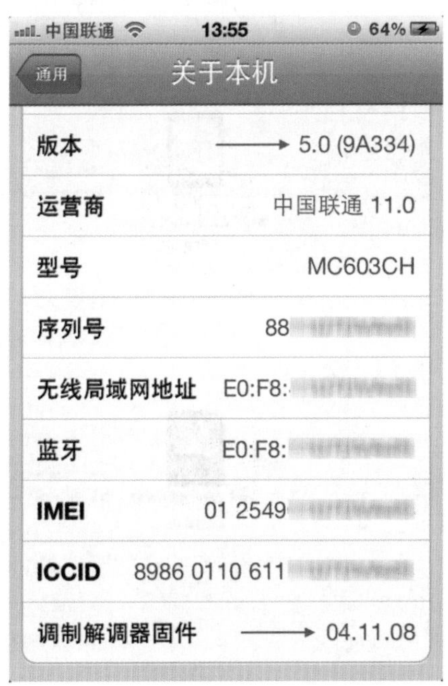

下载对应固件和工具

越狱之前，还需要下载固件和对应的越狱工具。不过固件并不少总是需要，越狱工具也因固件版本而不同，这一点就比较麻烦。

因此，开始越狱之前，需要根据自己手机的型号、iOS固件版本和基带版本，在互联网上搜索对应的越狱教程和工具。比如通过百度搜索“iPad2，iOS5，越狱教程”，如果有对应教程和工具下载，才能开始准备越狱，否则无法完成越狱。

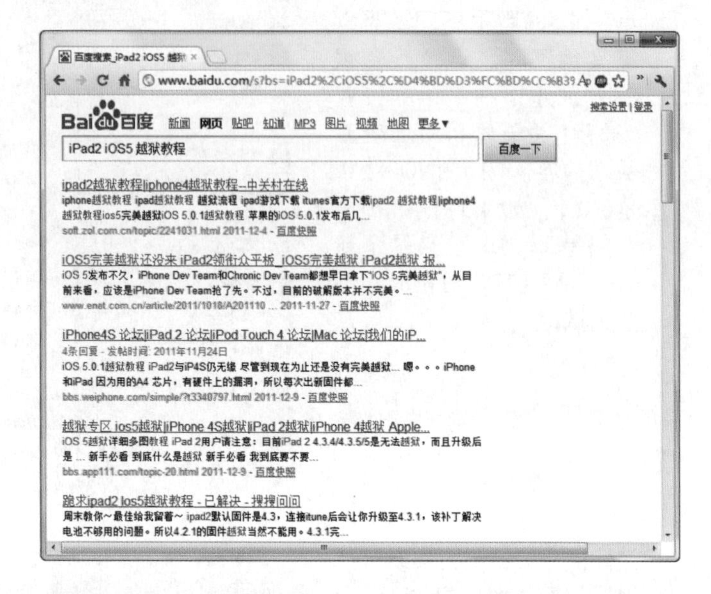

不过，也有网站，已经把目前已有的各种越狱可能和方法，都已经编辑成专题文章，非常方便，比如http://iphone.sj.91.com/jailbreak/，对于最常见的越狱知识、方法和工具都有完整的论述。

通常，越狱过程开始之前需要下载固件和软件工具。软件工具包括固件对应的越狱工具（比如红雪redsn0w，不同固件版本越狱工具可能不同，即使相同的越狱工具，也可能需要的版本不同）、SHSH文件备份工具（比如TinyUmbrella和iTools），还可能需要最新版iTunes。

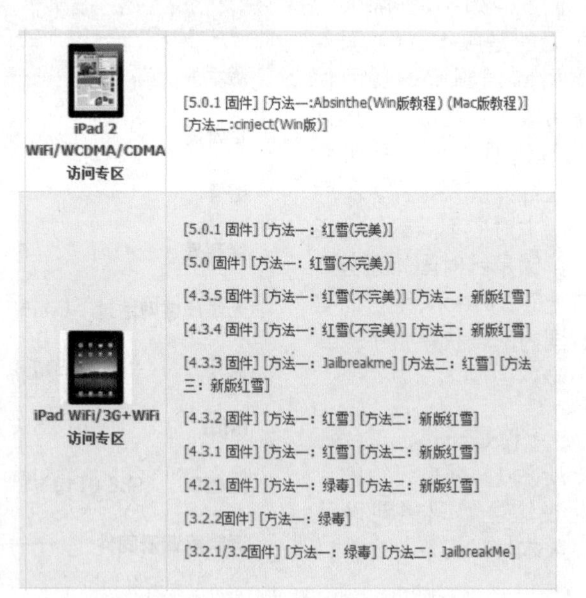

iPad 2 WiFi/WCDMA/CDMA 访问专区	[5.0.1 固件] [方法一:Absinthe(Win版教程) (Mac版教程)] [方法二:cinject(Win版)]
iPad WiFi/3G+WiFi 访问专区	[5.0.1 固件] [方法一：红雪(完美)] [5.0 固件] [方法一：红雪(不完美)] [4.3.5 固件] [方法一：红雪(不完美)] [方法二：新版红雪] [4.3.4 固件] [方法一：红雪(不完美)] [方法二：新版红雪] [4.3.3 固件] [方法一：Jailbreakme] [方法二：红雪] [方法三：新版红雪] [4.3.2 固件] [方法一：红雪] [方法二：新版红雪] [4.3.1 固件] [方法一：红雪] [方法二：新版红雪] [4.2.1 固件] [方法一：绿毒] [方法二：新版红雪] [3.2.2固件] [方法一：绿毒] [3.2.1/3.2固件] [方法一：绿毒] [方法二：JailbreakMe]

下载固件

固件，就是苹果官方提供的IPSW文件，用来更新和恢复iPad的操作系统。有些版本（比如iPad 2的4.3.3固件版本）的越狱过程，需要对应的固件，所以可能需要下载。

固件本可以通过iTunes的提示下载。不过如果要越狱，一般不要通过这种方式下载固件，因为最新的固件，往往没有越狱的工具。

图示的提示（这里连接的是iPad，iPod和iPhone也类似），是在连接iTunes时，自动提示的。

如果没有，在设备的摘要界面，也会有相应的提示。

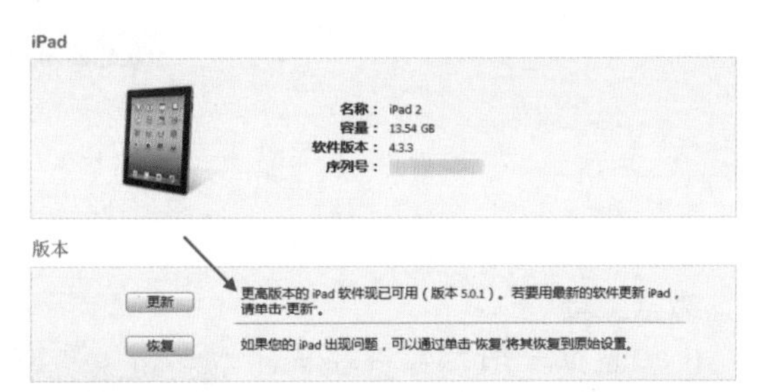

这里推荐威锋网提供一个官方固件的下载链接，即http://www.weiphone.com/ios/。从这里下载，有3个好处：直观、齐全、下载速度快。

你只要在下拉菜单中选择固件，单击“立即下载”按钮即可。

此外，它还有提示、如何更新/恢复固件。即手机和电脑连接，并运行iTunes后，按住Shift（Mac上是option）键，然后鼠标单击更新/恢复按钮，选择下载的固件，即可开始。

正如图中所提示的，如果下载后的文件是ZIP的后缀名，则需要改回IPSW才能用。

如何恢复/更新您的iOS设备固件：

成功下载完成您选择的固件之后，请确保您的iOS设备成功与您的电脑连接。运行电脑上的iTunes程序，在左侧工具栏"设备"里选择您的iOS设备，按住电脑键盘上的Shift（Mac上则按住option），用鼠标单击更新/恢复按钮，一个选择文件的窗口会弹出，选择您现在完成的固件即可开始更新/恢复。

注意：一些浏览器会将您下载的固件文件后缀自动修改为".zip"，下载完成之后您需要把固件文件的后缀改回".ipsw"，iTunes才可以使用。

下载iTunes

最新版的iTunes，从http://www.apple.com.cn/itunes/网站直接下载，并可以马上安装。

如果某版本iPad和固件的越狱需要iTunes，一般都会要求是最新版的，否则也可能导致越狱失败。

越狱工具

iPad越狱一般都需要事先下载一些小程序，比如红雪（Redsn0w）、绿毒（Greenpois0n）、绿雨（limera1n）等，这些越狱工具，都是国外的一些程序开发高手，根据iOS的不同漏洞而开发的，比如绿雨（limera1n）是由GEOHOT发布的；有时，国内有网友会把这些工具进行中文化。

通常网络上的越狱教程，都会提供相应的工具下载链接。如果是单独下载，务必让其版本号与越狱教程中的版本号保持一致，否则越狱会失败。

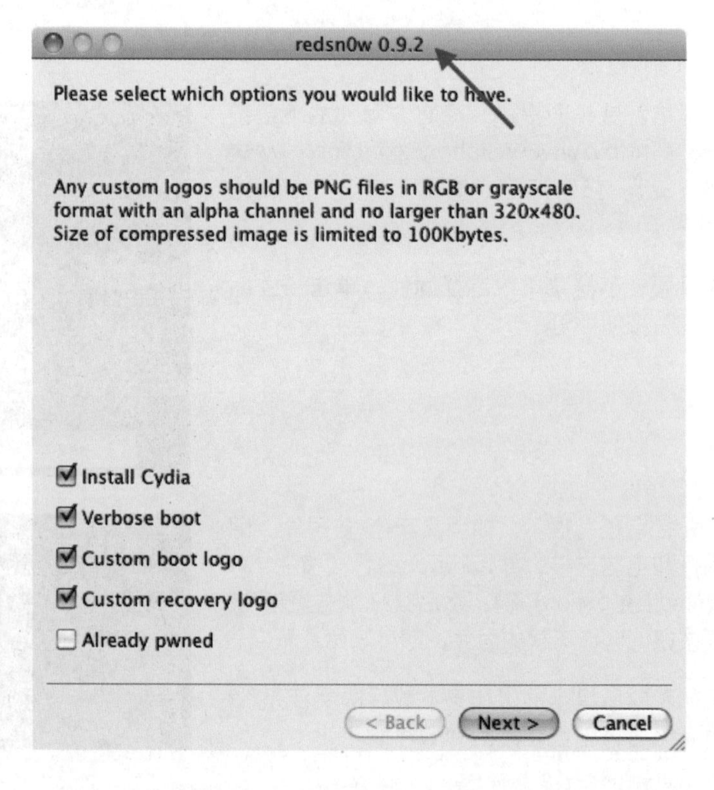

当然，也并不是每种越狱方式都需要下载这些小程序，比如iPad 2的4.3.3固件越狱，可以通过jailbreakme方式完成，即只需要在iPad 2上用Safari登录www.jailbreakme.com网站，根据提示下载安装Cydia之后，越狱就完成了，完全不需要其他工具、固件、iTunes等。

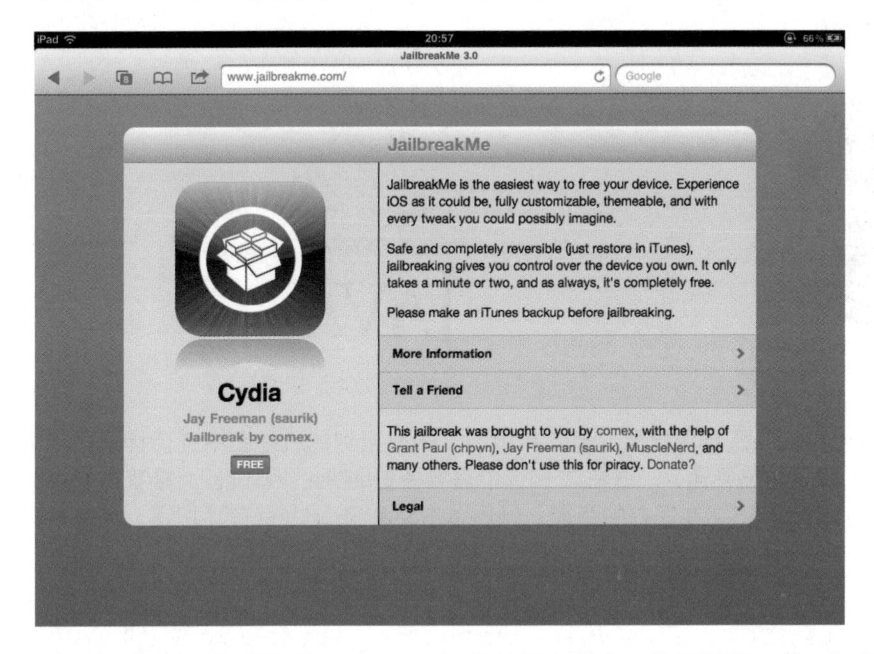

所以说，无论是新版固件、iTunes，还是越狱小程序，是否需要下载，还是要先通过互联网搜索（比如百度、谷歌），看对应教程后，再作决定。

此外，关闭杀毒软件，同时尽量关闭其他正在运行的程序，以避免不必要的干扰；虽然越狱过程都是连接着个人电脑，但还是最好保证你的iPad有50%以上的电量，避免越狱过程中电池耗尽，导致越狱失败；当然最重要的，还是在开始越狱前，先同步备份iPad中的资料，以备万一。

SHSH文件备份工具

SHSH实际上是ECID（Exclusive Chip ID，即iPad的身份证号）以及iOS某个特定版本加起来形成的一个特征码。一部iPad如果要升级到某一个固件版本，就需要到苹果的激活服务器去下载一个文件，来判断这个版本针对这部手机是否合法，而这个文件就是SHSH文件。

备份SHSH文件，其实是为万一越狱失败，又想刷回较旧版本，以实现完美越狱而准备的一条退路。即有了备份的SHSH文件，再结合TinyUmbrella工具，就能恢复到原先或更早的固件版本。不过，SHSH文件本身和我们的日常使用并无多大关系。

最常用的备份SHSH文件工具就是TinyUmbrella，俗称小雨伞，一般在2M左右。如果要用，最好先下载最新版本。

要运行TinyUmbrella，还需要先下载并安装Java运行环境，即JRE，在网站http://www.java.com上下载，一般是11M。

如果你用的新版TinyUmbrella是英文界面，也不用担心。一般用到的就是图中红色标记处（设备与个人电脑连接，并确保网络畅通），先在左侧选中需要备份SHSH的iOS设备，接着在Advanced（高级）标签页面，选择SHSH文件保存的路径，然后单击Save SHSH（保存）按钮，稍等片刻就能完成。

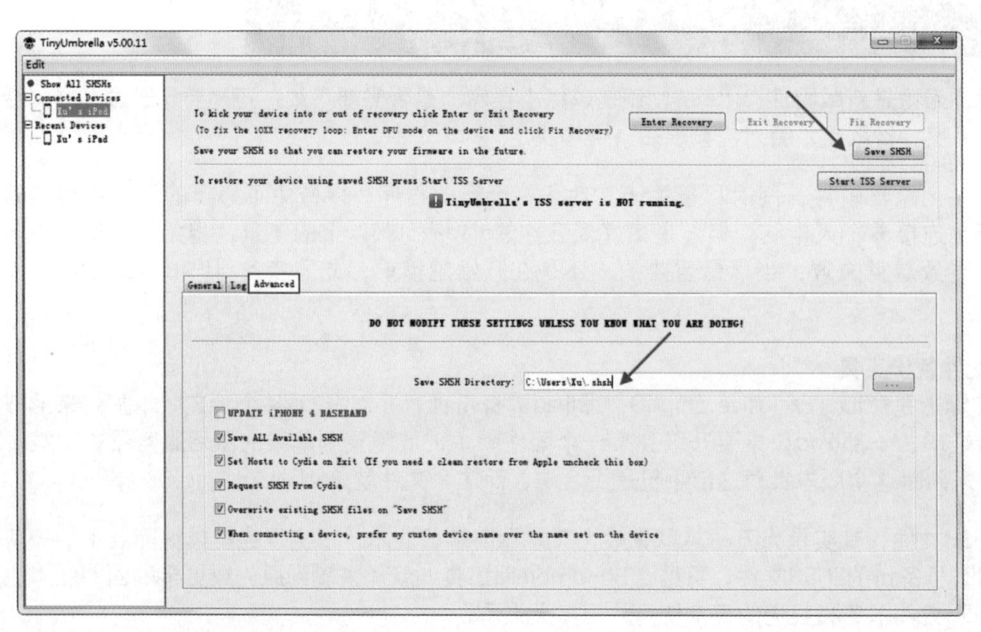

图示文件夹中的后缀名为SHSH的文件，即上述的SHSH文件，一般也就几K的大小。文件名中其实也显示了设备的型号以及相应固件版本。

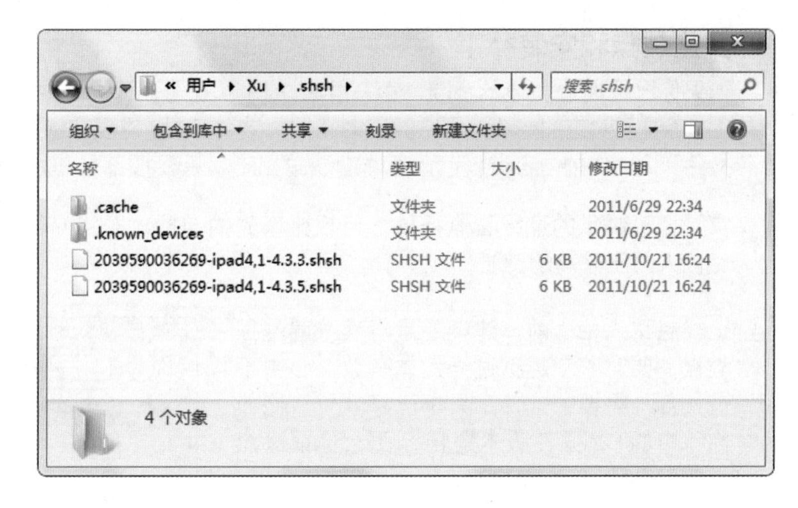

就这么简单，SHSH就备份完成了。如果一次越狱成功，SHSH文件也基本上不会用到了。上文提到的iTools这款工具，也能备份SHSH文件，在主页面SHSH管理中，点击保存SHSH按钮即可。

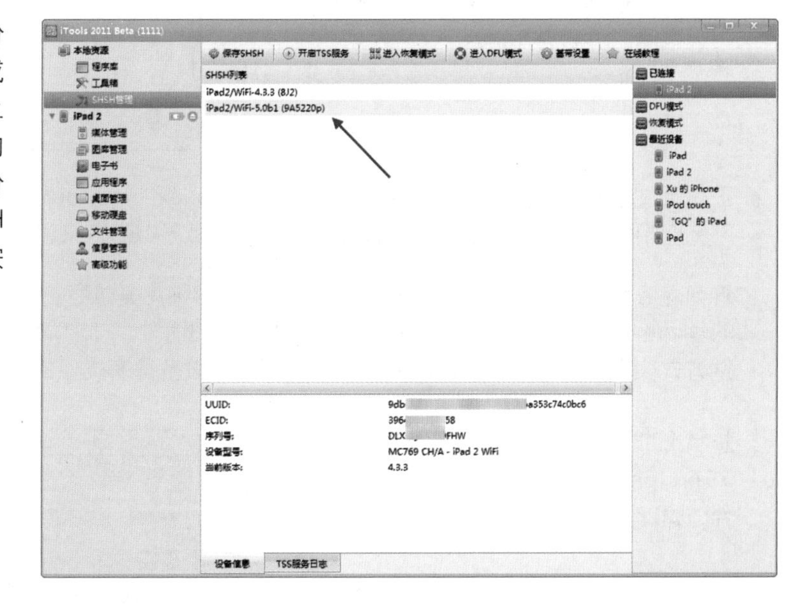

对于使用iTools的用户，万一越狱失败，可通过查看在线教程（右上角按钮），按照提示就能完成恢复，比起用TinyUmbrella更加容易操作。

实施越狱和安装补丁

如果你已经通过上述的步骤，确认了自己的手机型号、固件版本号、基带版本号；而且已经在互联网上，查看了对应的越狱教程；并下载了相关软件工具，需要安装的也已经安装完成；也备份了SHSH文件和iPad中的内容资料；那么，接下来的工作，只要按部就班，按照越狱教程实施就行了。

实际上，越狱的过程看似神秘，但相比事先的准备，要容易得多；当然，这个过程，还多少有点让人血压升高的感觉。

正式越狱开始之前，建议还是再读一遍越狱教程，要对整个越狱过程大体有数，心中不慌；各种需要的软件工具都已经就位。比如你手中的iPad固件版本是4.1，那么你很可能需要用绿雨（limera1n）。

当然，一般也要把iPad用自带的数据线连上个人电脑，并打开iTunes。

正如上文所述，越狱过程本身，会因iPad、iPhone和iPod touch的型号、固件版本、基带版本而不完全相同。这里代表性地选择iPad 2，固件版本是4.3.3，来讲解一个典型的越狱过程。

查询网络教程得知，对于iOS 4.3.3版本的iPad 2有2种完美越狱方式，即上文提到的通过Safari浏览器的Jailbreakme方式和红雪（redsn0w）方式（有新旧两种）。Jailbreakme方式，可谓最简单易操作的越狱方式。红雪方式包含典型的越狱操作（多数iOS设备都有类似的越狱方式），下文以此来讲解。

越狱4.3.3固件版本，对应的红雪是redsn0w 0.9.6rc16版本，此外还需要iOS 4.3.3的原版固件，这2个内容都需要事先下载。

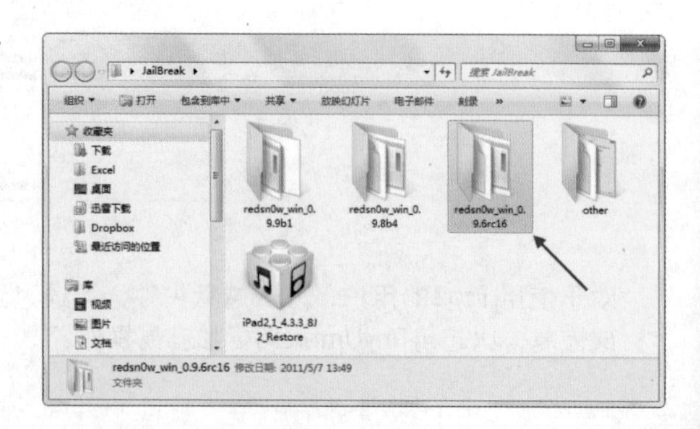

软件工具都准备好之后，再检查下设备是否已妥当地连接到电脑。一切准备好之后，可以打开文件夹中的redsn0w.exe，界面如图所示，意思是咱现在可以开始越狱了。然后单击Browse（浏览）按钮，并找到上图中的iPad2 4.3.3固件文件。

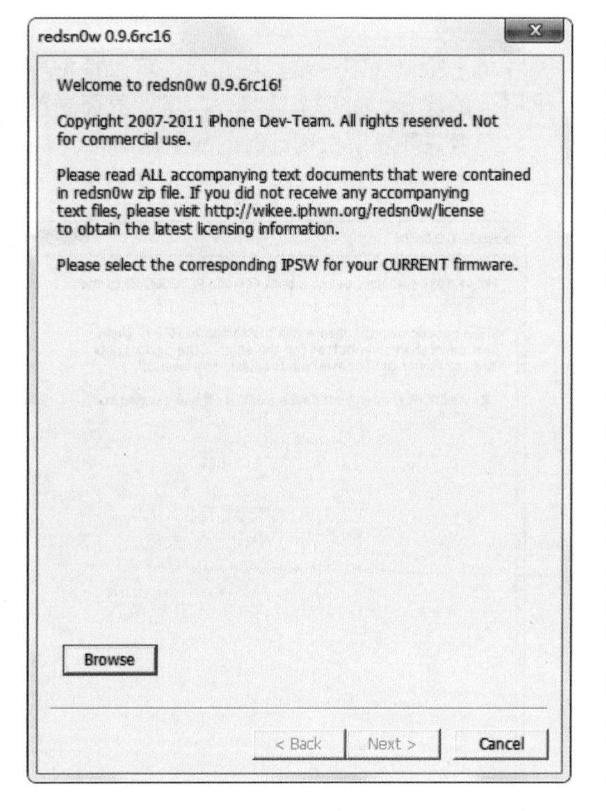

经过几秒钟的验证，提示固件文件（即IPSW文件）确认成功。这样，就可以单击Next（下一步）按钮了。

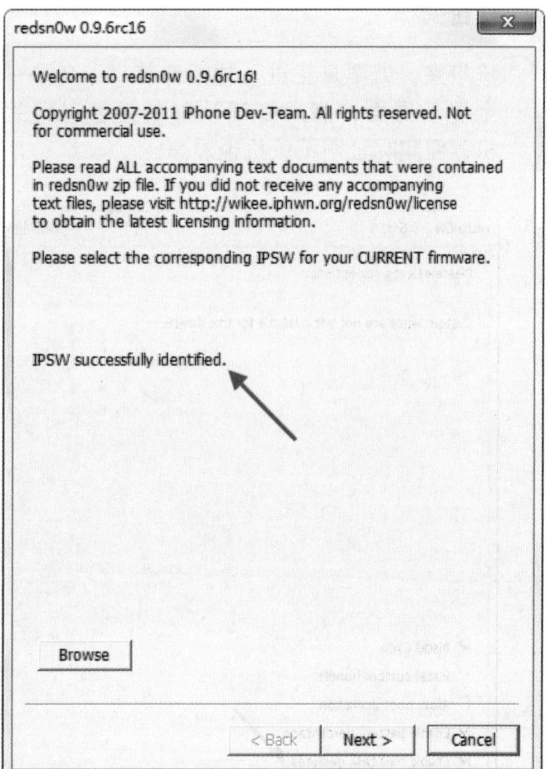

接下来是十几秒钟的进度条显示，你可以不用管具体显示的内容，稍等即可。

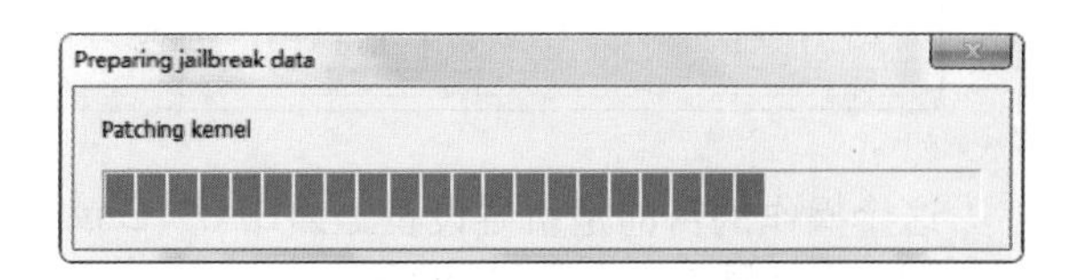

进度条过去之后，再次显示界面。默认是勾选“Install Cydia（安装Cydia）”和“Enable battery percentage（打开电池百分比）”，这里推荐勾选“Enable multitask gesture（打开多任务手势）”，这个功能在iOS 5中默认就有，但在iOS 4系列固件中，需要额外打开。勾选后，再单击Next（下一步）按钮。

接下来，就要真正进入越狱环节了。还是一个提示界面，意思是确认你的设备已经关机，但实际证明不关机也没事。

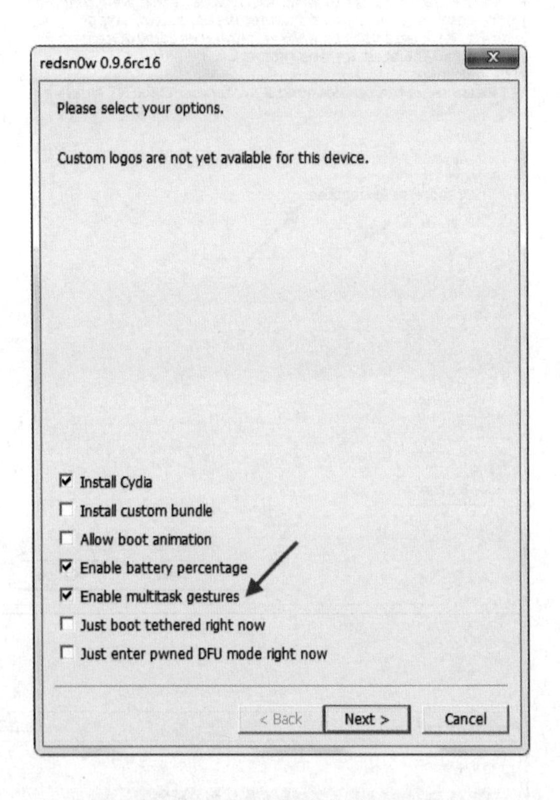

到这个界面，可以稍等，心里再明确一下：设备右上角是电源键，正面下方是Home键。

接下来的操作是先按住电源键3秒；然后在不松开电源按钮的同时，按住Home键10秒；最后松开电源键，但继续按住Home键15秒，直到红雪的界面切换。熟记这个过程，可以让越狱一次成功。

在单击Next（下一步）按钮后，可以根据界面上的提示，进行上述操作。虽然界面是英文，但只要看明白倒计时的数字，即可。

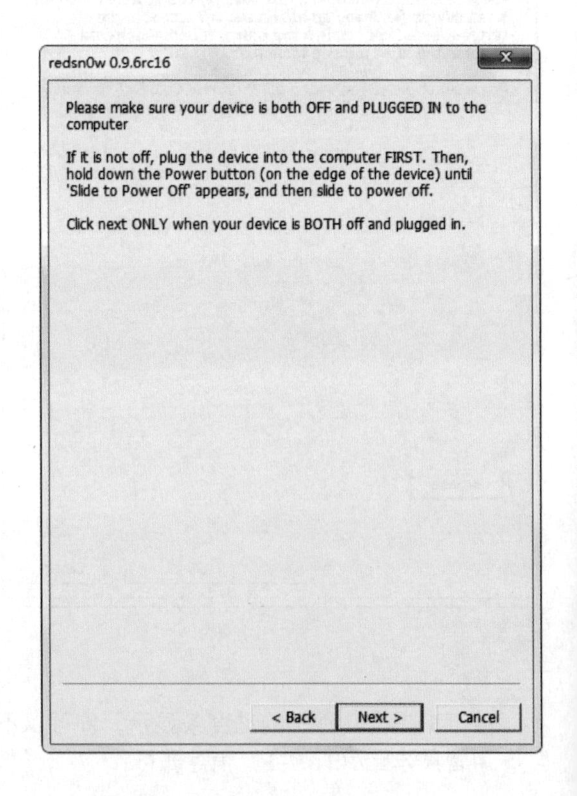

这个操作的目的是引导设备进入DFU（Development Firmware Upgrade）模式，以便于实施越狱。但就算你完全不知道DFU是怎么回事，也不要紧，只要跟着操作即可。

1. 按住电源键3秒。

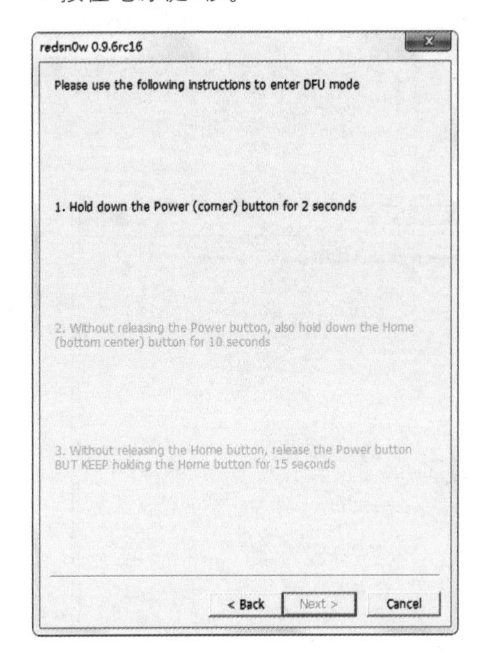

2. 不松开电源按钮的同时，按住Home键10秒。

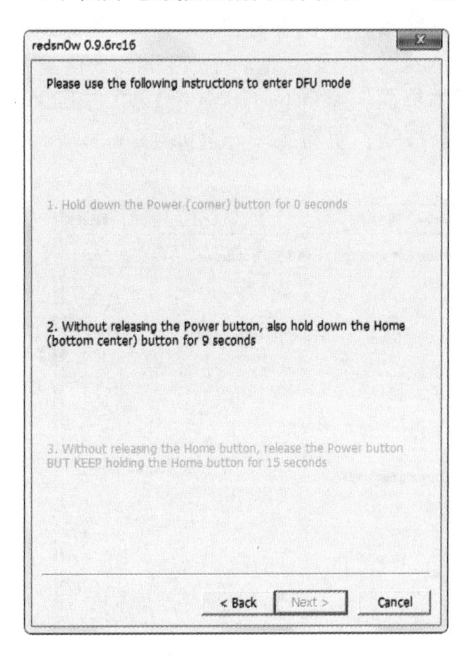

3. 松开电源键，但继续按住Home键15秒。

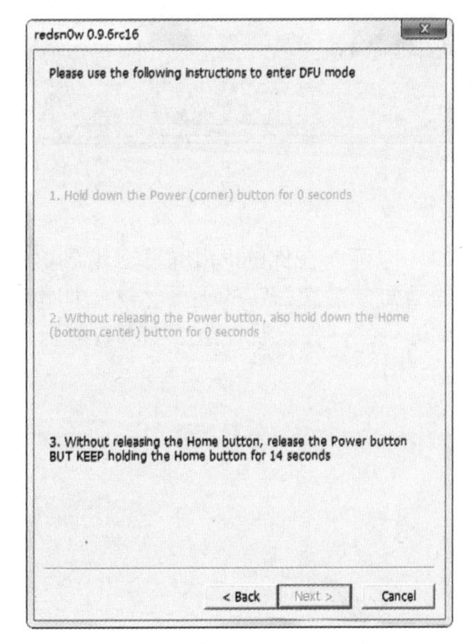

如果一切正常，你就能看到新的一组界面，有进度条，一切都是自动的。恭喜你上述28秒的操作你已经成功了。如果没有看到这样的界面，那你也不用灰心，单击Back（返回）按钮，重新操作一遍即可。

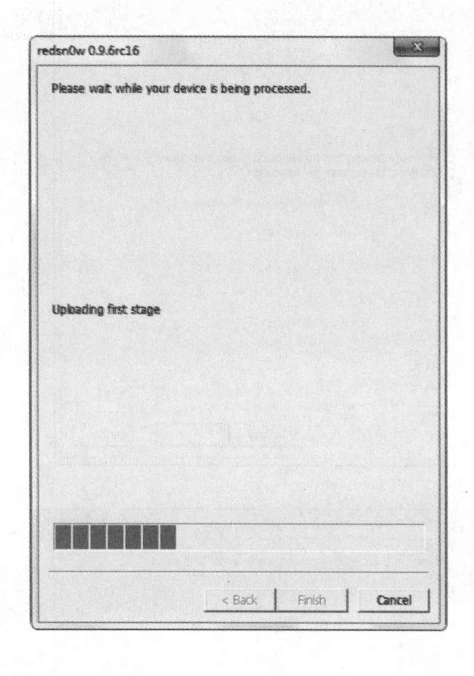

等待几十秒后，这组进度条完成后，显示Done（成功），那么接下来，你只要等待即可，接下来的变化，都发生在你的设备上，从这时到越狱彻底完成，一般也不超过10分钟。

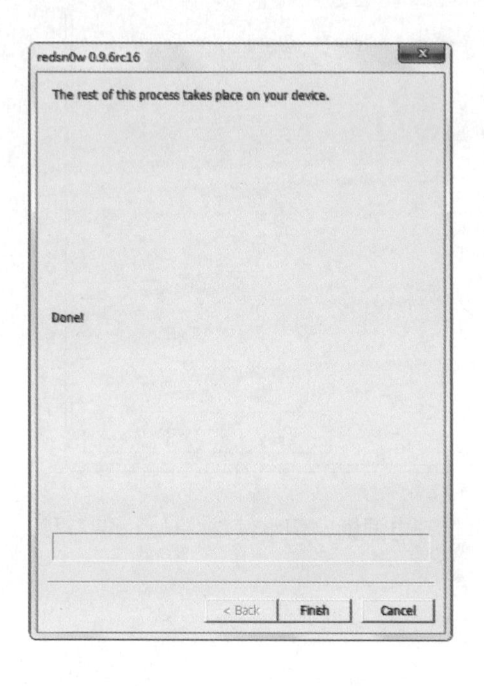

比如，你可以在你的iPad屏幕上看到类似这样的画面或黑底白字的画面，这一切也都是自动进行的，你只要在边上喝咖啡就行。

这一连串自动的过程之后，在主屏幕上会出现一个棕色的图标，即大名鼎鼎的Cydia，这说明这台设备已经越狱成功了。哪怕你操作不熟练，在进入DFU模式时多尝试几次，整个越狱过程也不会超过20分钟。

One more thing（还有一件事），那就是再安装一个补丁：AppSync。安装了这个补丁之后，你在App Store（程序商店）之外下载的程序才能安装到这台设备中，并能通过iTunes同步备份到个人电脑上。这个补丁可直接通过Cydia来安装（前提是有无线网络连接）。

打开Cydia，在主页右下角，找到软件源按钮。

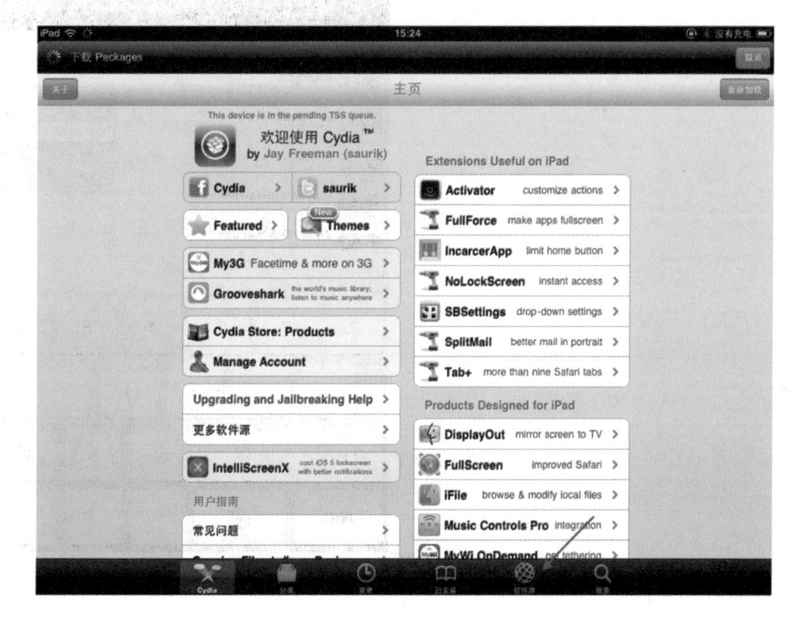

进入软件源之后（软件源列表），点击右上角编辑按钮，再点击左上角添加按钮，输入图示网址（第一中文源），即apt.178.com，然后点击添加源按钮。当然，输入威锋和电脑巴士等其他相关源的网址也行。

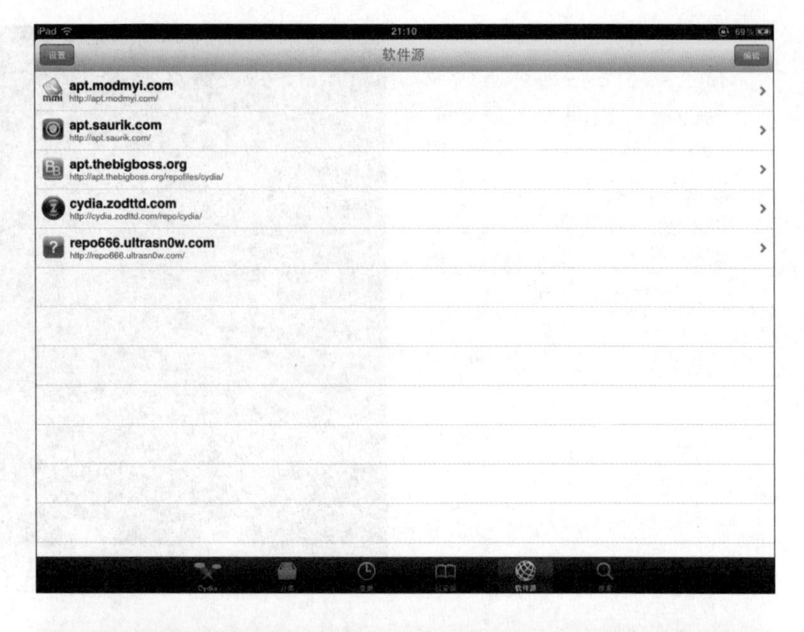

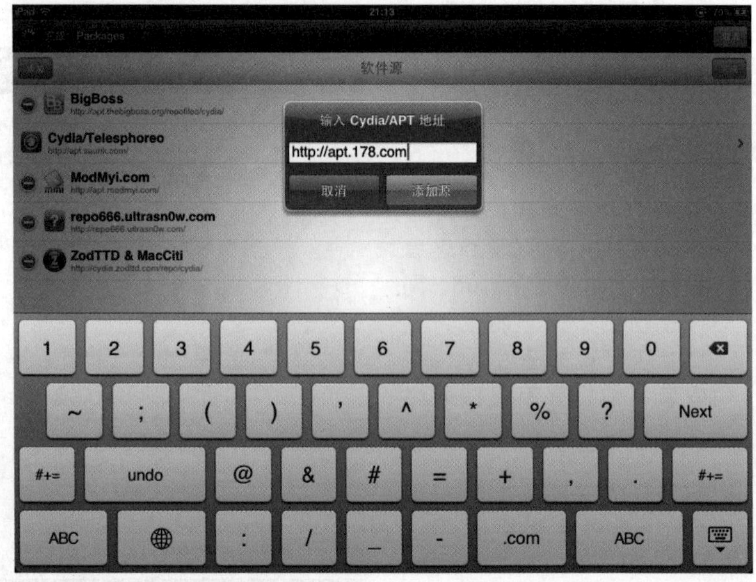

在新增的第一中文源列表中，找到AppSync这款补丁，这里选择安装AppSync for 4.0+这款。如果你的固件是iOS 5，那么就安装 For iOS 5.0+这款。

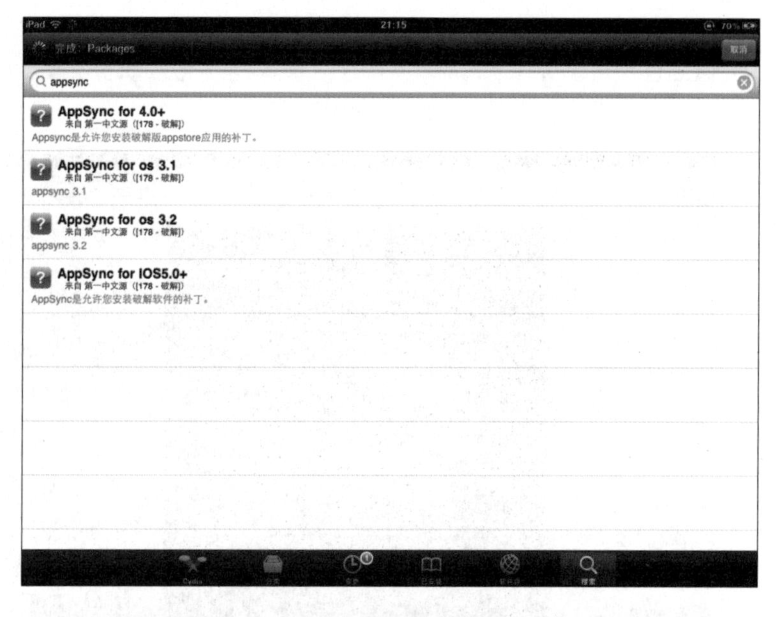

在添加源和安装补丁过程中，有图示的黑屏效果，和越狱过程中的屏幕显示类似，不用担心，这里也是显示过程而已，比如下载、安装等。最后点击“回到Cydia”按钮后，一切都自动顺利完成了。这是意味着AppSync也安装成功了。

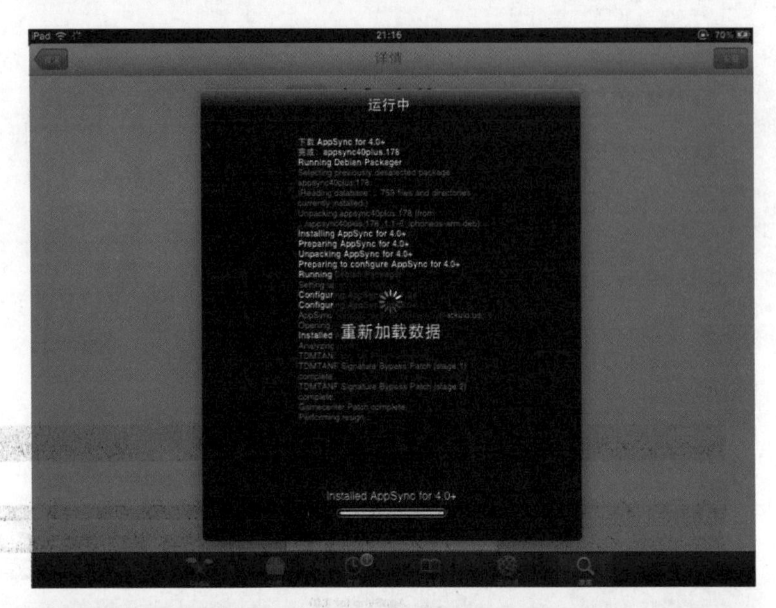

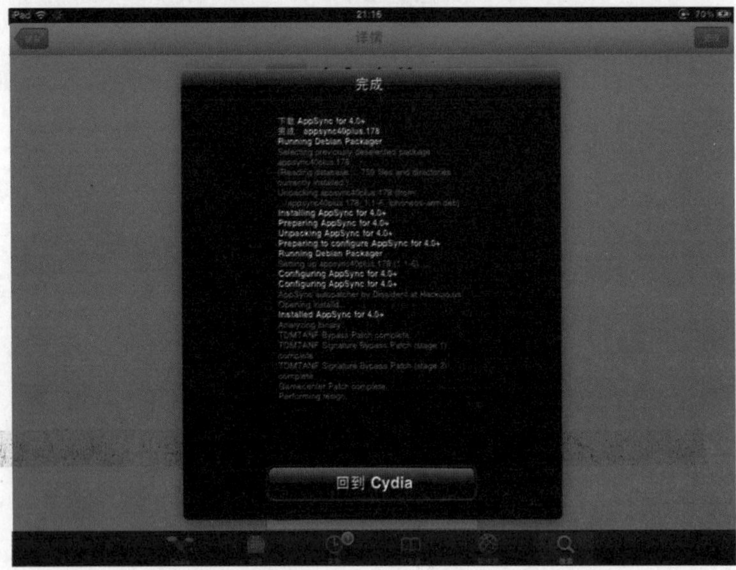

如果还想确认下，那就进入管理>软件包页面，可以看到已安装的列表中已经有刚刚安装的AppSync了。

到这里为止，越狱过程也完成，补丁也安装了。神秘的越狱过程，其实一点都不神秘。

如果你确认了自己的iOS设备型号、固件版本号，找到了越狱教程和相关工具，也备份了SHSH文件和iPad中的内容资料，那么越狱本身其实是非常简单的。

搞定iOS 5越狱

iPad 2如果升级到了iOS 5，几个月来一直不能完美越狱，直到2012年1月下旬，绿毒团队Chronic Dev Team陆续推出了针对Mac、Window甚至Linux平台的完美越狱工具：Absinthe。

Absinthe号称是前所未有的越狱工具，越狱过程非常简单。支持iOS 5.0/5.0.1固件的iPhone 4S，也可以支持iOS 5.0.1固件的iPad 2。

当然，越狱之后最好立即安装好Cydia，并且联网使其自动备份好SHSH（也可以再用iTools等工具手动备份一次），以便日后可以随时恢复到可越狱的固件版本。

既然非常简单，那就来一起来看看，想必以往的越狱方式，到底它有多简单。首先从互联网上下载对应平台的Absinthe最新版，图示是解压缩后的Window版。

其次，把自己的iPad 2（固件已经升级到iOS 5.0.1）连接到个人电脑上，如果iTunes自动打开，备份个人数据（每次尝试各种越狱方式前，最好都这样备份一次）。备份完成后，关闭iTunes。

再次，双击绿色图标，打开Absinthe，这时确认你的iPad 2已经用数据线连接，当软件提示“iPad 2 with iOS 5.0.1 (9A405) detected（固件为iOS 5.0.1的iPad 2已经连接到本计算机）”然后点击Jailbreak（越狱）按钮。

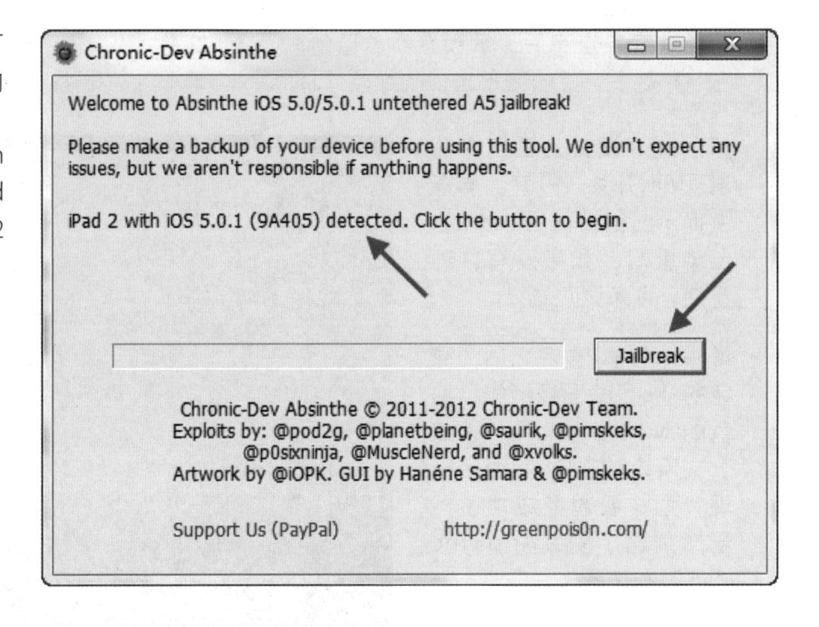

接下来，就是喝茶聊天，看蓝色进度条走完3～5分钟。当然这行提示文字在等待过程中会有变化，iPad还会自动重启，但你只要等待即可。

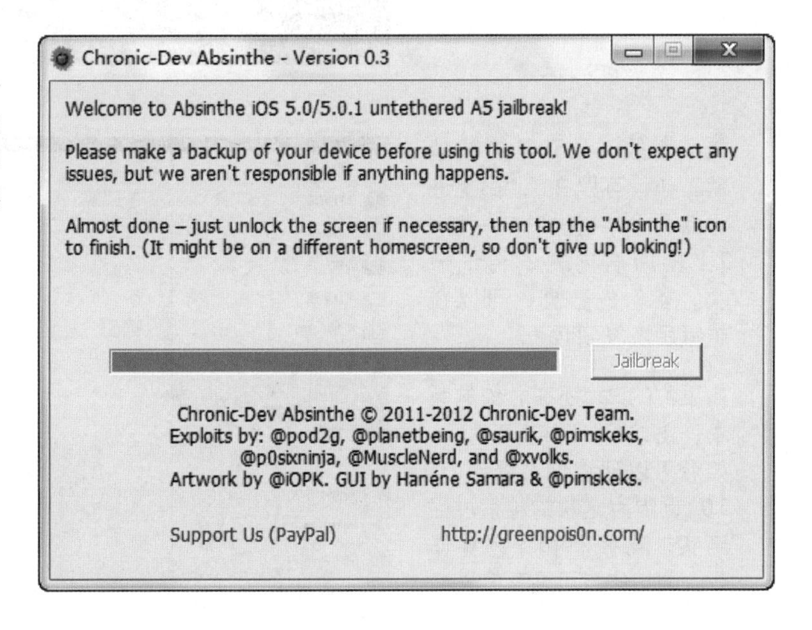

蓝色进度条走完后，解锁看看自己的iPad 2，屏幕上应该有一个绿色的Absinthe图标了。点击它，稍等后，点击底部出现的绿色“Jailbreak（越狱）”长条按钮。

然后进入设置，看到左侧出现VPN开关，打开。屏幕上提示出错，其后iPad 2会自动重启，如果没有自动重启，可多试几次。

最后，iPad 2重启之后，绿色的Absinthe图标消失，棕色的Cydia图标出现。正如上文所说的，Cydia图标出现，意味着越狱成功了。当然别忘了安装AppSync for 5.0+补丁喽。

如果真的无法正常完成越狱工作，可以在iTunes上进行备份后，直接抹掉iPad 2上的所有内容，再试一次。备份的数据，可以在越狱后恢复到iPad 2。

如果你的iPad还在之前的版本，比如iOS 3.X或iOS 4.X，如今可以建议你升级到iOS 5.0.1，因为这次的越狱过程确实非常简单和容易操作了，哪怕你自己没有信心。

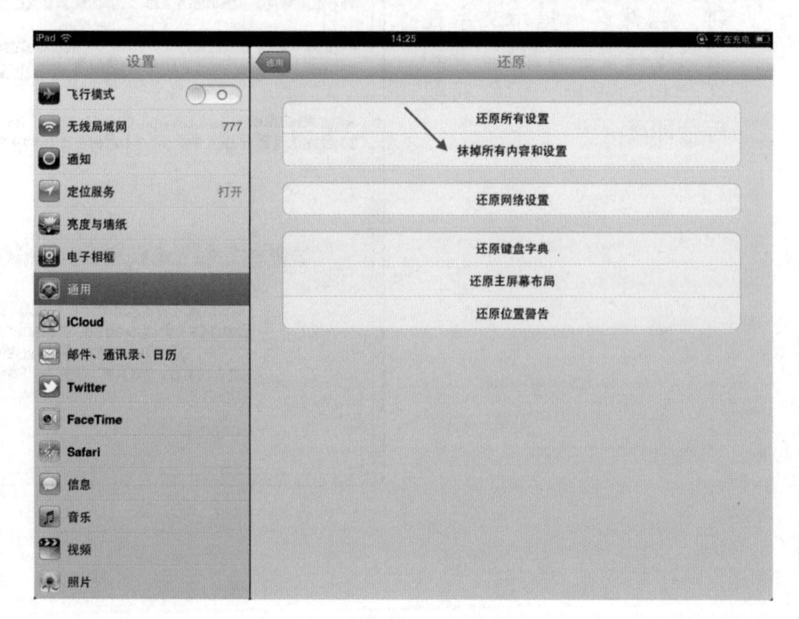

越狱失败该怎么办

iOS的越狱，固然成功率可以超过80%，但有可能因为个人操作有误，也有可能因为网络问题，也有可能因为固件版本等原因，导致越狱失败。

不过越狱失败，虽然有点让人沮丧，但也没必要伤心。失败了，再试一次就是了。越狱失败，并不会对iPad硬件本身造成多大的影响，只是需要“恢复固件”，即重装系统而已，就能让iPad回到初始的状态。

恢复iPad固件有两种情况。恢复到相同版本的固件，以便用同样的越狱方法再试一次；或恢复到更早的固件版本，以便找到更成熟的越狱方法。恢复到更早的固件版本有个前提，就是之前备份了SHSH文件。

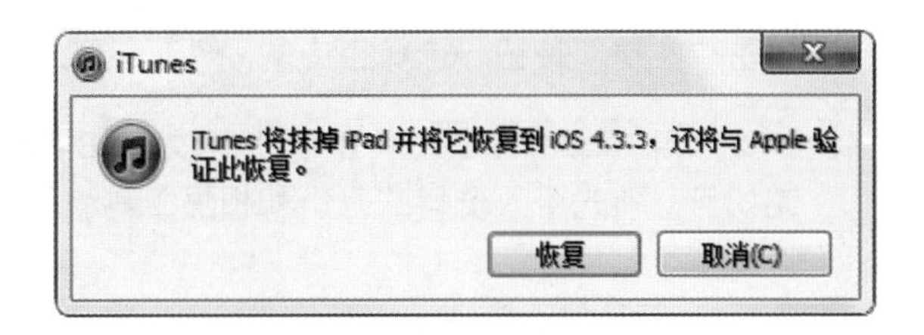

如果越狱失败，无论是恢复相同版本，还是更早版本，都需要进入DFU模式，即iOS固件的强制升降级模式，类似越狱过程中的按住电源键和Home键的操作，具体操作如下（图示是iPad恢复时，iTunes的界面效果）。

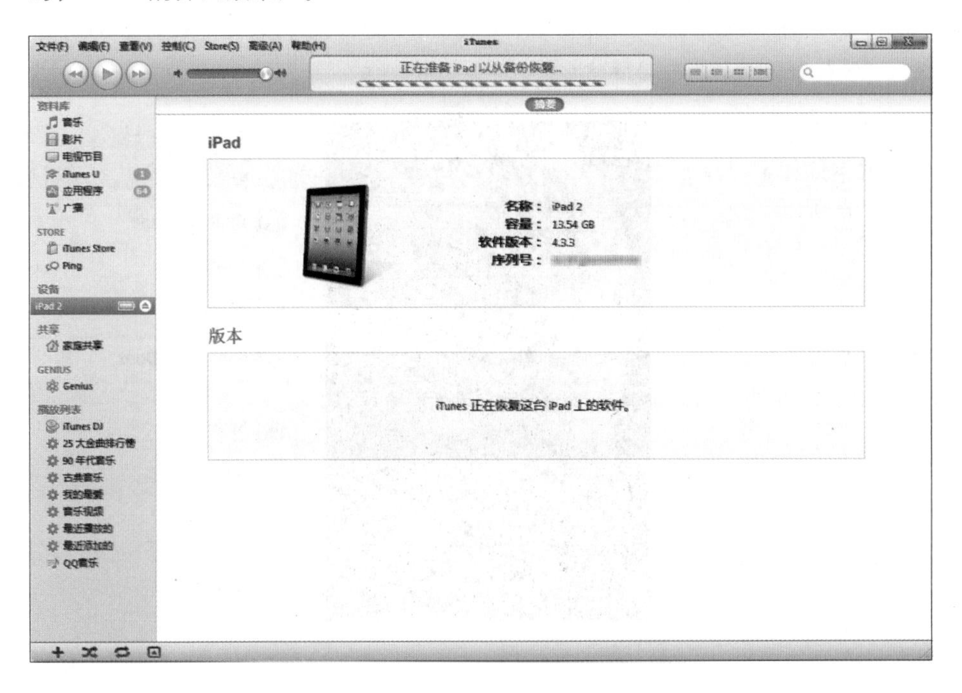

1. 将iPad连上电脑，然后将iPad关机；

2. 同时按住电源键和Home键；

3. 当你看见iPad屏幕上显示白色的苹果标志时请松开电源键，并继续按住Home键；

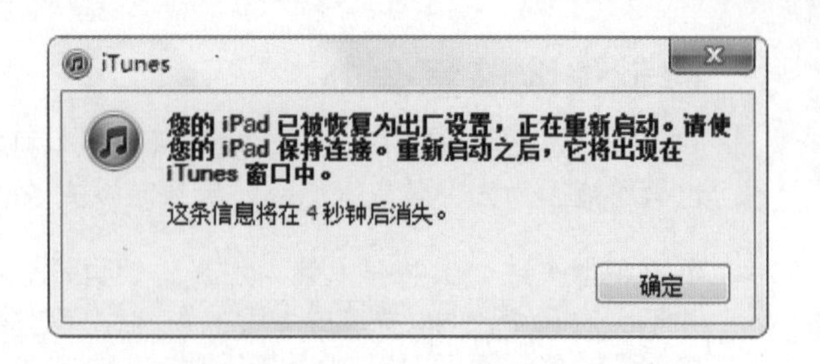

4. 开启iTunes，等待其提示进行恢复模式后，即可按住键盘上的Shift键（Mac机上是option键），单击“恢复”按钮，选择相应的固件，就能进行恢复（图示是恢复完成后，iTunes的提示）。

如果你用iTools等工具进行备份SHSH文件和恢复，那只要根据其提示操作即可，更加简便。但无论如何，事先个人资料的备份和相关工具、固件的下载都务必要做好。

更改iPad系统字体

越狱之后可以马上做，而且又能出彩的事，那就是更换iPad系统字体，让你的iPad与众不同。

不同的字体，结合不同的界面主题，能给iPad带来截然不同的效果。用新主题，需要WinterBoard这款Cydia程序的配合，而更换字体，则简单多了，只需要用最常规的替换工作就能完成（这是iPhone更改系统字体后的效果，iPad同样精彩）。

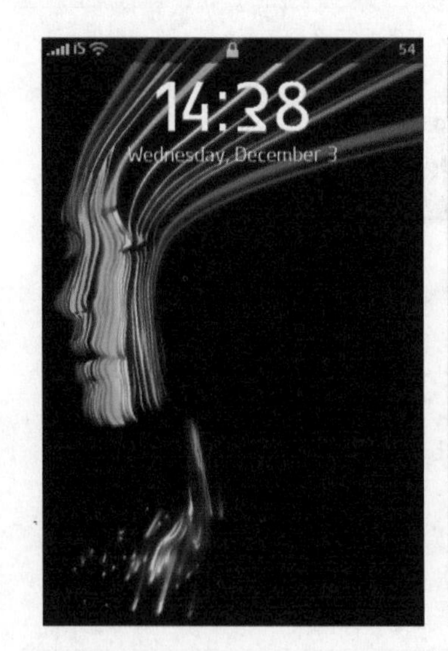

iOS系统中，可以很容易更换的字体包括锁屏界面的字体和主界面字体，而且中英文都可以更换。得益于越狱后的iPad，可以用像iFunBox这样的小程序（不是下文介绍的iFanBox），进行浏览、查找、替换iPad中的字体文件，正如Windows的资源管理器一样。

替换字体前，重点是把iPad上需要被替换的原字体，复制一份到个人电脑上，已备今后需要，再复制回iPad中。iPad系统的字体文件，都在/System/Library/Fonts/Cache目录下。

1. 系统中文字体

在网络上找到自己喜欢的中文字体，改名为STHeiti-Light.ttf和STHeiti-Medium.ttf后，上传到iPad的/System/Library/Fonts/Cache目录下，分别替换原有的STHeiti-Light.ttf和STHeiti-Medium.ttf字体文件。

2. 系统英文字体

将新的英文字体改名为_H_HelveticaNeue.ttf后，上传至iPad的目录/System/Library/Fonts/Cache中替换原有的_H_HelveticaNeue.ttf字体文件。

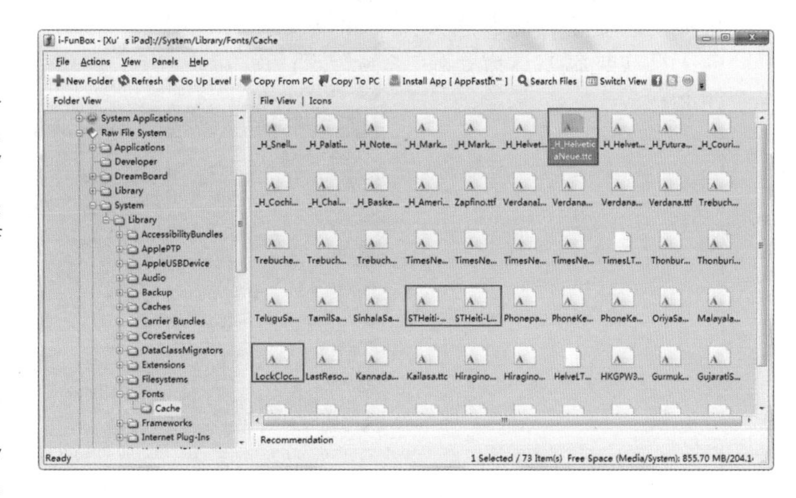

3. 锁屏界面时钟字体

将新的数字字体改名为LockClock.ttf，上传至iPad目录下/System/Library/Fonts/Cache替换LockClock.ttf字体文件。

替换完成后，重启iPad，这样新的字体就能生效了。比如图示的锁屏界面就更换了数字字体，其中的中文字体改为了华康少女体。

当然，系统设置界面的中文字体也自动替换为华康少女体了，截图中的英文是浪漫雅圆体，都是可以替换的。要不，能有这么多人喜欢越狱？这就是好处之一。

当然，各种应用程序的字体也会自动更新了，看看吧，这就是新浪微博的新效果。完全和系统字体一致。

网络上的字体资源也非常多，比如找字网（http://www.zhaozi.cn），下载后，改名替换原有字体之后，再重启iPad，新的字体就马上能用了。

换字体，简单、易用而且有效。当然，越狱的精彩才刚刚开始。

让AppStore头疼的5个程序

越狱，从Cydia开始。

有了Cydia，iPad的免费玩之旅就开始了新的篇章。有了Cydia，就可以下载其中的各种增强程序，比如著名的搜狗输入法、Activator等，让iPad的玩法更加多元化。

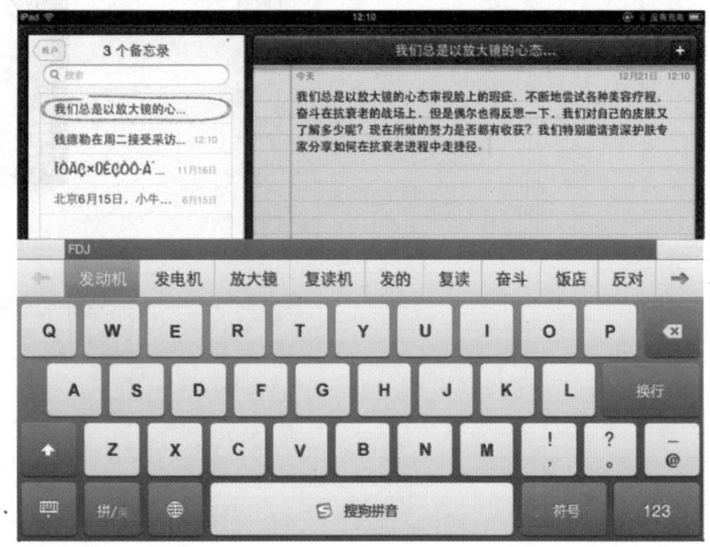

同时可以下载另外的数字内容提供者，比如Installous、同步推等，离开App Store（程序商店）也有经常的内容世界，或许还是免费的哦。

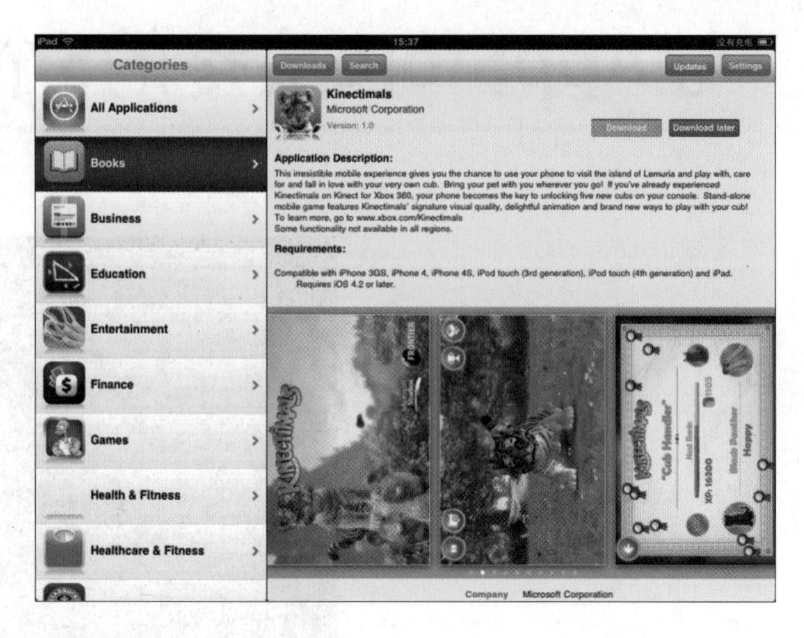

还可以结合个人电脑上的内容管理工具，如91手机助手、iTools等，进行更细致的内容管理。不习惯iTunes的使用方式，换掉就是。

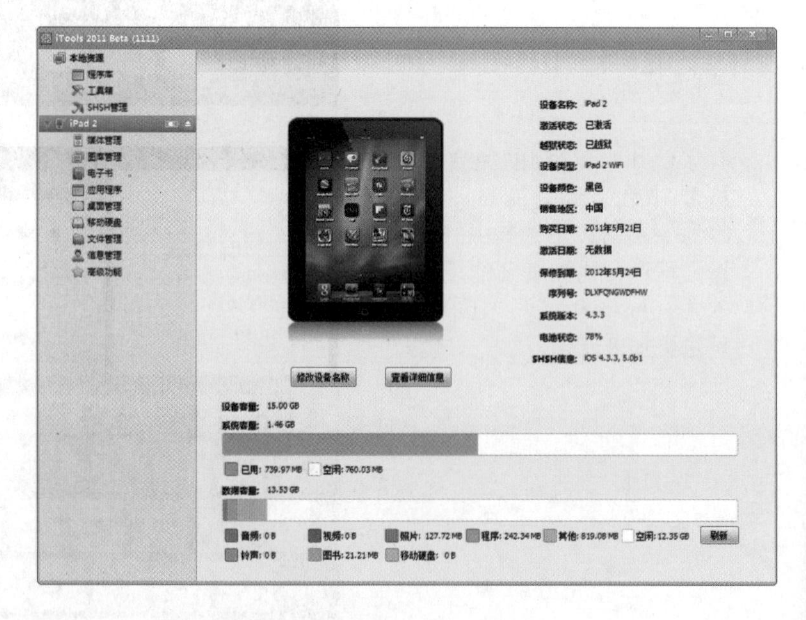

现在，我们就从Cydia这个起点开始，领略它给iPad带来的额外精彩吧！

Cydia

杰出的系统功能拓展者

Cydia，也是一款程序，所有越狱之后的iOS苹果电子设备上都会有，也可以认为Cydia是越狱成功的标志。这款程序由Jay Freeman（即saurik）和他的公司（Saurik IT）在2008年开发。Cydia这个名字是源自一种叫Cydia Pomonella的苹果小卷蛾（Codling Moth），是一种吃苹果的虫子，可见此程序就是针对苹果设备而来的。

越狱操作完成后，可以看到主屏幕上有一个新的咖啡色图标，这就是Cydia。Cydia的功能和iOS系统自带的App Store（程序商店）非常接近，为用户提供各种各样的应用程序、主题文件、铃声、插件等。也就是说，Cydia也是一个程序管理器，其中多数程序是免费的，也有不少程序以类似App Store（程序商店）的方式进行销售。

Cydia上的程序，多数是对iOS本身和应用程序的扩展、修改和主题。这些程序在App Store（程序商店）是没有的，即Cydia中的不少程序可以提供比App Store（程序商店）中程序更多的功能，包括修改用户界面，改变按钮作用，提供更多的网络接入方式，以及其他对系统的改进等，比如著名的iPhone/iPad蓝牙功能增强程序iBluetooth，使其不但能连接蓝牙耳机、键盘等设备，也能用来传输文件。大多数Cydia中的程序都是由独立开发者开发的。就苹果公司而言，自然对Cydia咬牙切齿，因为它抢走了不少App Store（程序商店）的独家生意。

每次进入Cydia都会重新刷新界面，根据网速不同，等待时间也不同，一般在半分钟左右。图示就是Cydia的主界面，不过不容易发现Cydia主要提供的是应用程序和主题。应用程序在推荐（Featured）和Cydia商店（Cydia Store）中；主题在主题（Theme）标签下。因为分辨率的问题，主题分为HD、SD和iPad三大类，分别用于iPhone 4、之前的iPhone和iPad，iPod touch的程序，与iPhone一致。

推荐（Featured）中的程序，是Cydia种较有特色的应用程序，比如短信增强程序（biteSMS）、黑名单程序（iBlacklist）、安全程序（iProtect）等。

Cydia商店中中直接可见的应用程序并不算太多，只有几十种，价格还行，也有不少免费的。

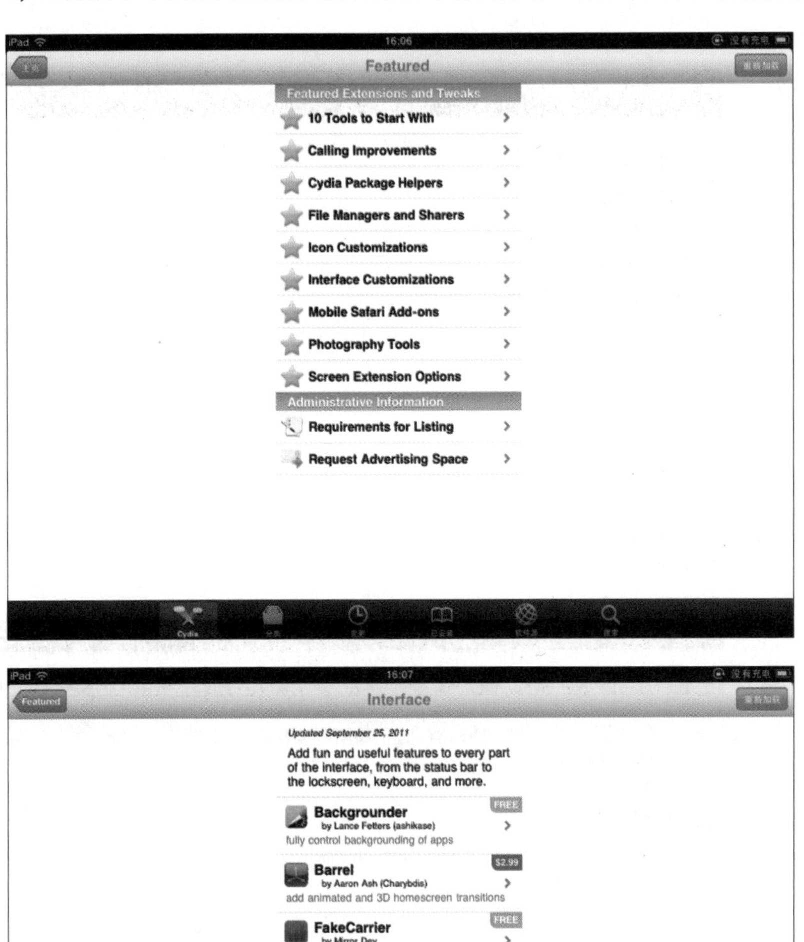

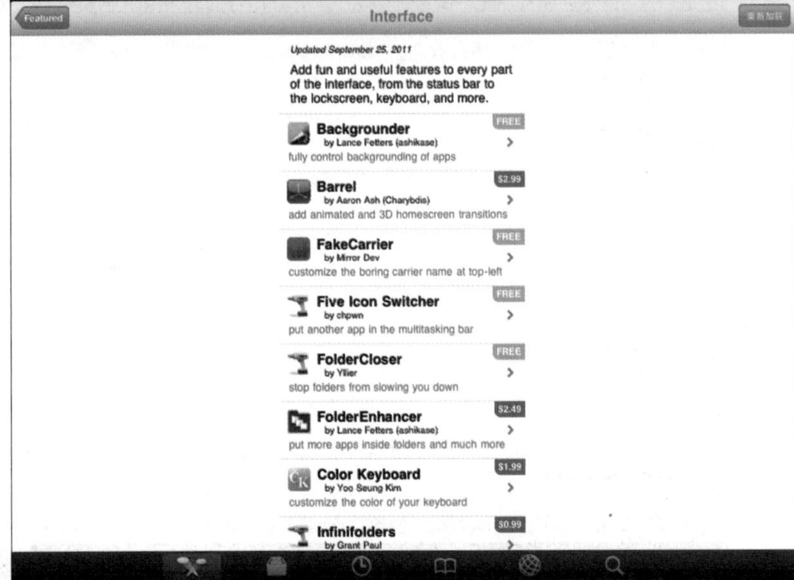

就国内用户而言，主要的应用程序来源是通过添加国内源而获得，比如178中文源、威锋源、电玩巴士源等。

178中文源的内容非常多，分类也很细致，可以说常用的Cydia中的应用程序，都可以在其中搜索到。威锋源中也有不少精选和原创的应用程序。

提示：通过Cydia下载、安装的程序，可用于增强iPhone的各种功能，有时也称为插件、补丁、安装包、依赖包、软件等，本书则将其统一称为程序。

变更其实就是更新，右上角的数字就是可以更新的程序数量。左图顶部有绿色对勾的程序就是可以更新。

点击右上角更新按钮，就自动下载更新了，过程和安装类似，一个黑屏和进度条。通常更新完毕会需要注销启动（Restart Springboard）或者回到Cydia。

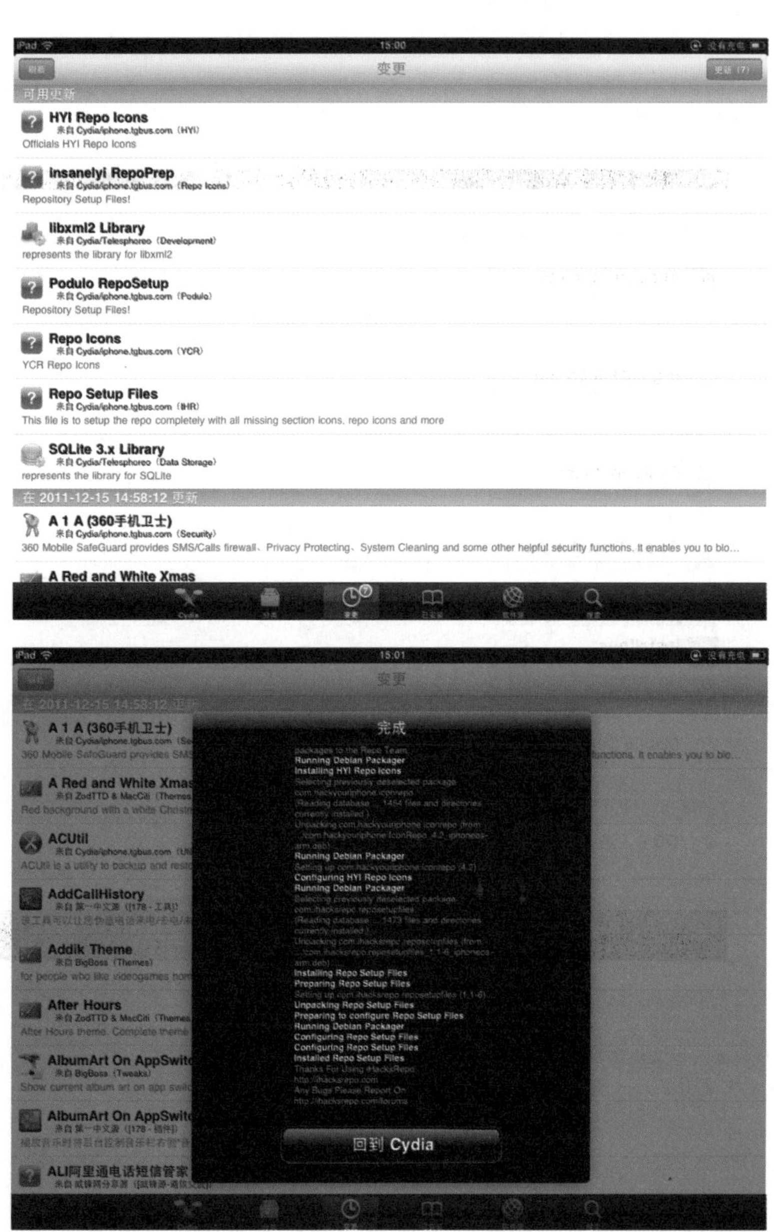

已安装板块中的程序，就是指已安装在本iPad中的应用程序。右上角的简单按钮，可以切换到专业人士，这意味着某些程序开发者才会用到的程序也会显示出来。

单击列表中一款程序，可以选择更新，也可以选择卸载。通过Cydia安装的程序，是不能像一般安装的程序一样，通过长按方式删除的。如果你很有心，能在Cydia中找到一个叫CyDelete的程序，可使Cydia程序也像一般程序那样删除。

软件源是最重要的Cydia设置之一。源，其实就是应用程序的来源，有源才会有各种应用程序的下载。通过右上角的编辑按钮，可以添加或删除源。

上文提到178中文源、威锋源、电玩巴士源就是不错的中文应用程序源。各源中都有不少应用程序可以下载。

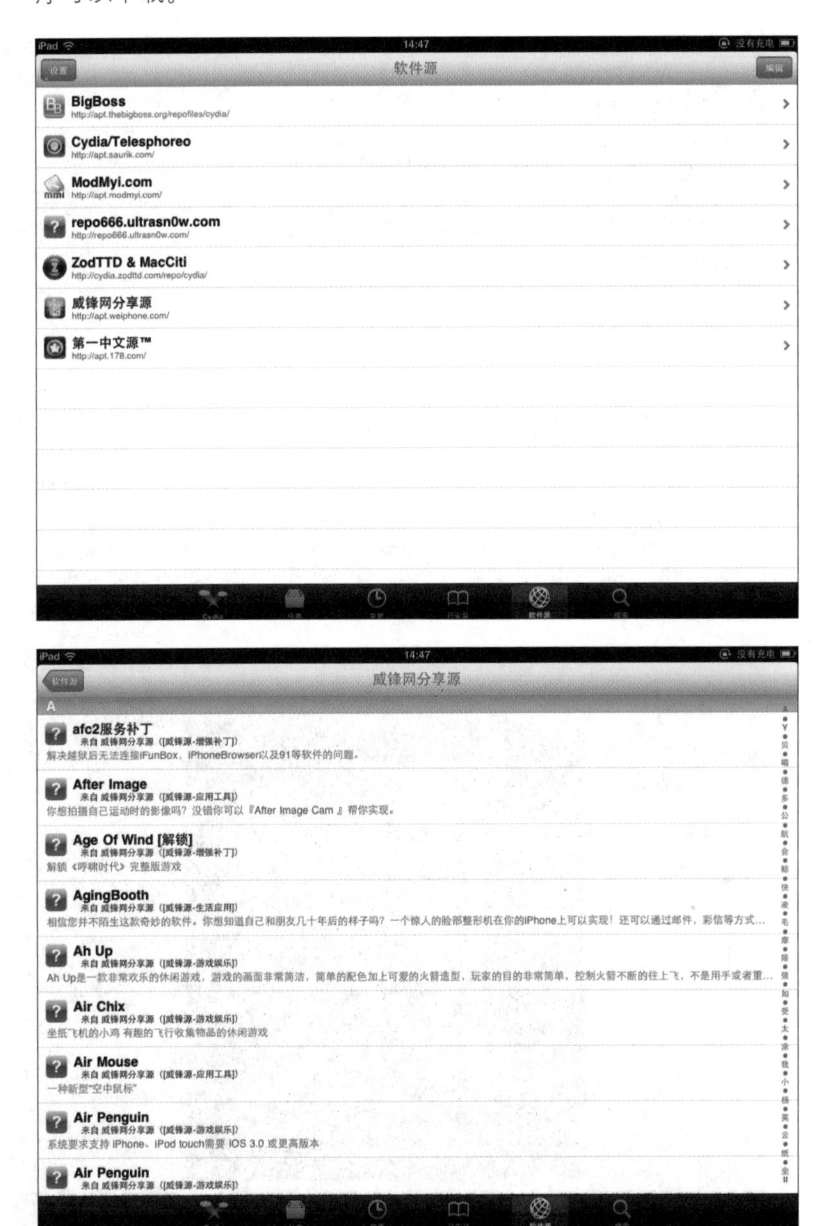

第一次添加源，会感到不知所措，其实也不难。点击编辑按钮，就可以管理这些源，红色标志可以删除该源。左上角添加按钮，就可以添加源。

以添加178中文源为例，输入源的网址，点击添加源按钮后，自动导入后，就完成一个源的添加。常用源的地址，可以在本书推荐源的部分找到。

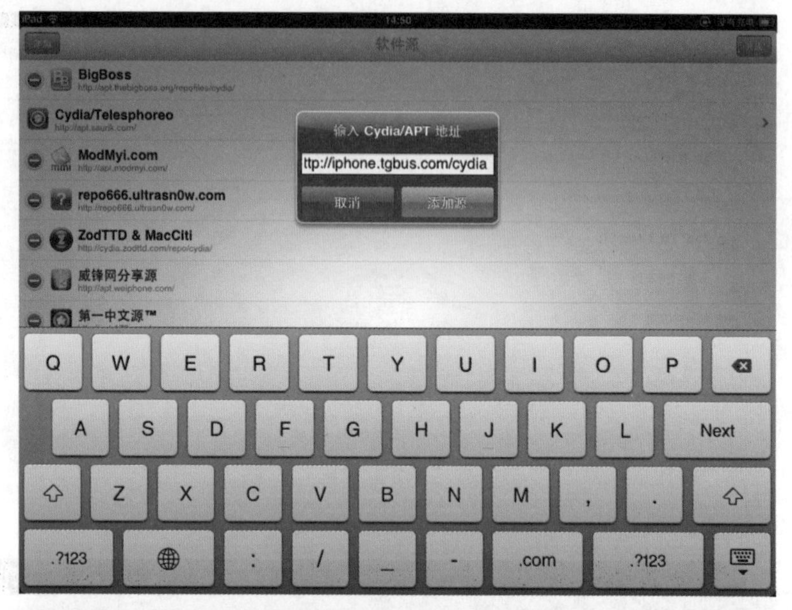

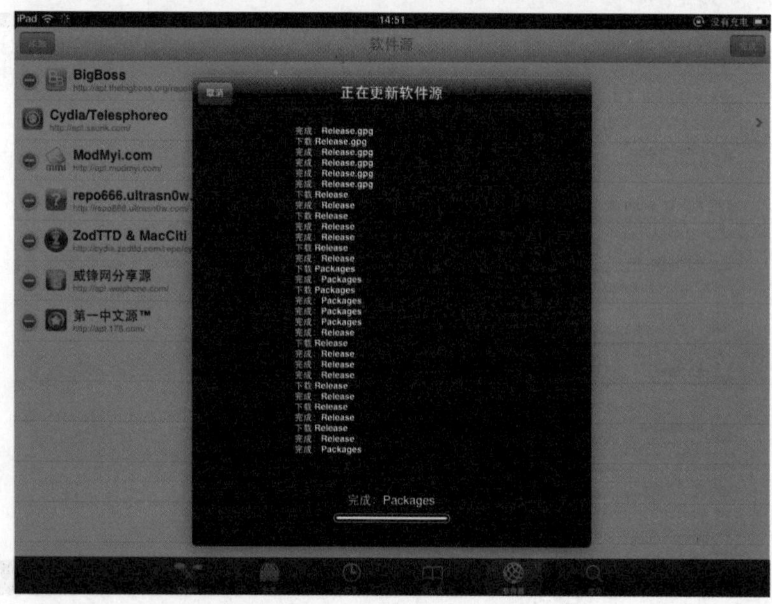

其实在Cydia开始页面中部，也有“更多软件源”，根据提示，可直接安装导入。

在软件源页面，左上角有设置按钮，在这里可以切换用户的身份，通常选择用户即可，就能下载软件、工具和主题。如果你是高级用户，或者想尝试更有挑战性的操作，可以尝试用骇客和开放者。

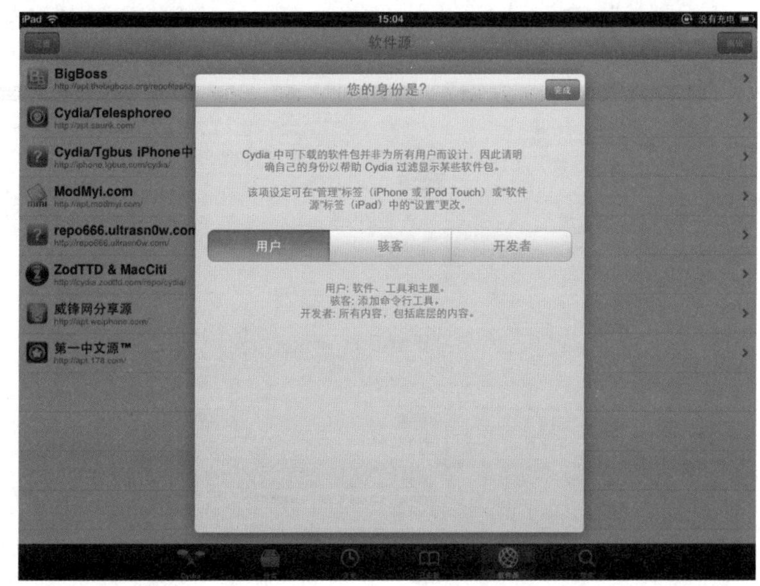

搜索，其实是最常用的功能，多数程序需要搜索才能找到。比如要找一款锁屏的主题，输入Lock，就能搜索到相关内容。

点击查看该主题细节、兼容性、简介等，有些程序还有截图展示。

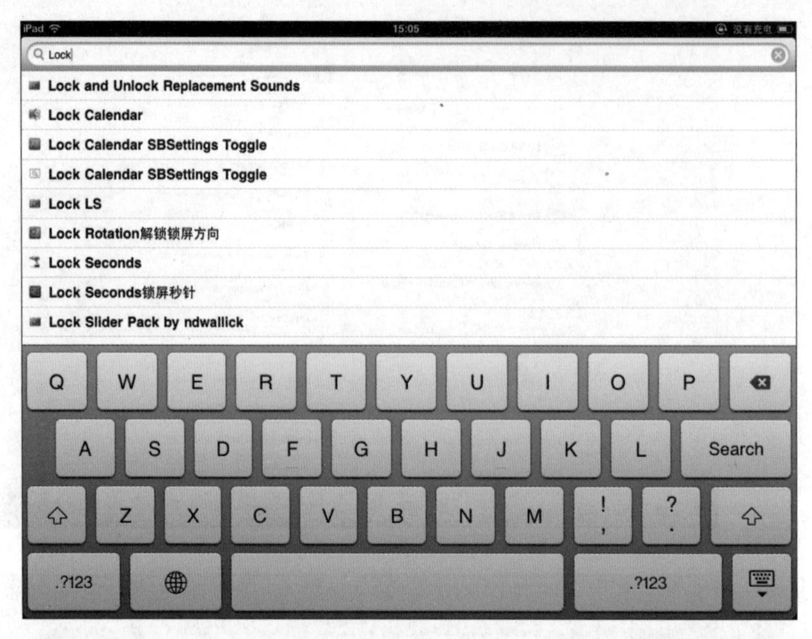

点击安装，就可以进入下载和安装过程，描述中，也可以看到该程序的功能简介。开始下载之前，还会显示需要的下载量。

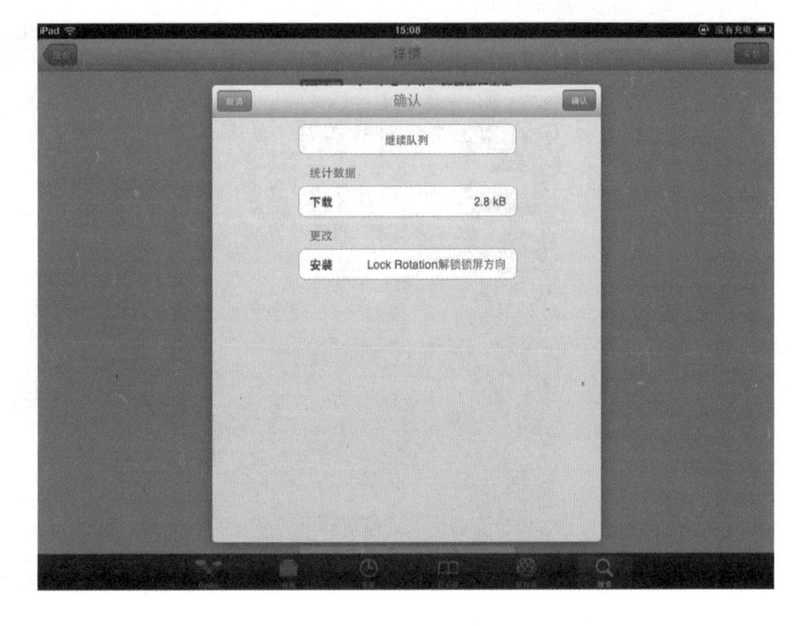

与程序商店中的常规的下载安装不同，Cydia中下载和安装过程是黑屏和白字显示，也有进度条。安装完成后需要点击重启Springboard按钮（Restart Springboard），注销后，完成安装。有极少数程序可能会需要重启（Reboot Device）。

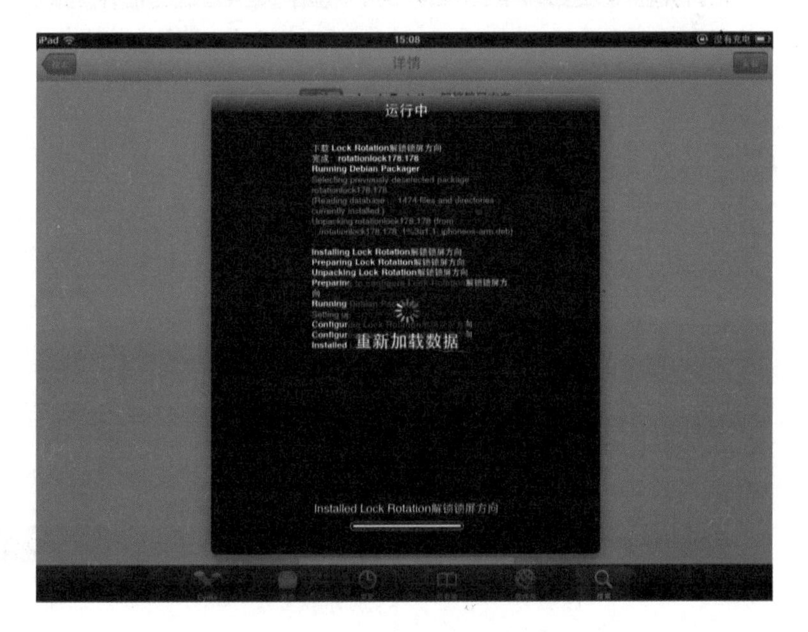

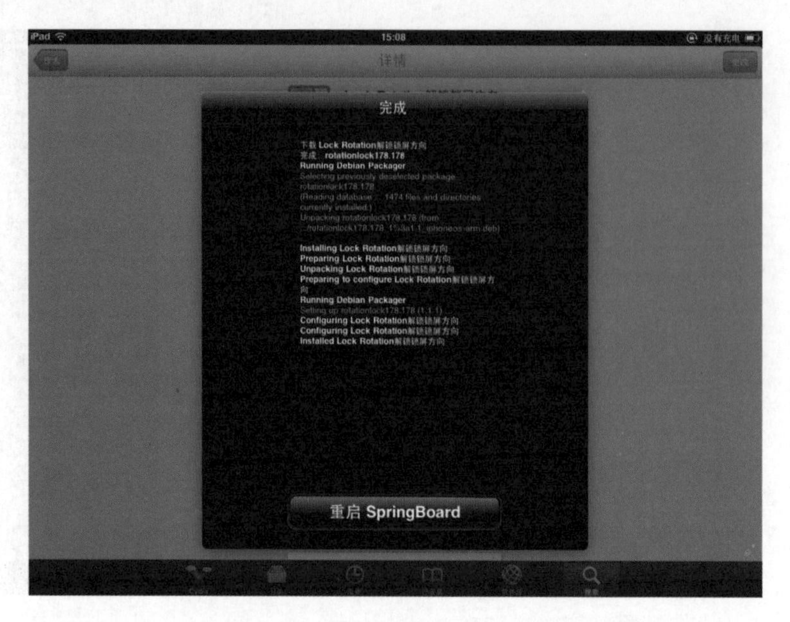

安装之前，如果有红色提示条，请勿安装，即意味着该应用程序不适合当前的设备，即使安装上了，也不能使用。如果是绿色提示条，则可以放心安装。

Cydia中绝大部分是英文程序，国内用户可能不容易看明白或不习惯。这种情况下，可以选择中文源下载程序，有可能已经是中文版本了。如果没有，或许还可以加装中文补丁。这两种程序安装之后，界面显示就都是中文版了。

安装过程，或许不会一切顺利。可能显示红色文字，提示出错，需要回到Cydia；也可能好像成功了，但还是有红色出错文字。这两种情况，一般都是没有成功安装，可以重新下载安装，如果还是不行，可以考虑重启iPad后再尝试。

有时候，似乎程序安装正确，但还是有问题，有可能是依赖包的问题，即安装一款程序，需要再安装一个额外安装包，才能正常使用。

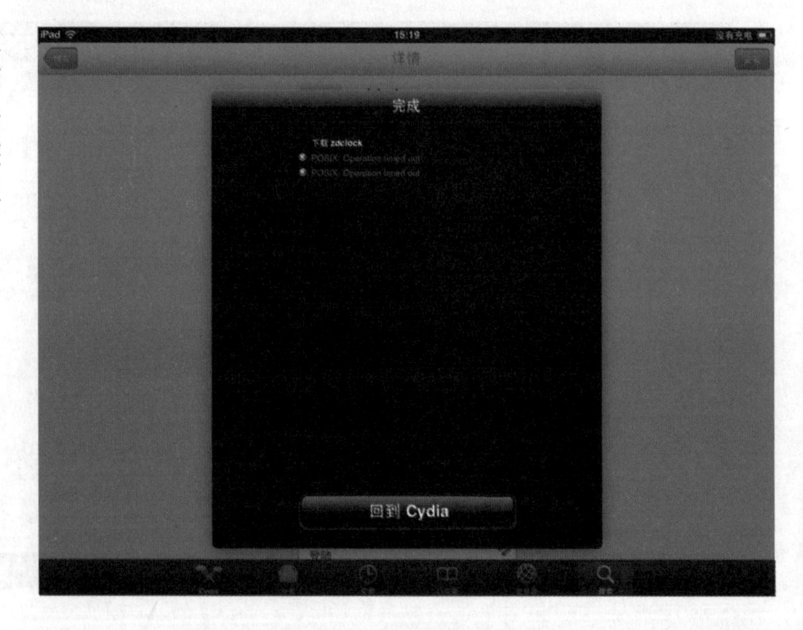

安装完成之后，还有一种情况，即Cydia的程序，有的会在主屏幕上显示图标，和程序商店中下载的程序一样，如iProtect；有的则需要进入设置，在底部才能找到该程序的开启和设置，比如iGotYa。和App Store（程序商店）中的程序一样，Cydia中的程序，也有iPhone版和iPad版之分，但iPad基本上也能兼容iPhone版的程序。

有少数程序，两个地方都有，但无论从哪里打开，功能都是一样的。比如Activator，通过设置中的命令打开和通过主屏幕上的图标打开，效果完全一样。

本书下文“Cydia程序精选与推荐”部分，详解了20多款实用的Cydia程序，它们都可以通过类似的方式找到，下载并安装到iPhone上。

此外，在分类中，多数条目显示都是英文，了解以下少量单词，就能看懂主要的分类。比如Books（图书）、Dictionaries（词典）、Games（游戏）、Entertainment（娱乐）、Fonts（字体）、Health（健康）、Multimedia（多媒体）、Navigation（导航）、Productivity（效率工具）、System（系统工具）、Theme（主题）、Tweaks（补丁）。

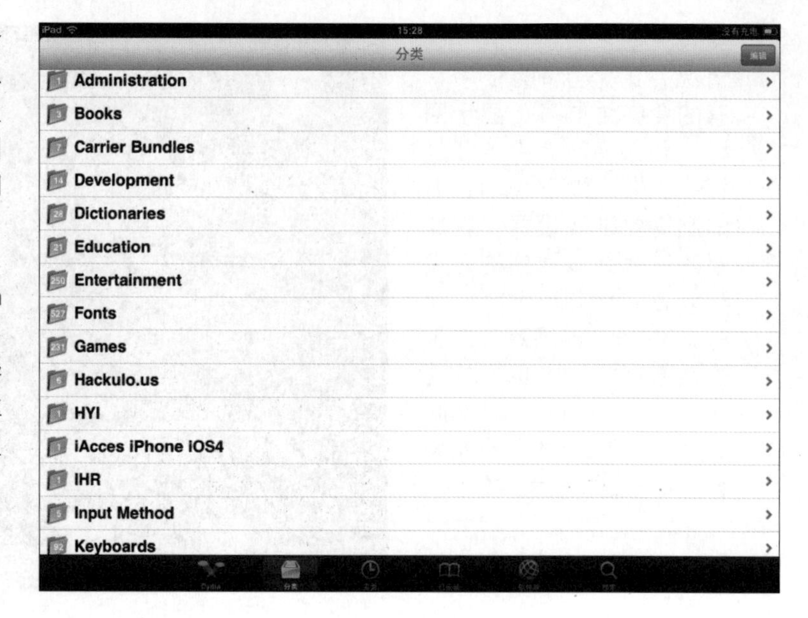

Cydia源是各种程序、铃声、主题、壁纸等iOS资源的真正来源，下面精选了23个Cydia源，可以满足绝大多数越狱用户的需求，如果还想要更多，当然可以自己上Google搜索。

国内四大Cydia源

就实际使用效果和频率而言，毕竟还是国内源提供的内容，还是最实用和最易用的，这里涵盖了程序、铃声、主题、壁纸等最常用的内容。另外，这些内容符合多数人的习惯，不少程序还有中文界面，所以如下4个国内源是首选。

178中文源：apt.178.com

苹果园：apt.app111.com

威锋源：repo.weiphone.com

电玩巴士源：iphone.tgbus.com/Cydia

当然，同时也不要忘了，www.178.com、www.app111.com、www.weiphone.com和www.tgbus.com这4个网站本身，就有很多关于iPad和iPhone的资料内容，非常值得关注。

2011年十佳 Cydia源

添加了3个中文源之后，极尽尝试，如果你觉得“行有余力”，那么你还可以进入著名网站http://jaxov.com推荐的2011年十佳Cydia源，继续折腾吧。

SiNfuL iPhone Repo: sinfuliphonerepo.com/

Hackulo.Us Repo: cydia.hackulo.us/

xSellize Repo: xsellize.com/

InsanelyiPh0ne Repo: repo.insanelyiph0ne.com

iHacksRepo Repo: ihacksrepo.com

HackYouriPhone Repo: repo.hackyouriphone.org

BiteYourApple Repo: repo.biteyourapple.net

iPhoneCake Repo: cydia.iphonecake.com/

Your Cydia Repo: yourcydiarepo.org

P0dulo Repo: p0dulo.com

各种各样的源，自然还有很多，通过谷歌和百度，就可以找到更多。

主题和铃声源精选

三大国内源中也有不少关于主题和铃声的内容，但总有人希望更多，那么就来这10个精选的源看看，这里或许有你更喜欢的主题和铃声资源。

apt.steffwiz.com

repo.sleepers.net/cydia

ipod-touch-themes.de/repo

apfelportal.de/repo

www.cmdshft.ipwn.me/apt

www.teamifortner.com/apt

cy.sosiphone.com

apt.zanekills.com

repo.sleepers.net/cydia

apt.steffwiz.com

自带源

以下6个为Cydia的自带源，有不少常用的资源内容，如果不小心删除了，可以自己再手动添加。

ModMyi.com Repo: apt.modmyi.com

BigBoss Repo: apt.bigboss.us.com/repofiles/cydia

Saurik Repo: apt.saurik.com

Ispaziorepository Repo: ispaziorepository.com

Smxy Repo: repo.smxy.org/cydia/apt

Zodttd Repo: www.zodttd.com/repo/cydia

Cydia，是越狱与否的标志，也是另一个折腾iPad之路的开始。这路上会有很多惊喜，比如大量手势操作和系统增强；也有很多无奈，可能安装某款程序后，系统变慢，耗电增加等。但总的来说还是其乐无穷，世界各地的数十万的越狱用户都这么觉得。

Installous

砸程序商店的生意的家伙

如果说Cydia硬生生地“抢”了App Store（程序商店）的一部分生意，那么Installous整个就是要“砸”App Store（程序商店）的收费生意，当然App Store（程序商店）也没这么容易被砸完。

苹果的App Store（程序商店）中有近七成的收费程序，而Installous就是把这些收费程序拿来免费共享，可见其“砸”场子的能耐。也就是说，用户安装了Installous之后，就基本不需要再从App Store（程序商店）中购买收费程序了，而可直接通过Installous搜索、下载和安装。

如果说Installous对国内用户来说，使用上有一些问题，那就是中文程序偏少，而且下载速度慢。如今，下文的同步推、91手机助手等，就可以解决这个问题。

最新的Installous版本为Installous 4，在Cydia中搜索、下载、安装即可，和一般Cydia程序几乎没有差别。

下载完成后，程序会自动安装，主页面上新增的带向下绿色箭头的图标，就是Installous。如果你是从国内的Cydia源下载，比如178中文源，这样Installous 4界面已有部分翻译为中文。如果还是没有中文，可以再下载安装语言包。

Installous 4主界面直接就是程序的分类。重要的是右上角的设置，可以选择程序下载后是否自动安装、自动删除、iTunes同步、本地共享等。

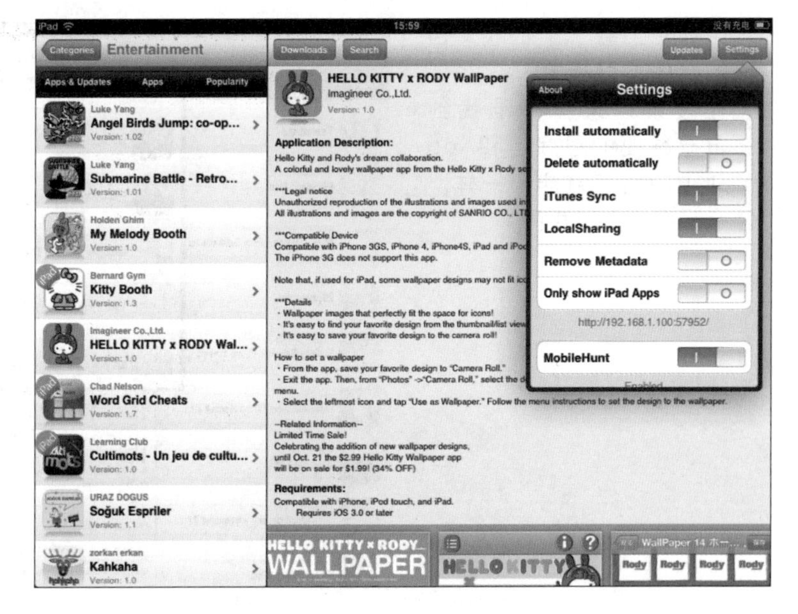

重要的，当然还是程序分类。数十种分类和App Store（程序商店）的分类略有不同。程序总数也少于App Store（程序商店），但这里的程序都是原先App Store（程序商店）的收费程序，质量一般比较好。在这里下载安装，当然就是免费的了。

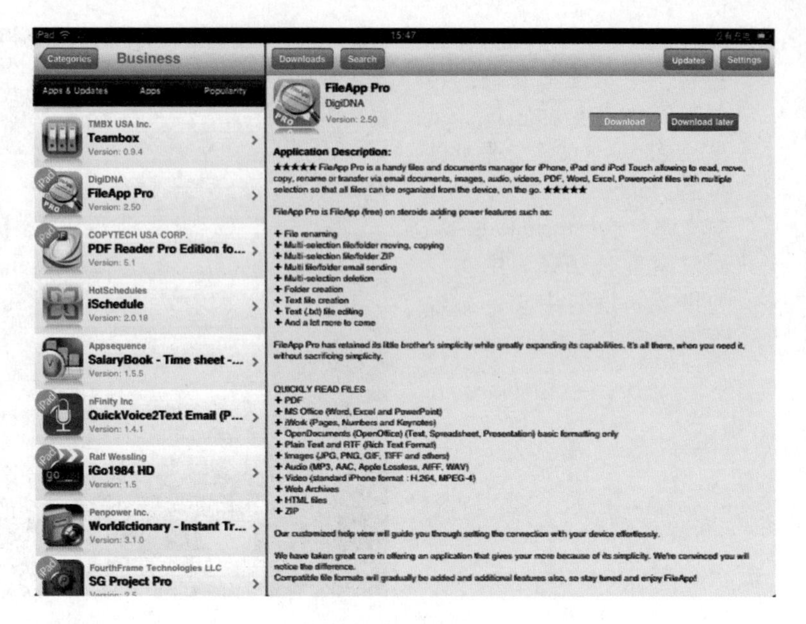

比如想下载一个谷歌文档的程序，可搜索Google，在搜索结果中不难找到自己想要的程序。和App Store（程序商店）一样，有程序简介和截图。

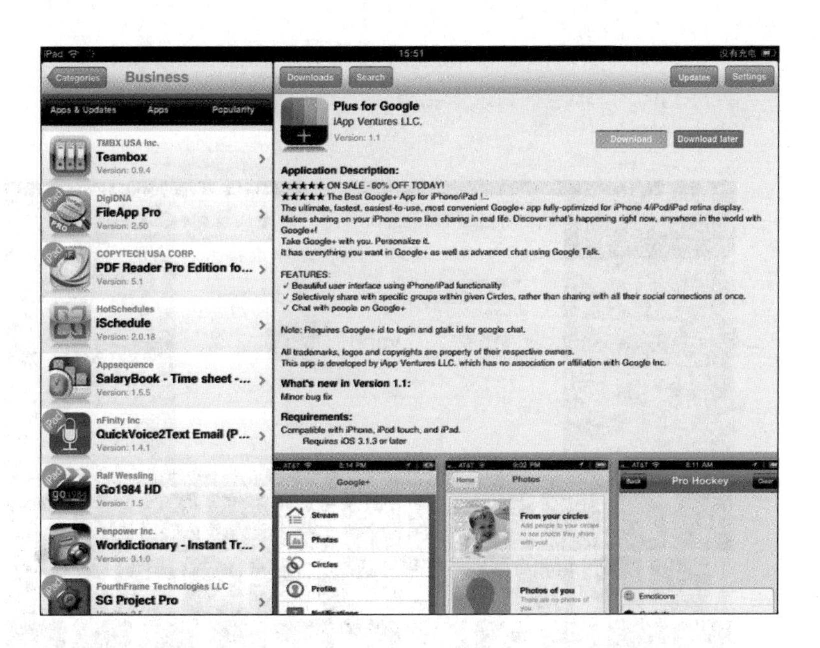

下载过程稍显麻烦，需要从国外的一些网盘链接下载，比如filedude、fileape等。下载之前还需要等待，并输入验证码后才能下载，而且速度不快。下载完成后，默认是自动安装。

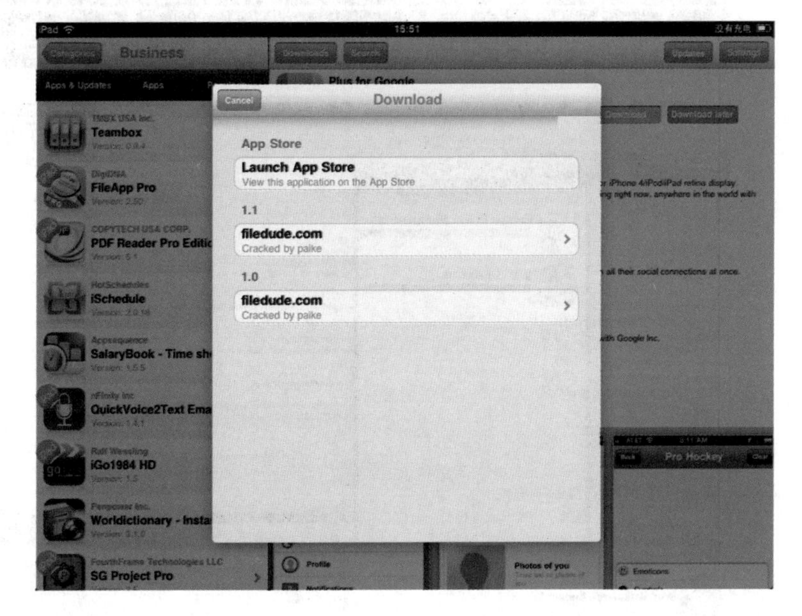

默认的储存路径是/var/mobile/Documents/Installous/Downloads，用户也可以把从别处下载的IPA程序用iFunBox导入到这个目录下，通过Installous来安装。当然也可以把已经下线的程序备份到个人电脑上。

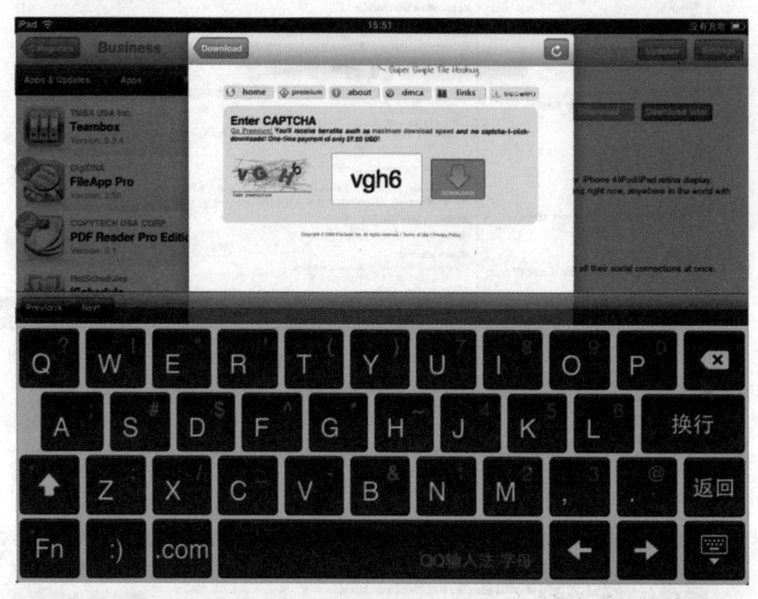

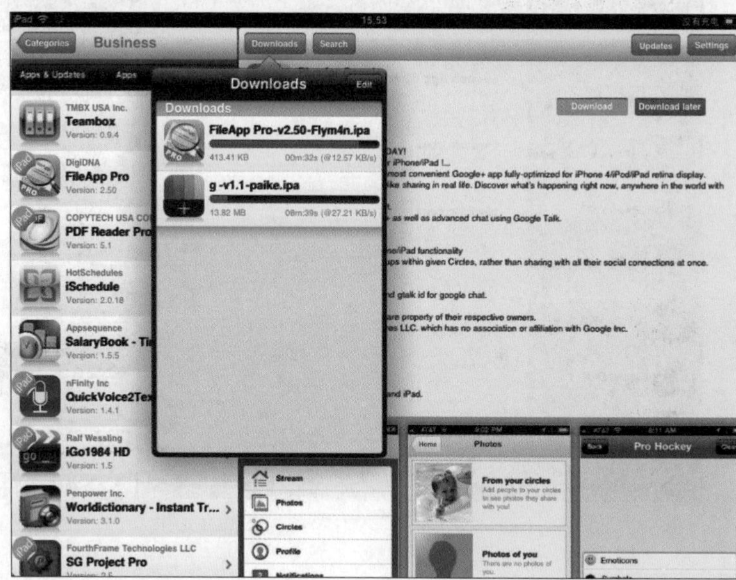

如果程序有更新，在Installous图标上会有数字提示，即更新图标右上角的数字。然后可根据自己的选择，更新某些程序。

通过Installous下载的程序，还可以通过邮件分享给自己的好友，即Send IPA，当然前提是在设置（Settings）中开启本地分享（LocalSharing）。

折腾iPad带来不少乐趣，一方面是不断尝试App Store（程序商店）中的免费应用程序，另一方面是尝试App Store（程序商店）之中各种千奇百怪的收费程序，享受其带来的变化，之前固然是需要付费的。但如今通过Installous，你就可以免费尝试各种收费程序，哪怕是15美元一个的Quickoffice Pro HD。

同步推

本土化的App Store（程序商店）

简单地说，同步推就是本土化的App Store（程序商店）。因此，它的特色就是程序下载与管理。

如果你对App Store（程序商店）的内容展示方式有点不习惯，或者不想购买有些不知所云的程序，又或者迷失在数十万种的程序世界中，那么用同步推的iPad客户端试试。

有趣的是，同步推可以在App Store（程序商店）中免费下载安装，而且无论你的iPad是否越狱，都可以安装。不过如果没有越狱，就不能使用其分享下载程序的功能。

主页总是推荐最新、最流行的应用程序，比如GarageBand、Pages、海豚浏览器等。其中猜你喜欢，挺有趣，可根据你已安装的程序，可推荐相关的程序给你。

专题的精细分类，也是同步推的特色之一。刚入手iPhone，对于App Store（程序商店）中的应用程序可能还很不熟悉，那这样的专题无疑帮上大忙了。软件分类中的程序也和App Store（程序商店）的默认方式有所不同。

比如想了解一些关于和生小宝宝有关的信息，找到新妈妈必修课这个专题，就不难找到自己想要的程序，这类程序很多本身就是免费的。

排行榜是找到好用程序的绝佳途径。无论是上升最快、免费排行还是付费排行，一切都一目了然，排行榜上的程序，多数是最好用，也是最流行的程序。

如果说到，同步推和91手机助手的最大不同就是程序的下载了。同步推提供了两种下载方式：购买正版和免费下载。购买正版，就是进入App Store（程序商店），按照正规流程购买；免费下载就是安装网友分享的免费版。

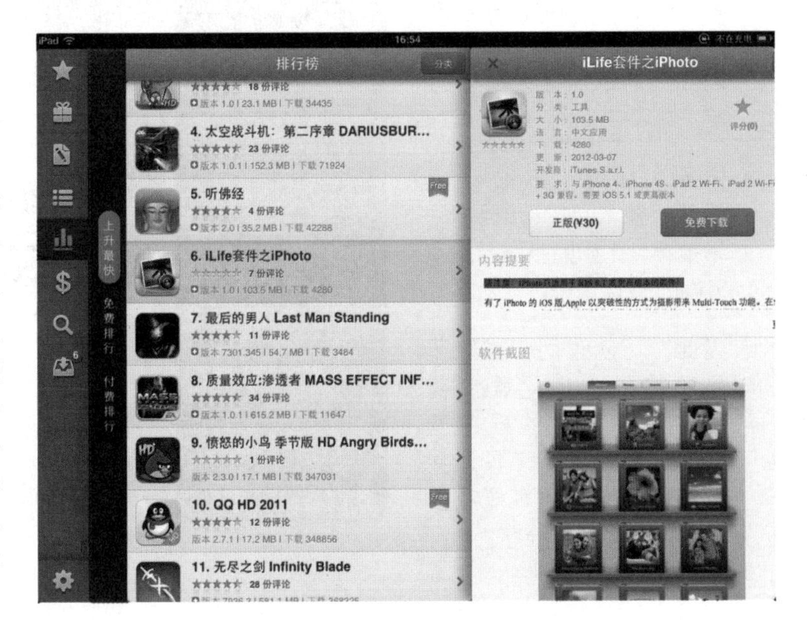

降价限免，指的是App Store（程序商店）中的程序，因为推广的需要，可能本来收费的程序，在一段时间内可以降价，甚至免费下载。

降价中的程序，就是让你可能以很低的折扣（5折或更多），购买自己真正想要的程序。

程序管理器，可以方便地管理程序的下载、安装和升级，也可以把自己下载的程序通过蓝牙或Wi-Fi分享给好友。

内置浏览器中（左下角），还有一些常用的iOS程序网站推荐，比如同步资源站、51ipa、威锋源等。

因此，可以说同步推除了是不错的本地化程序商店，还是不错的程序管理、分享和试用工具，并且还能帮助你尽可能花少量的钱购买正版程序。

91手机助手

别具一格的数字内容提供者

91手机助手有PC客户端，也有iOS设备的客户端，也是一个应用程序。iPad和iPhone安装了这个程序，就可以通过Wi-Fi无线连接PC（个人电脑）上的客户端，实现更方便和更有效率的内容管理。和同步推不一样，91手机助手需要通过Cydia来下载安装。

91手机助手iOS设备客户端的主界面有点像iTunes的主界面，当然内容不太一样，主要有软件、主题、壁纸、铃声、影视5大板块，其中主题、铃声是其独有。

连接PC之前，需要有个设置，即右上角的第2个图标。允许Wi-Fi连入，设置登录密码后，就可以打开PC端91手机助手，手动创建Wi-Fi连接。

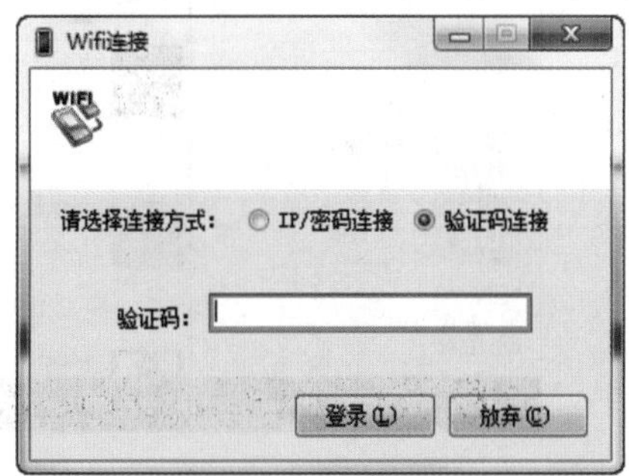

应用下载板块，分类有最新软件、软件排行、特色专题、软件分类和软件搜索5个部分，这样的分类还是比较符合国内用户的使用习惯的。

软件的排行是非常实用的，通信、系统、词典、影音等，都是最常用到的。专题也挺有特色，91网站的编辑帮助你找到最棒、最新的软件。

在App Store（程序商店）中，游戏是最大的一个门类，所以在91手机助手中，游戏也就和其他应用并列，成为一大板块。

这里游戏也分为了冒险、策略、益智、体育、休闲等14类，总共有3000多款。进入分类之后，就可直接下载安装。界面左上角，就是程序下载管理中心。

壁纸也能很快给手中的iPad带来变化。一张有趣的壁纸，马上能让气氛改变。你难以相信，这竟然有上万张壁纸可供你选择。

自己单独从网上下载、截取、导入壁纸，还是相当麻烦的一件事，通过这里，方便多了。

如果同步推不能满足你对程序的需求，那就再来91手机助手看看。除了免费程序，这里还有免费壁纸哦。

iFanBox

优雅清新的程序推荐下载中心

或许你认为上述的4个程序推荐和下载客户端，都有点太复杂、内容太多。

Cydia是一堆新名词，Installous大致都是非本土化的内容，就算同步推和91手机助手，也仍然显然复杂和多余。那么，基本上可以判定，你是有“洁癖”倾向的：只允许自己最需要的内容，以干净利落的方式呈现。同样，iFanBox可以在Cydia或http://www.appifan.com/下载安装。

那么，iFanBox就是针对这样的需求而诞生的。说了一段废话，还是直接看主界面吧。黑白简洁的风格，汉字主要以黑体展示，一个清新、雅致的程序分享和下载中心。主页是推荐下载、最新更新和下载排行。对于每一个刚上手iPad的人来说，一个贴心的程序下载推荐和排行，无疑是最需要的。

其次，就是专题和分类。专题的最大好处是帮我们快速找到一堆某类型的程序。比如我想要美食类的应用程序，或者想要一组装机必备应用程序，在这里便能瞬时而来。分类也是同样道理。

最后便是下载和更新了。每台iPad上，可能都有数十或上百的程序，逐个更新无疑是会令人抓狂的。在这里，你可以批量管理和下载，以便于更新程序（五角星左上角的数字，就是可更新的程序数量）。下载的方式，可以是从App Store（程序商店）购买下载，也可以通过115网盘、DBANK网盘等分享链接免费下载。更多程序内容，也可以通过搜索找到和下载。

iFanBox的设置也很简洁，基本、登录和下载设置。比如是否下载完自动安装、是否保留下载的文件、提前登录115和DBANK网盘等。最重要的是，开启下载中禁止自动锁屏功能，免得下载因为锁屏而中断。

是的，就这么多，但这对于一个刚刚上手iPad，又想免费玩的人来说，已经非常不错的程序下载来源了。

详细、明确的中文推荐内容、排行、专题、分类，又有稳定可靠的下载链接，真的，足矣。

有了Cydia、Installous、同步推、91手机助手和iFanBox，你是不是已经发现了iPad免费玩的秘密了呢？

比iTunes更好用的3大软件

虽然iPad有了Cydia、Installous、同步推和91手机助手（iOS端），可以说拥有了丰富的免费内容来源，但比起个人电脑上的91手机助手、同步助手和iTools来说，其获取和管理数字内容的能力还是显得很弱。

iTunes作为iPad在个人电脑上进行内容管理的主要工具，功能很强大，但实际上很多国内用户很难习惯其特殊的“同步”方式，那就来试试下面这3款免费工具吧！

91手机助手：数字内容管理功能强大，可无线同步。

同步助手：数字内容同样丰富，软件稳定可靠，不需要安装守护程序。

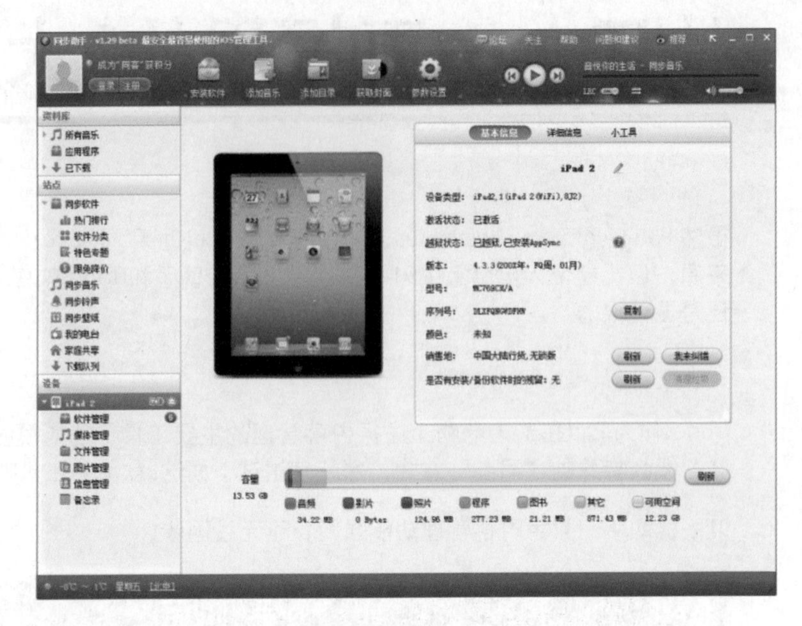

iTools：简洁、实用的iPad内容管理专家，同时也是越狱的助理工具之一。

虽然它们不能完全替代iTunes，但iPad日常数据的导入导出、内容的备份保存、程序的安装卸载、SHSH文件的使用、系统文件的查找使用等，恐怕多少人还是会觉得91手机助手、同步助手和iTools更加顺手。

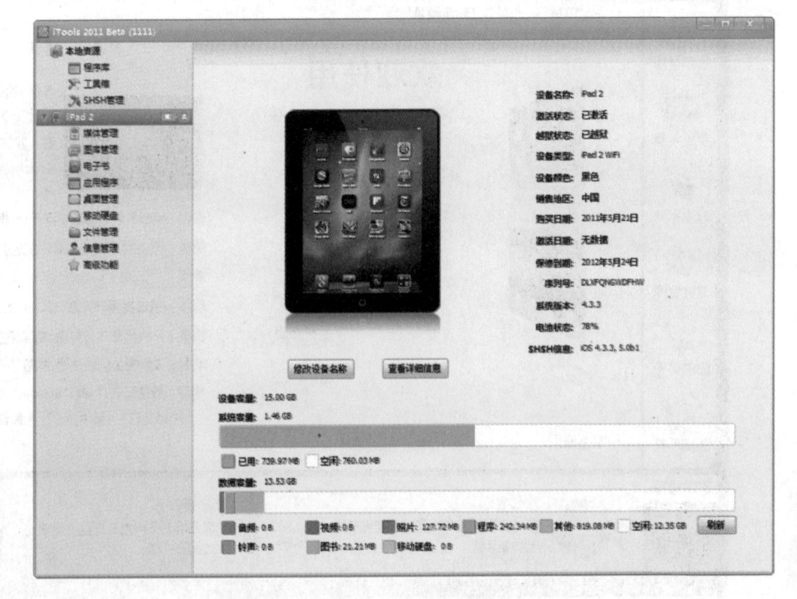

91手机助手

iTunes的优秀替补

固然91手机助手在界面设计、程序功能上有些缺点，但结合iOS设备端的91手机助手，还是相当好用的iOS设备内容管理器。特别是其无线连接共功能，相当好用。在连接和内容管理上，比起同步助手和iTools，有其独到之处，堪称iTunes的替补。

iOS设备端的91手机助手，也就是其所谓的守护程序。如果你先在电脑上安装了91手机助手，弃旧就已经能连接iPad了，已经能使用其中的一些功能了，但你在其他一些重要功能时，比如程序管理、发送信息、注销、重启等，它会提示你安装守护程序。

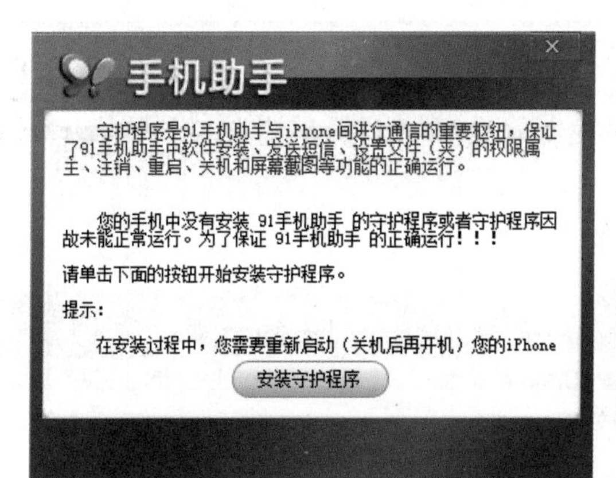

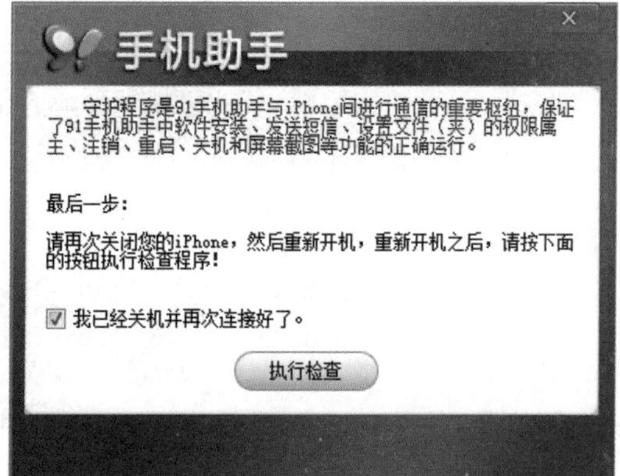

根据提示安装完成，并重新启动iPad后，这时个人电脑端的91手机助手就能充分发挥其内容管理的功能了，比如资料管理、系统维护、媒体下载等。

开始页面

91手机助手的开始页面主要功能是显示连接设备的基本信息，比如图中显示的是iPad 2，且显示已越狱，系统版本（iOS）是4.3.3。左上角有“Wi-Fi”图标，意味着该设备是通过“手动连接”的Wi-Fi方式进行连接的。

右侧是新闻、资讯、游戏、教程等91网站上的相关链接，对于了解最新设备信息，也不错。如果有账号，可以登录。

资料管理

资料管理，对多数用户来说，估计是最实用的版块了，通过这个版块，可直接管理iPhone或iPad上的内容。其中的图片、iPod、联络人、短信、日历、备忘录、通话、书签、闹钟，分别对应iOS设备上的照片、iPod、通讯录、短信、日历、备忘录、电话、Safari、时钟的功能。

比如iPod管理功能，提供了音乐下载和管理功能。这比起iTunes的在线音乐商店要方便不少。其中的歌曲、歌手和专辑排行，更适合咱们的需求，下载速度也更快。

比如联络人对应通讯录功能，打开后就能在个人电脑上直接编辑通讯录信息。新建、删除、导入、导出都非常方便，姓和名互换也很容易。

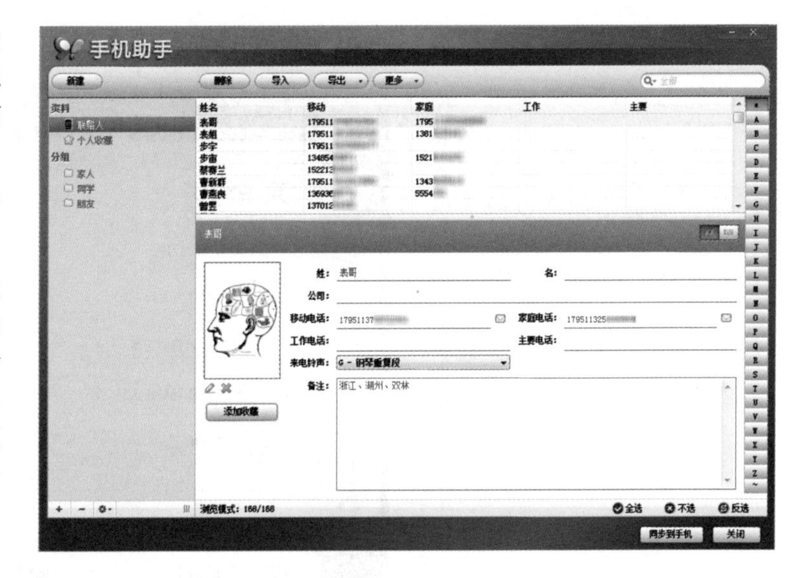

设置分组也比在手机上设置要快捷，右键单击，选择分类即可。此外来电铃声、个人头像、公司名称、备注等，修订完成后，单击右下角同步到手机按钮，一切就完成了。

又比如通话记录功能，对应手机功能。在iPhone上管理通话记录很麻烦，很难单独删除某些记录。通过这个通过记录功能，可以查看近期的所有通话记录、通话时长，是否有呼入未接等。

这些通话记录可以单独删除，也可以导出整个通话为Excel或文本文档，甚至可以在电脑上直接回复短信，正如QQ聊天一样。

此外，图片、短信、日历、备忘录、书签、闹钟等功能也同样好用。其中电子图书管理功能，与iPad上的熊猫看书结合，很容易下载和管理电子图书。

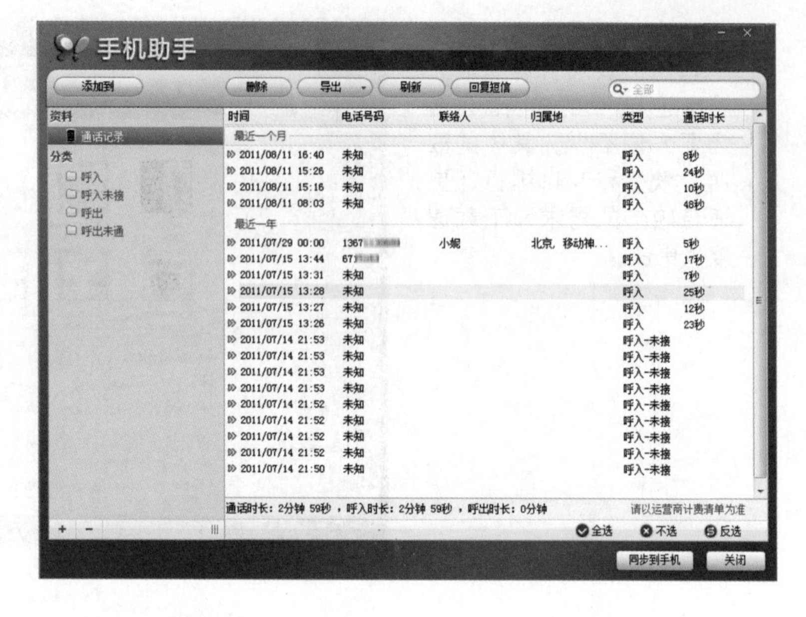

系统维护

系统维护，相对来说，更需要一些专业知识和愿意尝试的心境。比如一键转机，能帮助你把以前手机中的通讯录、短信和通话记录导入到你的iPad中。通过备份还原，可以轻松备份和还原iPad中的各种数据，比如图片、邮件、文档、书签等。

程序管理是系统维护的一大重点，这里提供免费的应用程序。内容丰富、分类详细，并且有各类排行榜。

对于已安装程序，可以单独卸载和备份，并且可以集体检查更新升级。

安装程序，常规途径是通过iTunes下载，然后同步到iPad中；或者直接在iPad上的App Store（程序商店）中下载安装。但越狱之后，程序还可以通过Cydia、Installous、同步推等方式下载安装。

不过到目前为止，你可能还未留意这些程序文件的类型，实际上程序可能是不同类型的（后缀名不同），主要有IPA、DEB、PXL三大类。

IPA（iPhone Application的缩写）是Apple官方支持的程序文件，可以通过iTunes来安装到iPad上，以游戏为主；DEB（Debian的缩写）是Cydia等工具支持的一种Debian发行版程序安装包格式，以系统工具为主；PXL（Package and eXtension Library的缩写）是一种支持脚本方式的iPad上的程序安装包，不仅可以支持游戏类型，也可以支持系统工具，现今支持PXL软件管理的主要是91手机助手。

由此可见，无论你从何处下载了iOS的程序，都可以通过91手机助手的PC客户端来安装。不过从可靠性来说，IPA文件是最可靠的。

媒体娱乐

媒体娱乐，可管理iPhone和iPad上的各种媒体内容。更换壁纸、更新主题、下载铃声、导出录音、视频转换、订阅新闻，都非常方便。

特别是屏幕截图，直接点击截屏按钮就能截图，并保存到个人电脑上。本书中多数iPad配图就是通过这个方法截取的，比在设备上按关机和Home键要更方便。

其中手机主题，也是诸多iPad玩家所关注的。越狱并安装Winterboard之类的程序之后，就可以在这里下载安装新主题了。

这里的主题种类丰富，有动漫、爱情、风光、名车、手绘、体育等十多种。这些主题有免费的，也有收费的。下载后，就能启用和管理。

网络社区

网络社区，基本上是91网站的相关链接。如果在使用iOS设备时遇到什么特殊，难以解决的问题，就可以通过论坛求助。

iPhone教程和iPhone测评，对于刚入手iPhone的用户来说，还是非常值得一看，iPad也一样有。

快速功能

91手机助手主页面左侧是6项快速功能，有程序管理、手机主题、熊猫影音、文件管理、短信聊天和关闭手机等。这些很常用功能，是在主要功能区中选出来的，便于用户快速找到。

iPhone和iPad的文件管理只有在越狱后才能进行。界面和Windows系统的资源管理器类似，很方便进行文件的导入和导出。

比如自己从网上下载了一些m4r格式的铃声，就能通过文件管理，导入到iPad中。

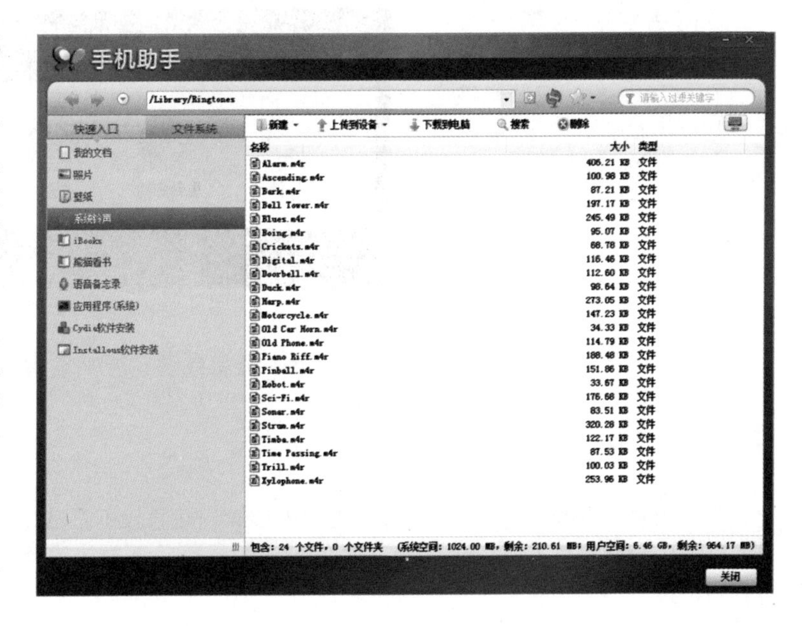

短信聊天功能，提供了类似QQ、飞信个人电脑客户端的界面，在这里，可以选择任意通讯录中好友，进行短信聊天。

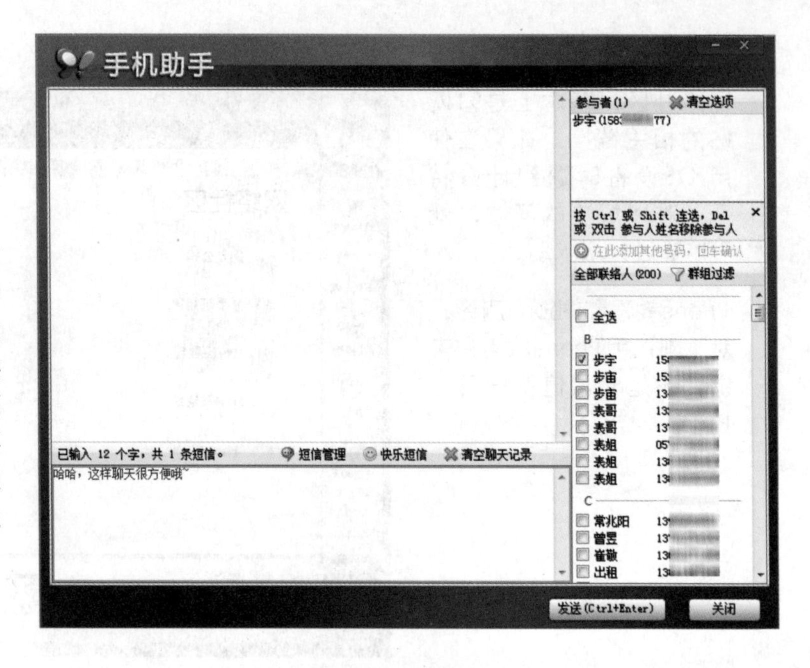

短信可以单独发送，也可以群发，甚至可以根据自己的分组进行发送。在"快乐短信"中，还提供了各类节假、婚庆、祝福短信精选。这功能，主要还是给iPhone用的，但别忘了刷了iOS 5的iPad也同样能发送信息哦。

关闭手机，也算一项功能？是的，看界面就明白了。iPad关机，需要长按右上角关机键，并滑动确认滑块才能关机。在这里，提供了重启和注销功能，一次点击就能完成。

在iPad运行比往常似乎更慢了的情况下，重启或注销通常能解决这个问题，注销当然更快，一般只要20秒左右。

你如果对于iTunes通过同步的方式进行内容管理一直没有适应的话，那么91手机助手就是一个非常好的替代品。在备份通讯录、短信、安装程序、下载内容等方面都更加符合国内用户的使用习惯。

同步助手

最好用的本土iTunes

同步助手自称是“最安全最容易使用的iOS设备管理工具”，根据实际使用来看，还算得上名副其实，特别是音乐、应用程序、壁纸和文件管理层面，都相当替用户着想。

简单说，同步助手是iTunes的国内替代工具。从主界面上看，还有点蓝色版的iTunes之感。尽管其还不具备iTunes备份、恢复等功能，但同步助手在内容来源管理方面，无疑更胜一筹；在程序界面和实用性方面，也比iTunes要亲切。

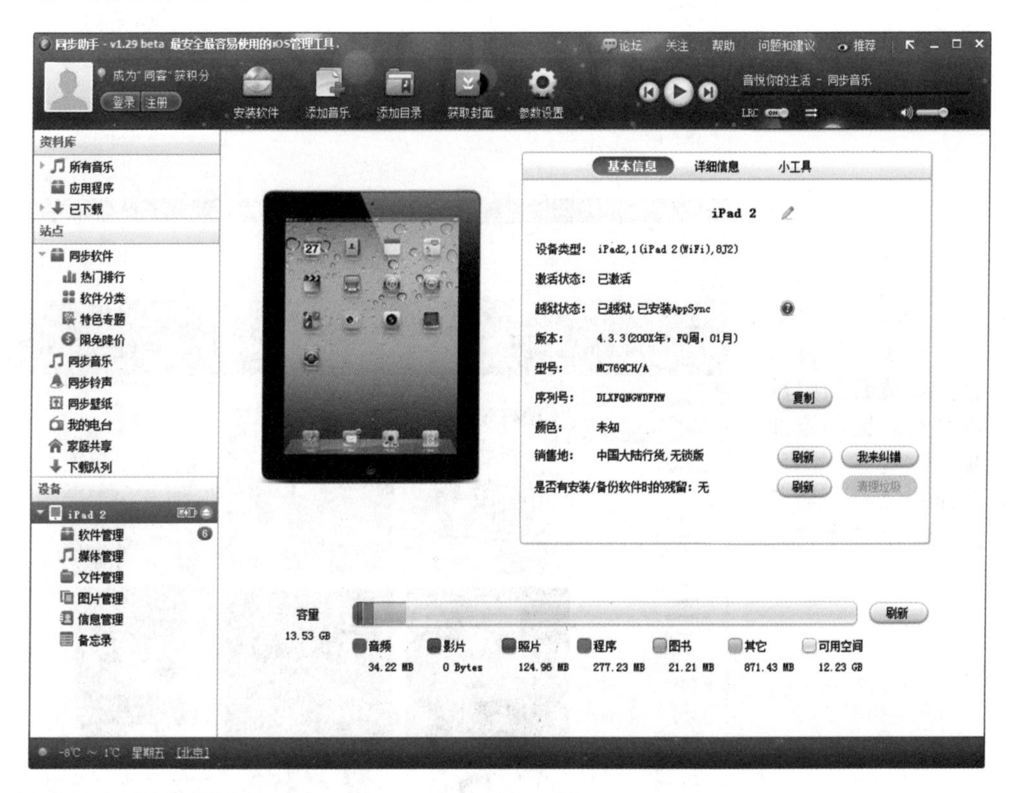

同步助手最主要的长项是外部内容向iOS设备导入的管理，比如音乐、视频、壁纸、铃声的导入，以及应用程序的安装、管理等。

音乐管理

同步助手的主界面左侧是功能导航，顶部是音乐管理和播放功能。左上角是本地化的用户登录信息。同步助手同时也延续了iTunes的音乐播放器功能。

不过同步助手相对于iTunes的优点是其扩展了其音乐管理功能，更适合国内用户的使用习惯。比如添加音乐封面、歌词等。图示是专辑封面的添加，歌词是在界面右侧的基本信息中添加。

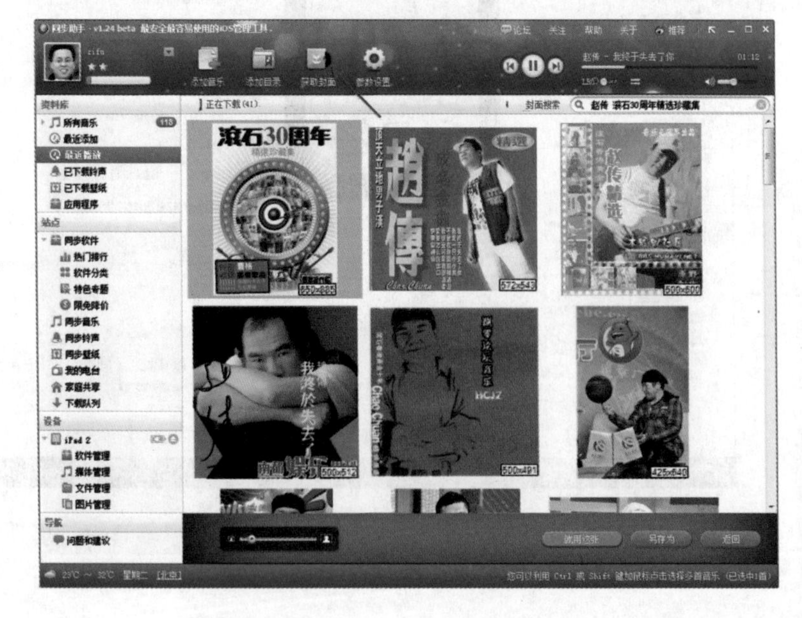

默认的拖曳歌曲添加，或右键添加歌曲，这比iTunes的歌曲默认的同步导入方式要更加直观，也更符合国内用户的使用习惯。虽然这点方便几乎不值一提，但实际上有很多iOS设备用户，开始时都对通过iTunes默认方式导入MP3歌曲感到痛苦，哪怕设置后也能实现拖曳。

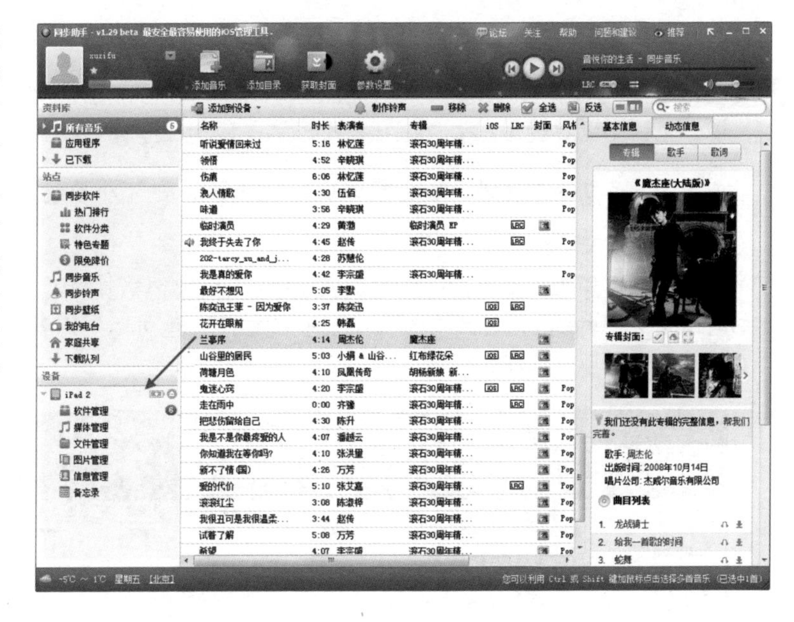

此外，同步助手还集成了在线音乐搜索功能，可直接从谷歌、搜搜等音乐分享网站下载音乐，免去再从别处搜索的麻烦；不太确认的歌曲，还能在线试听。

我的电台中，集成了虾米网的音乐电台，可随时在线收听，有中意的，也能随时下载。

通过下载队列，还能实现查看音乐是否下载完成、速度如何等下载任务管理。

程序管理

应用程序无疑是iOS设备最大的亮点之一，数十万的应用程序让iPhone、iPad变得几乎无所不能，也让全世界的用户为之疯狂，不过这些应用程序有7成左右是收费的。

如果说同步助手的音乐下载和管理功能是对iTunes的不小改进，那其程序下载和管理功能无疑有颠覆性改变。

这些改变让原本只能通过iTunes同步的安装方式变得极其灵活。可单个安装，也可以批量安装。可以安装iTunes应用程序文件夹中已有的程序，也可以导入安装其他来源的程序；既可以是IPA格式，也可以是PLX格式。

除App Store（程序商店）之外的程序来源，估计也是大家非常关心的。同步助手提供了2个主要途径：同步推和AppTrackr。

同步推是全中文的iOS应用程序分享社区，包括iPhone和iPad。在这里可以尽情地下载自己想要的程序，可以下载免费版，也可以通过链接下载正版。界面看上去也有点类似App Store（程序商店）。

猜你喜欢功能，是根据你设备中已有程序，然后进行推荐，也很实用。

同步软件版块下的热门排行、软件分类、特色专题、限免降价这4个小版块，对于每个iOS设备用户都具有极大的参考价值。

第2个应用程序来源是著名的AppTrackr。这里其实是集成了该网站内容，对导航内容进行了初步中文翻译。程序同样分iPhone和iPad两大类。

相比同步推，这里程序也更多，有相当不错的精选应用程序。不过绝大部分是英文程序，中文的并不多；下载方式相对复杂些，速度也比较慢。

有了丰富的程序来源，程序的备份卸载也就成为一个问题了。同步助手在设备的软件管理中，提供了对已安装程序的备份和卸载功能，可单个进行，也可批量，很方便。程序的更新，也是同样。

其他资源

除音乐和程序之外，铃声、壁纸也是iOS个性化设置的重要组成部分，同步助手也提供了丰富的内容集成和管理。

在同步铃声版块，你不用再考虑格式转换、最新铃声查找、能否在线试听等麻烦，在这里一切从简。人气排行、推荐专题、在线试听等小功能，帮助你尽快找到自己需要的铃声。

同步壁纸板块也一样好用。非常细致的分类，比如美女、风景、创意等；或红、绿、蓝等；或通过搜索帮助你找到心仪的壁纸，并导入设备。

在管理自己iOS设备时，同步助手也很好用。除了程序管理、媒体管理、图片管理外，还能进行文件管理，操作和个人电脑Windows操作系统的资源管理器有点类似，这在iTunes中是无法实现的。

比起iTunes来说，同步助手更易学、易用，也有更丰富、更本土化的内容来源。如果要选择iTunes的替代品，不同助手无疑是首选。

此外还有一点，同步助手对于没有越狱的iOS设备，主要的媒体管理功能也是能用的。91手机助手做不到这点，同时还需要安装守护程序。

iTools

最简洁实用的内容管理者

iTools作为一款iOS设备内容管理工具，其最大的特点是小巧，1.8M左右。比起iTunes 10的78M，91手机助手的66M，显然是小到可以忽略；哪怕是同步助手的7M，也只是其1/4。

虽然iTools体积小，界面简洁到连主菜单都不用，可功能一点都不弱，堪称精华版iTunes（名字都很像），功能集中在内容管理上。音乐、影片、程序、文件管理，一样都不缺，导入导出都很方便，完全足够用。

设备主页

iTools主页显示的是iPad的基本信息，包括设备名称、是否激活、越狱，购买日期、保修到期，序列号、电池状态等。点击查看详细信息，则能显示所有本设备的技术信息。

底部是设备容量柱形图，有系统容量和数据容量两部分。类似iTunes底部的数据条，已用和剩余容量都一目了然。

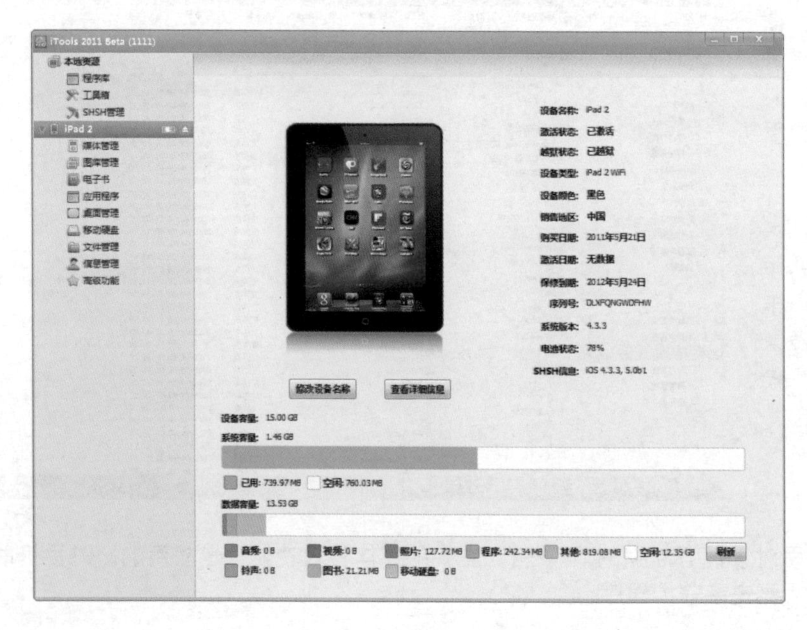

程序管理

程序管理通过本地资源的程序库来实现。iTools可以读取iTunes中下载的程序列表，该列表不仅有每个程序的名称、图标、分类，还有购买时的账号等信息。

用户可以随意选择其中单个或多个程序，很方便地安装到自己新的iOS设备中。程序升级也是类似的方式。

方便的安装和导入，固然重要，但备份个人安装程序的相关数据，实际上是更加重要。比如自己的游戏进度，分数，观看记录等。一旦升级iOS，这一切可都没了。

iTools帮你想到了这一点，所以在应用程序备份中，可以同时备份程序和游戏的记录，安装导入后，一切都回来啦。

媒体管理

媒体管理和程序管理一样重要。音乐、影片、电子书、图片、文件等都可以通过iTools直接进行管理。

比起同步助手来，iTools没有过多的内容来源和编辑功能，但导入导出这个最核心的功能是很好用的，管理起音乐、影片、电子书等媒体内容非常轻松。

文件管理功能也和同步助手一样强大，让iOS设备也可以像U盘一样使用，甚至可以管理installous的程序安装目录。

信息管理功能还可以备份、导入、编辑个人通讯录、短信、呼叫记录等实用功能。

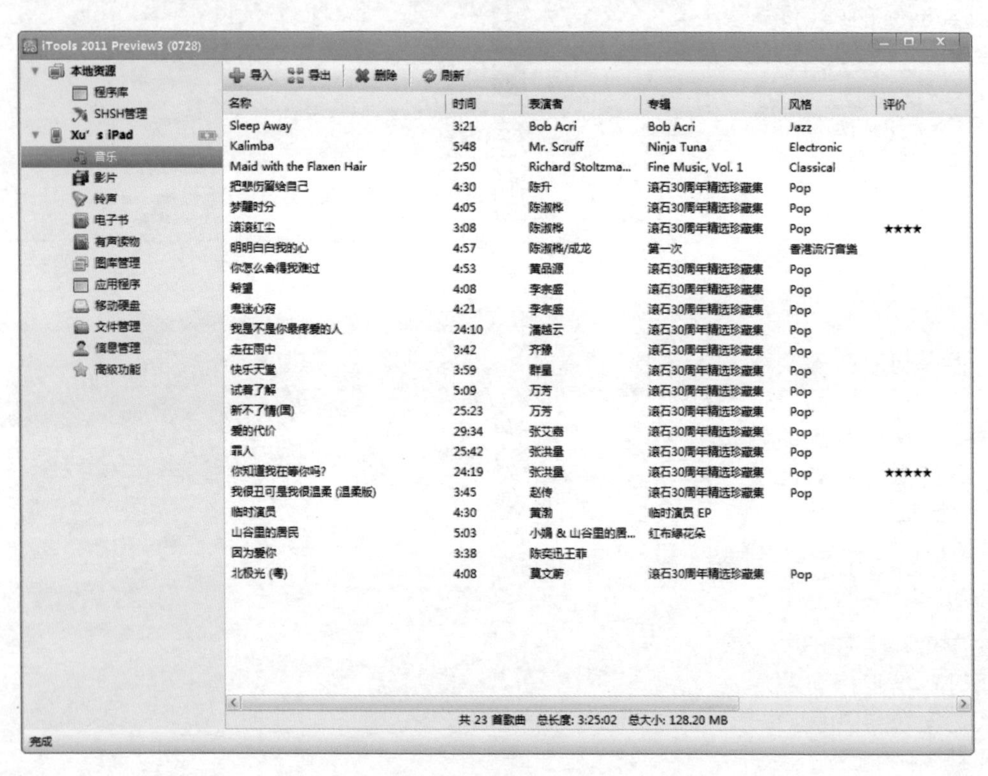

SHSH管理

SHSH管理功能算得上iTools的一大特色，它能帮助用户备份SHSH，引导进入DFU模式（Development Firmware Upgrade，即iOS固件的强制升降级模式），有助于解决iOS设备固件降级和越狱失败等问题。

保存SHSH，意味着设备的SHSH信息保存到“我的文档\iTools\Config\”文件夹下，名为SHSH.cfg，这在降级刷机的时候用得到。

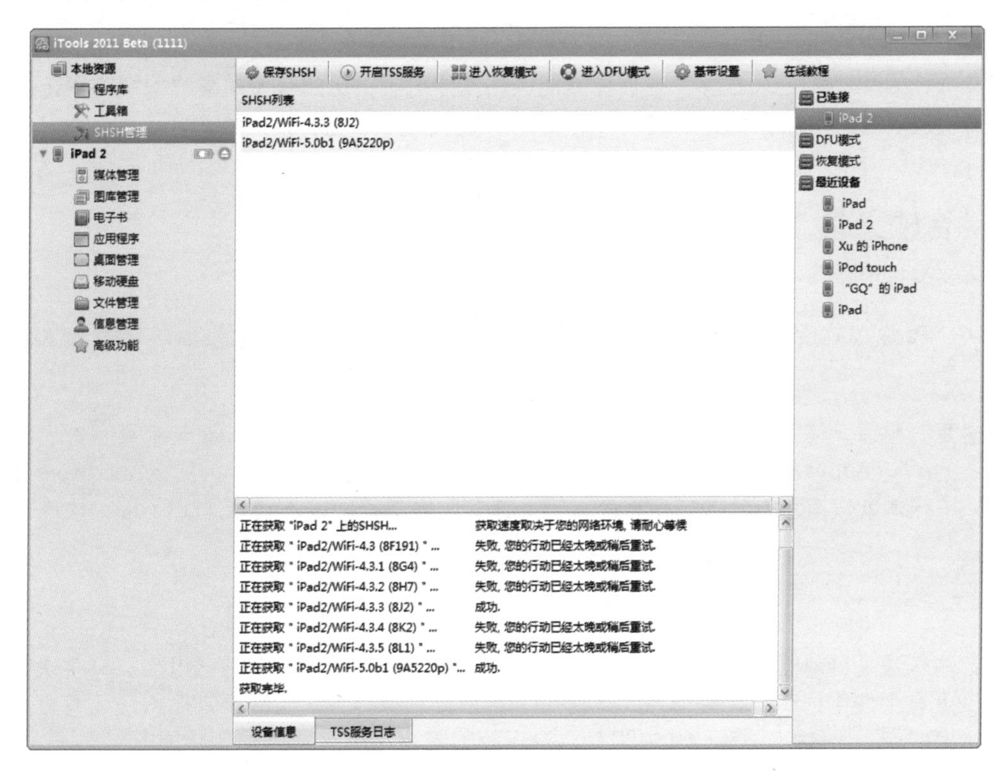

iTools的小巧实用，一方面得益于其专注于核心功能；另一方面也没有集成iOS设备的驱动程序（Apple Application Support和Apple Mobile Device Support），这使得用iTools之前必须安装iTunes。不过，后续版本的iTools很可能集成这2个驱动程序，那时iTools就可以独立使用了。

个人电脑毕竟还是个人数字内容的中心。有了91手机助手、同步助手和iTools，无疑大大地增强了iPad获取和管理数字内容的能力。iTunes不好用，今后就可以尽量少用啦。

Cydia程序精选

越狱后，有了Cydia，如果只是安装个AppSync补丁、解个手机锁，那未免也太浪费了。Cydia和App store（程序商店）中同样有丰富的程序，而且都是App store（程序商店）所没有的，能拓展iPad系统功能的程序。

仅就下文推荐的20余款Cydia程序，或许你就能领略其能耐了。比如有大家喜欢的搜狗拼音输入法、改变切换效果的Barrel、增强系统设置的SBSetting、保护个人数据的iProtect等。

搜狗拼音输入法

大家都需要的拼音输入法

不可否认，iPad是如今最棒的平板电脑手机之一，但也必须承认，在中国的iPad，中文输入法是其软肋之一。

虽然有拼音、手写、笔画等中文输入方式，但离舒适和实用还相去甚远，而且苹果官方还不开放输入法的API（Application Programming Interface，应用程序编程接口），所以App Store（程序商店）中根本就没有输入法的应用程序，因此诸多国内流行的输入法就通过Cydia为国内用户服务。

搜狗拼音输入法是目前国内最流行的汉字拼音输入法之一，具有词库全、词组准、打字快等诸多特点，更有个性化词库和配置信息，可为每个用户分别保存。同类的拼音输入法还有百度输入法、QQ输入法、FIT输入法等，其中FIT输入法还有五笔输入法。

安装

进入Cydia搜索，就能找到不少备选的输入法。搜狗输入法便在其中，然后就可按照Cydia程序的下载安装流程，下载和安装搜狗输入法。

与常规程序稍有不同的是，输入法类程序顺利安装完成后，需要重启设备后才能用。见到安装完成界面后，点击底部重启设备按钮，iOS设备就会自动重启。

重启完成后，还需要进行下一步的设置。

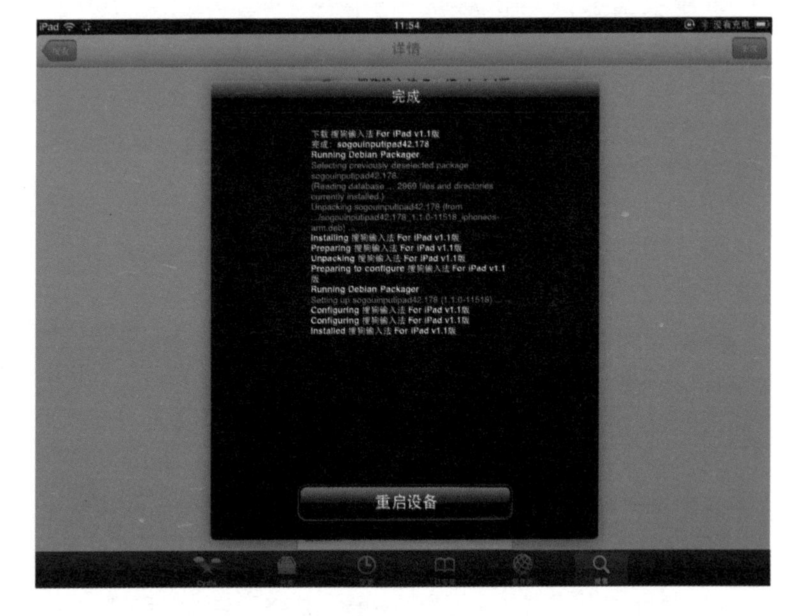

设置

安装完成，还需要添加键盘设置后，输入法才能正常使用。设置路径为设置>通用>键盘>国际键盘。

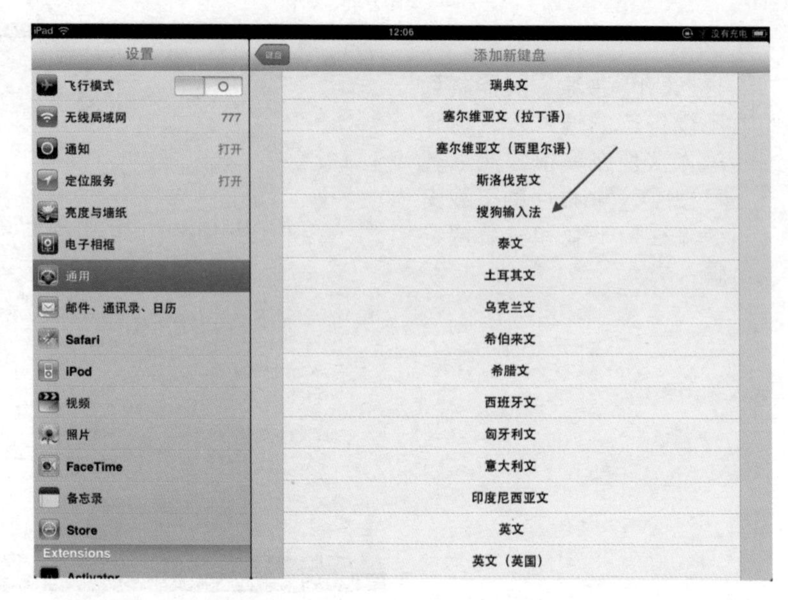

进入键盘设置界面，点击添加新键盘按钮，选择新加入的搜狗输入法，然后退出。

接下来，找到桌面上的搜狗输入法图标，再进一步设置键盘模式、自动联想、按键音、键盘皮肤等内容。

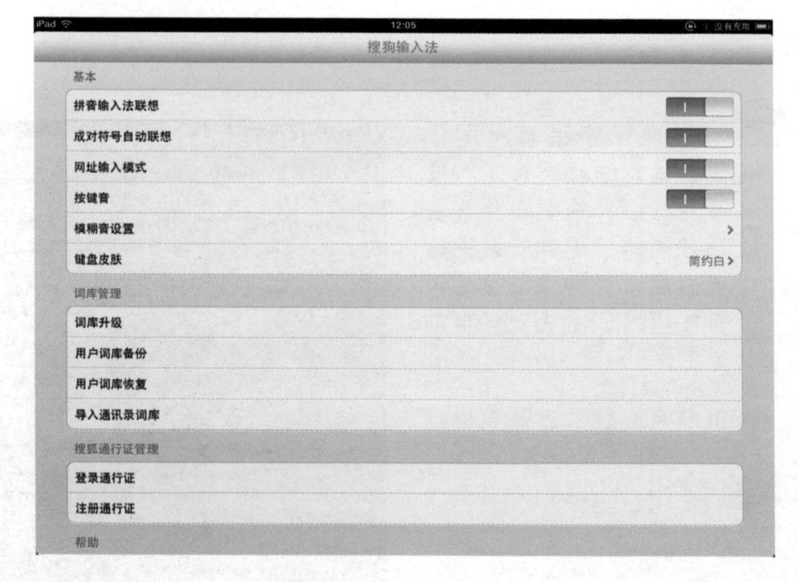

对于搜狗输入法来说，词库管理是其特色。用户可以更新最新词库，比如体育、人名、机械、计算机等各类新名词，也可以进行备份。

此外，还可以登录搜狐通行证，使用自己的“云”词库。

这里建议在添加新键盘后，删除iOS设备原有的拼音和手写输入法，这样可以免去过多输入法的切换烦恼。这里的删除，其实并未真的删除，只是不用了而已。

经过如此多的设置后，搜狗拼音输入法终于可以使用了。

使用

搜狗拼音自然是搜狗拼音输入法的强项，可以自动联想，这符合多数国人的输入习惯，同时也是加快中文输入。

默认情况下，搜狗拼音输入法是中文输入，左下角的拼/英按钮可切换到搜狗英文输入。界面是标准26个字母的英文键盘。

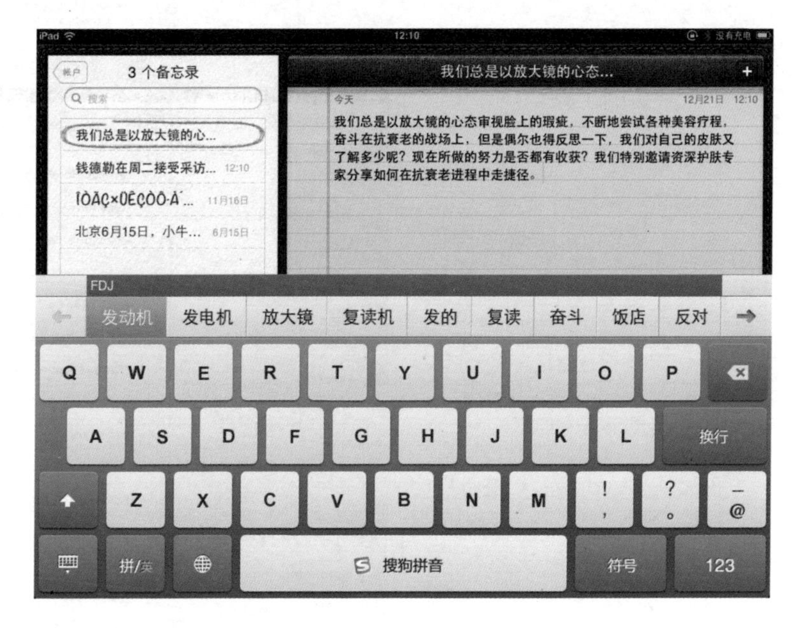

拼音和英文输入状态时，右下角是123按钮，即可切换进入数字输入状态，即在常规键盘顶部出现数字键，即拼音输入时，待选文字的位置。

右下角符号按钮，可以进入更多符号输入键盘，比如表情、网址、图形、数字、拼音等，丰富、快捷。

与搜狗拼音输入法类似，百度、QQ、FIT等输入法，在安装、设置和使用上，大同小异。每个用户可更加自己的输入喜好选择不同的输入法。

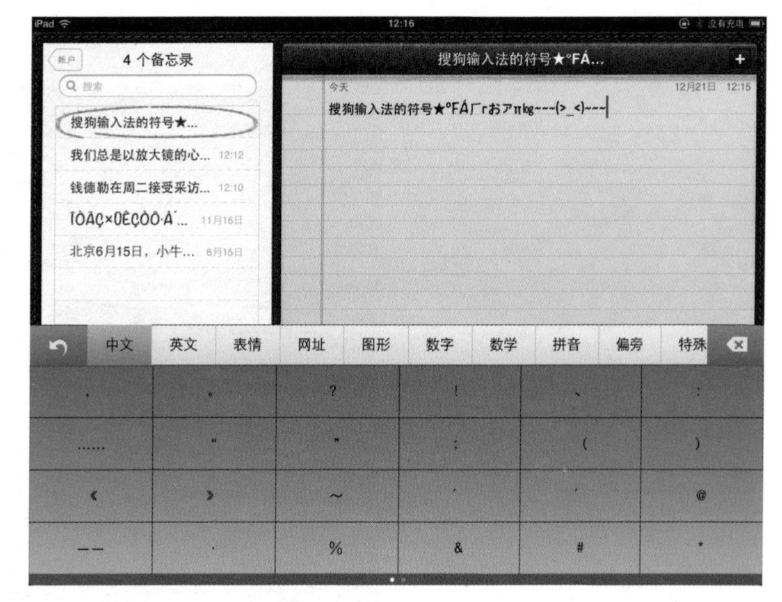

如果需要用五笔，FIT五笔输入法是不错的选择。

Barrel

一改主页的平移切换效果

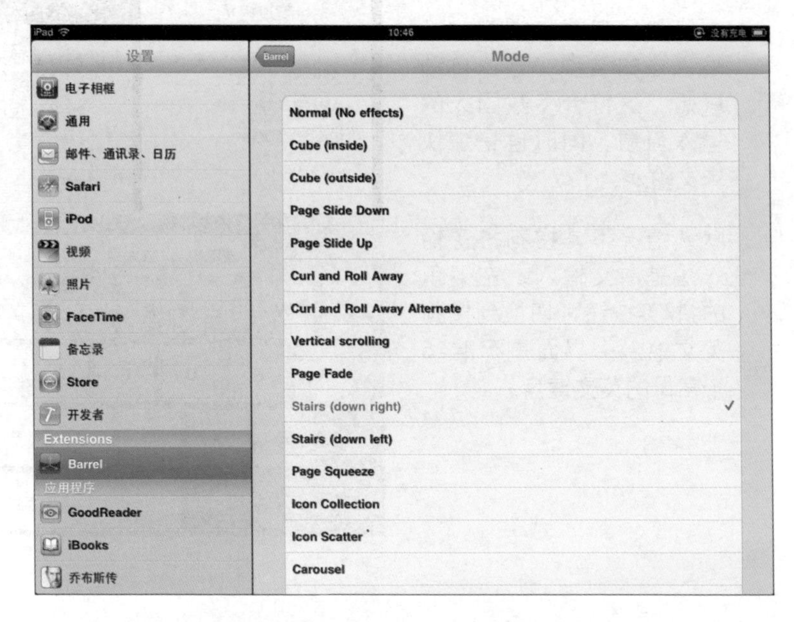

必须承认，有些功能的妙处实在难以用文字来描述，比如Barrel这款主页面切换效果增强程序，意思就是改变手指滑动主页面时的切换效果，可以是2D效果，也可以是3D效果，有一点是共同的：炫。

正如不少Cydia程序，安装完成后，进入设置，然后对Barrel进行效果选择，默认状态下，有18种效果。即使你不认识右侧的英文，那有什么关系呢，选择任意一款，退出来看效果就行，喜欢哪个就用哪个。

比如图中的Curl and Roll Away这种2D切换效果。在页面切换时，每页的图标会自动变成一个圈的形状，然后滚动切换。比起默认的平移效果，是不是炫目不少呢。

又如图中的Carousel和Cube（inside）这2种3D切换效果。前者犹如空间的重叠，从内向外推出；后者像立体方块一样旋转切换。这样有趣的效果，只有亲手尝试，亲眼所见才能领会其中的惊喜。

Barrel这样的程序，给iPad带来了更多的切换效果和乐趣。

SBSettings

更便捷的系统开关组合

SBSettings是Cydia中最为流行实用的程序之一。它本质上就是一组快捷键，帮助快速你开启或关闭iPhone的各项功能和应用程序。

SBSettings的默认开启模式比较特别，需要用手指在顶部状态栏滑动，才能开启，向左向右都行。

打开之后，就是一组类似程序图标的按钮。比如有飞行模式（Airplane）、蓝牙（Bluetooth）、亮度（Brightness）、Wi-Fi（无线网络）等功能开关；也有注销（Respring）和关机（Power）等系统按钮。一按就能打开或关闭，比进入设置要更快。

此外，还能看到自己的IP地址、系统空间（Storage）、剩余内存（Available Memory）等系统信息。

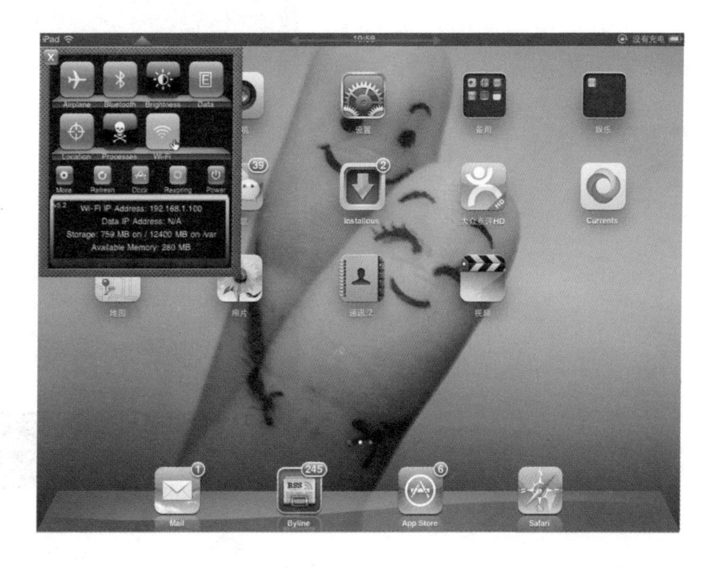

在更多设置（More）中，可以添加更多开关按钮。比如3G、Fast Notes、定位（Location）等。在Cydia中下载的AdBlocker、Display Out等程序，也可以在这里直接开关。

在SBS选项（Options）中，可以对状态栏日期（Statusbar Date）、24小时格式（24hour Time Format）等显示方式进行更改。

更有用的是隐藏图标（Hide Icons）功能，可以对任意程序图标进行隐藏，无论是从程序商店安装还是通过Cydia中下载，还是自己导入安装，都行。比如银行类程序，隐藏后，无疑更加安全。

SBSettings除以上功能外，还能和Activation等手势操作程序配合使用，用起来就更加快捷方便。

iProtect

全力保护你的程序隐私

固然iPad可以设置开机密码，但一旦打开，内部的信息可就一览无余了，特别是某些特殊的应用程序，比如QQ、银行、微博等充满个人信息的程序。是不是有更精准的内容保护程序呢？有，iProtect。iProtect可以为每个程序设置开启密码。

从名字看来iProtect似乎是苹果公司出品的程序，其实它也是通过Cydia下载安装的。安装完成后，第一次打开会提示设置iProtect本身的开启密码。

iProtect核心功能就是保护程序（Locking Application）。进入后，可选择自己想要保护的程序。所有密码都是同一的，即开启iProtect时设置的密码。

在密码管理（Password Management）中可更改这个原始密码。一旦设定后，需要打开锁定的程序，就需要输入密码。

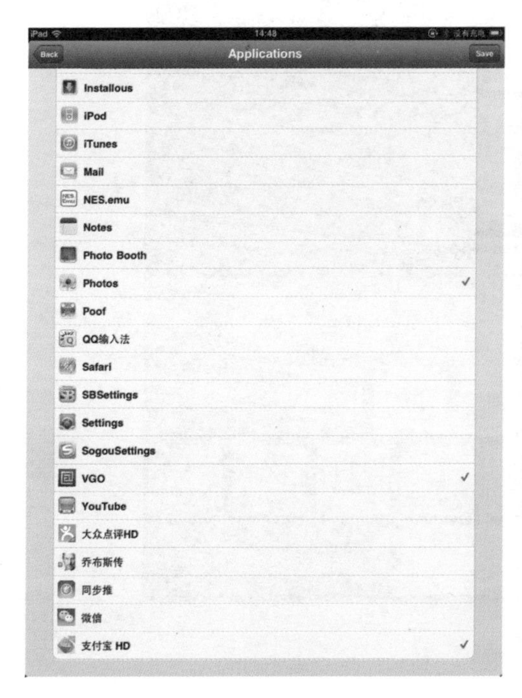

如果你的某些程序有涉及个人隐私的内容，那就可以用iProtect来保护。如果更担心都丢失，那就更需要iProtect了。

Icon Renamer

iPad的图标也可重命名

你是不是遇到过，某个程序的名字太长，无法显示全部的情况，或者想把某个英文名改为中文名、以及缩写，但即使是最新的iOS 5.1，也不能实现这一点。

Icon Renamer（图标重命名）这款程序就是针对这个情况而来的，通过它，就能更改程序图标的名称，改为自己喜欢和熟悉的名字。

操作方法是，按住程序图标，当图标抖动时，再单击图标，这时就会出现改名的界面，中英文都行，改名后，点击Apply（应用）按钮后，就能完成改名。比如图中的搜狗输入法改为了搜狗。

改名操作在Windows操作系统上是很常用的，但在iPad上，却很难实现，必须通过Icon Renamer这样的程序才能完成。

Gridlock

随意放置自己的图标

还是程序图标自定义的问题，比如我想把iPad程序界面上的图标按照自己的想法排列，你会发现，iOS 5仍然不能实现，只能按照默认的先后顺序排列，不能出现空格，也不能随意排列。

Gridlock就是来满足这个需求的，当安装完成后，不需要额外设置，通过常规的方法（长按图标，抖动后移动），就能发现，图标可随意放在自己想放的位置上。

虽然图标仍然是在5×4的范围内，但是已经可以出现如图任意放置图标的效果了，当然还是自动对齐的。

这中排列在Window系统中，也是很容易实现的。特别是程序比较多，类型也很多的时候，根据自己的需要，按位置排列还是有必要的。

Graviboard

让图标幽默一把

除了安装自己的要求排列，程序图标也可以用来玩，想魔术一样的效果。

比如，我可以晃下iPad（需要配合Activator设置），让图标飘起来、沉下去、或者漂浮在屏幕上。即便是Dock（底座）上的4个固定图标也可以参与进来。

挺好玩的，在某些社交场合，炫一下，绝对吸引眼球。

所以说图标可以改名、可以排列，也可以用来娱乐，虽然iOS本身并不具备这些功能，但越狱后的iPad，可就好玩多啦。

Activator

强大的手势设置程序

iPad和iPhone都有很棒的电容触摸屏，比起原先的电阻触摸屏效果要流畅很多，这是一方面。但另一方面，有系统和程序的配合，才能使之能发挥作用。

iOS系统自带了不少触摸手势，比如滑动、平移、拖动、长按等，最新的iOS有三指、四指、甚至五指的操作，但有人认为这还不够，因此就有了Activator。

通过Activator的设置，我们能够通过简单的手势动作，方便地开启多种功能和程序。和多数Cydia程序不同，Activator既有程序图标，也有设置命令。

Activator配置有3个内容：在哪里、怎么操作和干什么。比如在设置主屏幕状态下，晃动设备，设定为打开iPod程序。

又比如在锁屏界面时，从屏幕底部向上滑动，设定为乔布斯传这本电子书。

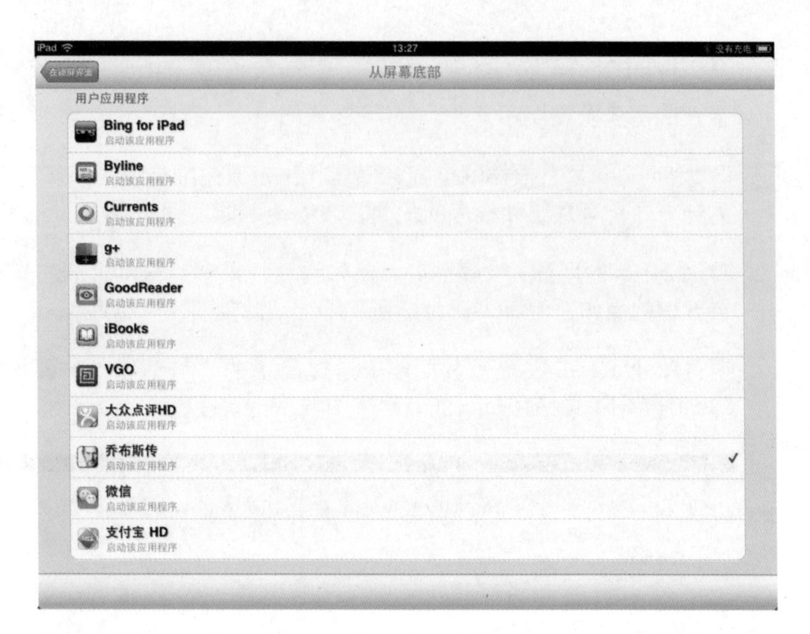

这个干什么的动作，可以是系统的某项功能，比如锁定屏幕、截屏、关机、拍摄屏幕快照、重新启动、注销等；也可以是打开某些应用程序，无论是通过何种途径安装的。

苹果公司新的iOS 5，在手势操作方面，也从这款程序得到了一些启发。就个人而言，有这个的手势操作程序，不亦快哉。其实Cydia中很多程序都会用到Activator。

iFile

iPad上的资源管理器

iFile是一款文件管理程序，可在不用连接个人电脑的情况下，实现iPad上文件的查看、复制、粘贴、删除等功能，正如Windows上的资源管理器。看似不起眼的功能，在iPad上原本是无法实现的。

这样的文件夹和文件列表，在Windows和Mac OS X的操作系统中，都是最常见的。在iPhone中，只有安装了iFile，才能看到这些。

对于这些文件，你可以进行删除、剪切、邮件发送、甚至可以进行压缩操作。更多设置，可以通过左下角的设置按钮进行。

这些文件，还可以通过iFile或者Celeste（一款通过蓝牙发送文件的Cydia程序），直接发送给周边好友。当然，在这里也还可以查看和编辑文件属性，比如名称、所有者、组、权限、修改日期等，并选择打开方式。

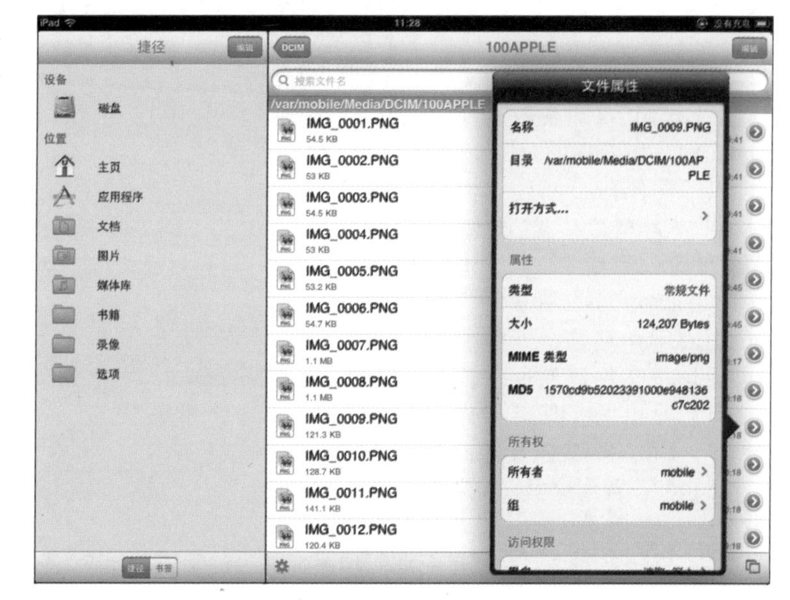

如果要让iPad成为一个无线U盘，在Wi-Fi的情况下，可以点击Wi-Fi按钮，网页服务器就能自动搭建，在网页浏览器（比如IE、FireFox等）中输入显示的提示“http://192.168.1.100：10000”，就能登录你的设备，实现文件传输，上传和下载都行，正如以前的FTP服务器似的。

有趣的是，iFile还可以绑定Dropbox（一款杰出的文件在线备份和分享程序，具体设置在主页的设置按钮中），这样就能很方便地保存和下载文件了。

比如要上传一个图片文件到Dropbox，点击选择该文件（如图中的IMG_0006.PNG文件），然后点击复制或者剪切，就能像在Windows系统中一样，进入你的Dropbox文件夹后，点击右下角粘贴，就能很方便地把文件复制过来，即可以马上同步保存和分享了。Dropbox中的文件，自然也能下载到这里来。

iFile，让iPad拥有了自己的资源管理器，并且还集成Dropbox，非常实用。

FolderEnhancer

增强文件夹功能

从iOS 4开始，iPad具备的文件夹功能。在这之前，Cydia中就有Categories这款程序能实现文件夹功能。但即使iPad具备的文件夹功能，Cydia中仍然有更强的补丁程序，让文件夹功能变得更强大。

比如iOS的默认文件夹中，最多只能放入12个程序图标；而且文件夹中不能再放入文件夹。但装了FolderEnhancer，这一切就都能解决了。

如图所示，备用文件夹中有娱乐文件夹，即文件夹中，还可以继续放文件夹，而且每个文件夹可放入多达320个程序图标。即使如此，打开和关闭的速度也都很快，动画也非常流畅。

FolderEnhancer还有更多的设置，比如外观、动作等。外观中包括文字颜色、文件夹背景、背景颜色、边框、圆角等，让文件夹更有特点。

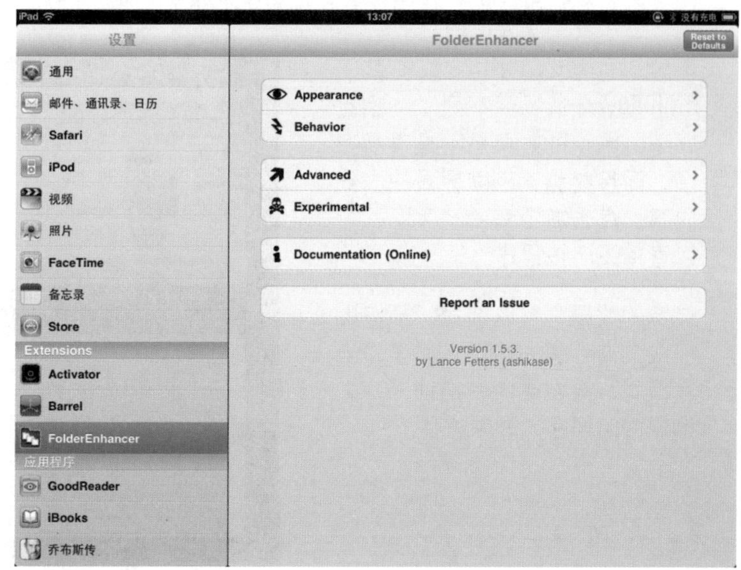

图示生活方式文件夹中，标题是橙色的，边框是绿色的。高级设置中，还可以开启文件夹动画，使之更流畅。

如果文件中，有超过20个图标，主屏幕的切换效果（此前安装了屏幕切换效果程序Barrel），同样可以用在文件夹中。

如果你的iPad有超过50款应用程序，那就很需要文件夹功能了；如果超过100款，FolderEnhancer就能发挥文件夹的分类功能了。

Multifl0w

华丽的后台程序切换

Multifl0w是一个华丽的后台切换程序。在iOS 4之前，iPad只能退出一个程序才能进入下一个程序；iOS 4发布后，有了一个后台切换方式，即双击屏幕底部Home键，进行选择切换。但这种方式，其实和退出程序，在选择新程序没太多区别，但iOS 5仍然沿用了这种方式。

不过，你从Cydia中下载安装了multifl0w，情况就不同了。相比之下，图示的效果是不是直观多了，而且能浏览不同界面的大致内容。点击右上角的“×”，可以直接关闭该程序。

显示的效果，可以选择。预览图模式或卡片模式均可。如果是卡片模式，向右或向右拖动卡片，也能关闭程序，非常方便。

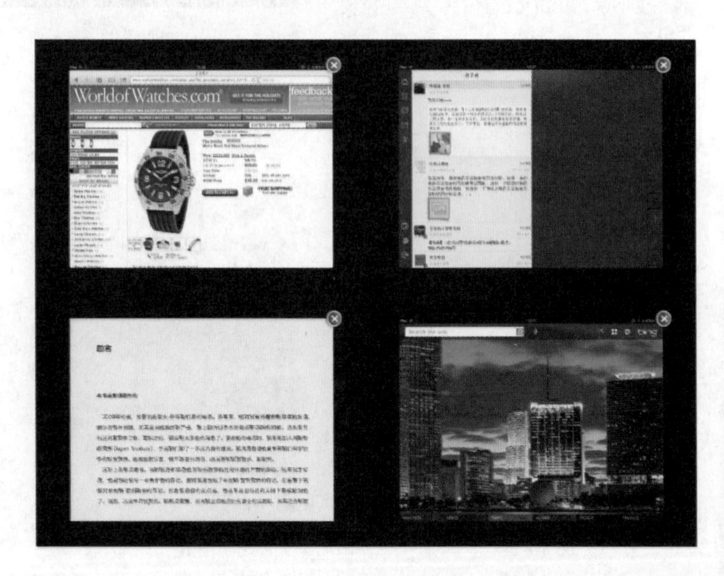

在设置中，可以对Multifl0w进行细节设置，重点是Activator，这涉及如何进入上图的切换界面，即设置中的激活方式（Activation Methods）。比如图中选择单击顶部状态栏（Single Tap）。

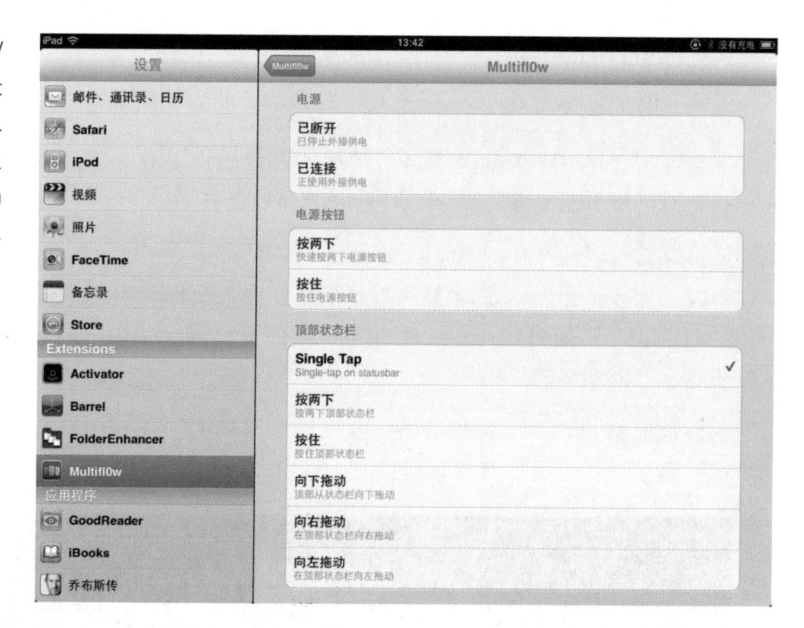

在预览图模式下，还可以拖动标签重排；切换背景可以设置为系统壁纸。虽然这些内容，对切换本身没有太多影响，但这里还是可以根据个人喜欢进行设定。

图示截图是中文版，那是因为为Multifl0w安装的汉化包的缘故，汉化包同样在Cydia中搜索下载和安装。

很多Cydia程序在使用时，都会用到Activator，以激活其重要功能。像Multifl0w这样常用的功能，设置一个习惯的手势，非常关键。

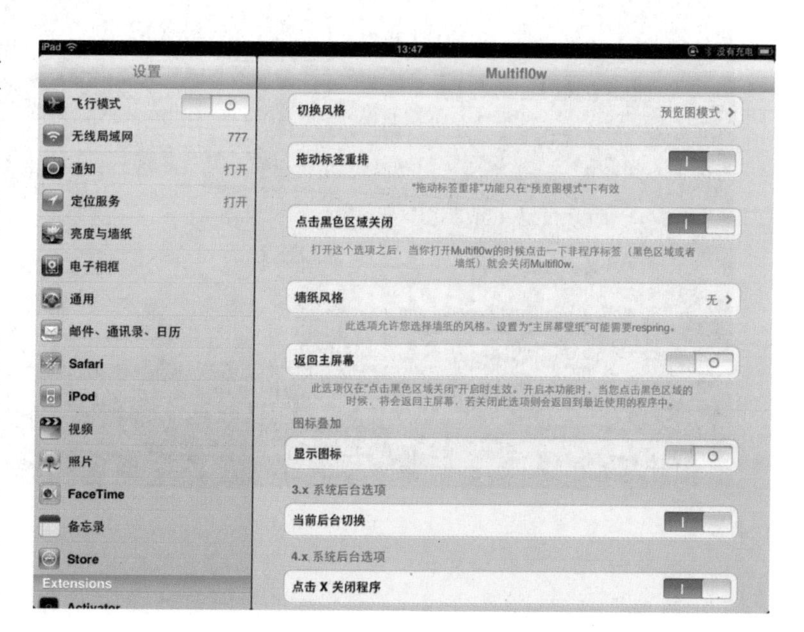

NES Emulator

模拟儿时的经典游戏

不用多说，iPad本身就是一台非常棒的游戏机，其在游戏市场具有震撼性的影响力。传统的老牌游戏厂商如任天堂，已充分感受到iOS设备在游戏市场上的侵略性，但至今仍拒绝给iOS平台开发游戏。

不过，有趣的是，Cydia中有一款模拟器，叫NES Emulator，它能让iPad玩上任天堂红白机时代的经典游戏，比如超级玛丽、魂斗罗、冒险岛、霸王大陆、坦克大战等。这些游戏，是多少80后年轻人儿时所痴迷的游戏。

界面顶部游戏界面，底部是传统的操作手柄界面，即方向键、AB键和Select（选择）、Start（开始）键。当然也可以选择横屏模式，操作界面和游戏界面有点重合，不过不影响游戏。

安装完成后，本身并不具备游戏。游戏需要从网站上下载，比如http://51nes.cn/、http://www.buplay.com/等。下载完成后，解压缩，得到后缀名为NES的文件，通常是几百K。然后用同步助手等PC端工具，把这些文件导入到iPhone中，任意文件夹均可，只要你能找到。

这样，打开NES Emulator后，通过Load Game（导入游戏），找到存储游戏的文件夹，把游戏导入模拟器，就能开始玩了。

见到这样的画面，是不是有点等不及了呢。儿时那些不容易找到的游戏，比如双截龙、1942、超级玛丽等，如今在互联网上都很容易找到，而且如今可以通过iPad，随身携带。

除了NES Emulator，其实还有mame4iphone，可以模拟经典的街机游戏，如三国志、铁钩船长、豪血寺一族等；还有Game Boy Advance Emulator，可以模拟掌上游戏，如快打旋风、伊登战机、炸弹人传说等。

是的，有Cydia的iPhone的都能实现。

aTimeTool

定时工作的执行者

aTimeTool是一款定时工作程序，它可以根据预先设定的时间，自动打开及关闭iPad的某些功能，比如飞行模式、Wi-Fi、某些程序等，且允许你按照星期来重复。稍微可惜的是，aTimeTool并没有针对iPad，提供专门的HD版，但不要忘了，iOS的程序，其实是可以兼容的。

最让人心动的，aTimeTool可以实现让iPad自动关机和开机。听上去，有点不可思议，但确实能做到。这样就能可以节省电力，让iPad的电力更持久！

如果你希望工作日每天晚上23:50分自动关机，早上6:30自动开机；周末你想多睡一会，每天23:59分自动关机，早上9:00自动开机，就可以如图设置，系统服务选的是“电源”。

此外，还能对飞行模式、Wi-Fi（无线）、静音、通知、定位、邮件推送等系统服务设置定时任务。

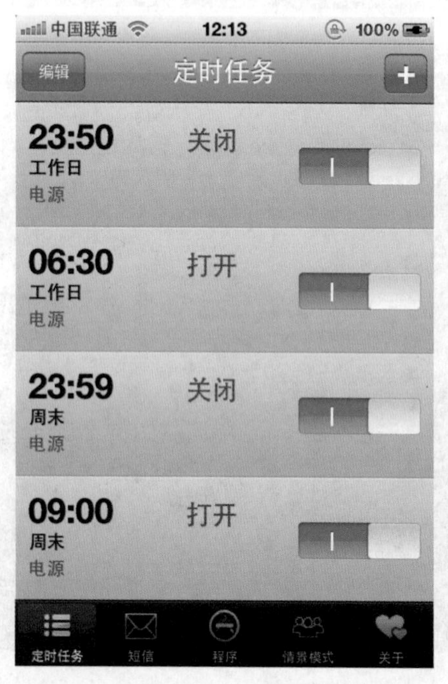

我想每天早上给两个朋友发送一条恶搞短信（通过iMessager来发），直到忍无可忍，就这里在这里设置短信功能。时间、内容等设定好之后，就能自动工作了。又比如，我想在周末早上9点的时候，自动开启IRadioChina这款收音机程序，可以通过程序板块来设置自动开启和关闭的时间。

有些特殊情况，比如在每天7点之后，我想设置呼叫转移；或者在22点之后，更改系统铃声为Bark，短信提示音为Anticipate，并降低音量，都能在aTimeTool中进行设置。

在使用aTimeTool时需要注意两点，自动关机后请不要再按顶部的电源键，否则会导致iPad无法定时开机；如果要定时开关Wi-Fi（无线）和蓝牙，需要事先在iPad设置中开启这两项功能。

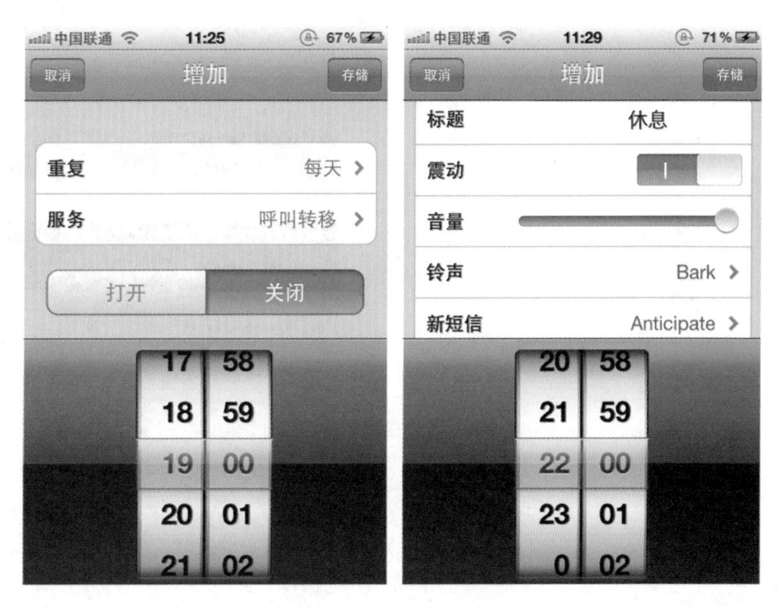

aTimeTool是我最常用的Cydia程序，它每天都能提供贴心、准时的开机和关机服务，以及其他的定制服务。

Chronus

程序数据备份和还原高手

为重装iOS固件后，各程序的即时数据不在了而发愁吗？比如iBooks中已导入的图书、随手记中的个人财务记录、QQ的聊天记录、各游戏的进度数据等，因为这些内容，在系统或软件重新安装后，都丢失了。Chronus和aTimeTool一样，暂时没有专门的iPad版，但功能在iPad上一样能用。

现在有了Chronus，游戏存档和程序数据备份就不再是难题。打开该程序后，可以对任意程序数据进行备份。

图中有绿点的程序，就是已经备份过，比如新浪公开课、百度地图等。同一款程序，可以多次备份。

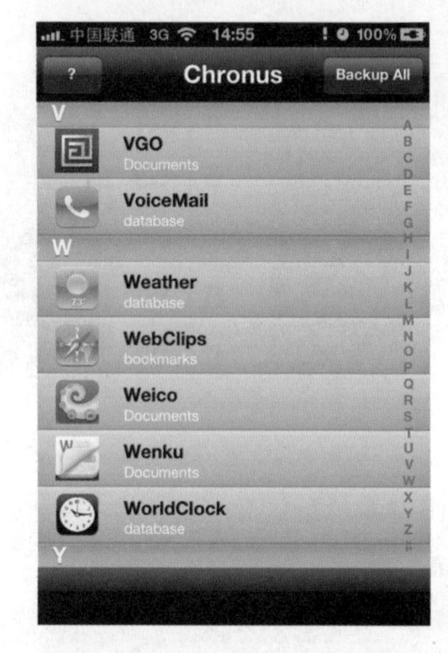

如果想一次备份所有程序，右上角备份全部按钮（Backup All）就能搞定。

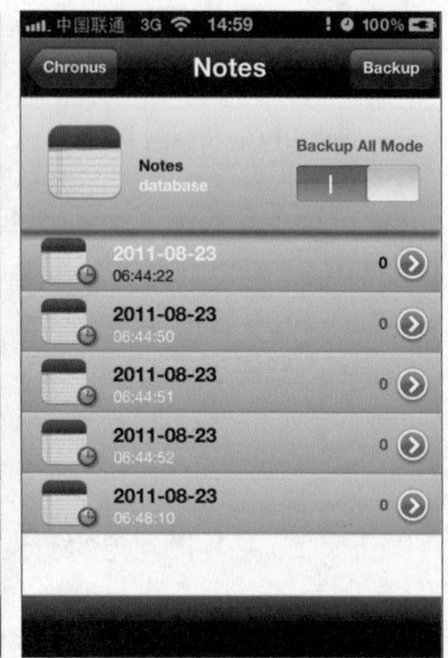

所有的备份数据都存储在iPhone和iPad的如下文件夹中/private/var/mobile/Library/Preferences/TimeCapsule。备份后，可以通过iFunBox、91手机助手、iTools等工具的文件管理功能，导出到个人电脑上，进行备份。

重装完成后，把内容再导回到上述文件夹中，就能进行数据还原了（Restore）。

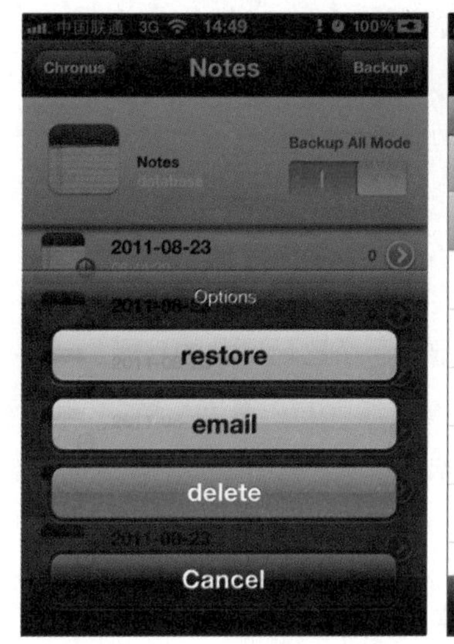

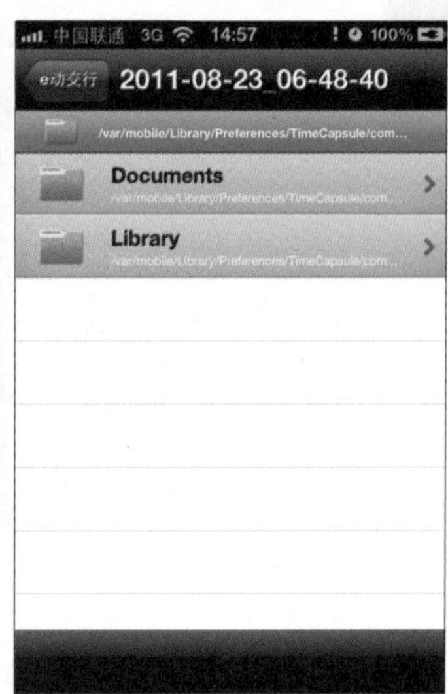

这样的数据还原功能，是每个用户所需要的，但iTunes并不具备。对于珍贵的个人数据，用Chronus来备份，非常合适。如果你已经非常熟悉iCloud了，那么，iCloud也是有这个功能的，只是不是那么直观。

Cydia程序推荐

除了上文详解的程序之外，还有相当多实用的程序。下面列举了30款，或许也能让你的iPad变得更加与众不同。

Alphacon：改变应用程序图标的透明度，直至消失不见。

Android Delete：像Android系统一样的方式删除图标。

AndroidLock XT：模仿Android的锁屏效果。

Animate Battery：动画显示电池状态。

Appflow：可以去掉图标右上角的红色更新提示数，一切清净。

Auto3G：锁屏状态下自动关闭3G服务，开启屏幕后又能自动启动，可节省电量和流量。

BiteSMS：增强短信工具，收发短信更容易。

Bytafont：用它来美化系统字体。

Camera Wallpaper：在背景上显示相机所拍摄的画面。

CyDelete：像删除普通程序一样删除通过Cydia安装的程序。

Flipover：盖住屏幕后，自动关闭屏幕，翻开后又会自动打开。

FullScreen for Safari：让Safari能够全屏显示。

Infiniboard：解除同一屏幕页面的图标数量限制，可上下卷动。

Infinidock：增加Dock（底座）上的程序图标数量，最多可以20个，可翻页。

Insomnia：锁屏时，Wi-Fi不会断开。

ListLauncher：在搜索页面显示所有已经安装的程序。

Lockinfo：超强的锁屏工具组，有非常丰富的扩展。

Lockscreen Clock Hide：锁屏时钟隐藏，界面更加简洁。

MultiIconMover：管理屏幕上的图标时，可以批量移动图标。

Pagenames：在每一页屏幕上加上页码和名称。

Pagepreview：让iPad拥有更绚丽的切换效果。

PagePusher：同样可以设定屏幕的翻页特效。

Pull to Refresh Safari：在Safari下拉窗口，可以刷新页面内容。

Remove background：可一键关闭后台运行的所有程序。

RetinaAppIcons：将桌面图标转换成高质量图标。

Safari Download Manager：让Safari能有下载各种数据资料。

Stayopened：在 App Store（程序商店）下载程序时不会退出。

Synchronicity：要同步时候还可以使用手中的iPhone，就靠它。

Tab+：解除Safari最多同时开九个网页的限制。

WeatherIcon：可以让天气图标直接显示温度。

如果看完文中提及的50多款Cydia程序，你还觉得意犹未尽，那么可以直接在Cydia中添加更多源，尽情探索了。

本书的主旨是免费玩转iPad，但其实整个过程并不真正免费。iPad本身不是免费的，多数程序也不是免费的，你的宝贵时间更不是免费的。

如果本书一定程度上帮助你更快地实现了让手中iPad更好用的初衷，节省了更多“折腾”的时间和精力，有了更多“免费”的时间享受阳光与生活，那么本书也算达到目的了。

三代 iPad 硬件参数对比

一起来看看iPad的升级历程，看看它的变与不变。

型号		The New iPad	iPad 2	iPad 1
图片				
屏幕尺寸		9.7英寸		
价格	Wi-Fi版	3688元/4488元/5288元	3688元/4488元/5288元	3988元/4788元/5588元
	3G版	4688元/5488元/6288元	4688元/5488元/6288元	629美元/729美元/829美元
容量		16GB/32GB/64GB		
处理器		苹果A5X 双核心，主频1GHz 四核心图像处理器	苹果A5双核处理器，主频1GHz 双核心图像处理器	苹果A4处理器，主频800MHz 单核心图像处理器
RAM		1024MB	512MB	256MB
显示屏		IPS多点触控显示屏		
分辨率		2048 × 1536	1024 × 768	
摄像头		配置前、后两个摄像头 (后摄像头为500万像素， 带背照式感光组件)	配置前、后两个摄像头	无
电池容量		42.5Wh	25Wh	
续航时间		续航时间10小时，待机时间1个月		
机身尺寸		241.2 × 185.7 × 9.4mm	241.2 × 185.7 × 8.8mm	242.8 × 189.7 × 13.4mm
重量		652g(Wi-Fi版)/662g(Wi-Fi+3G版)	601g(Wi-Fi版)/607g(Wi-Fi+3G版)	680g(Wi-Fi版)/730g(Wi-Fi+3G版)
无线通讯		Wi-Fi/3G/4G	Wi-Fi/3G	

注：The New iPad的价格是参照了iPad 2在国内的售价而定的。iPad 2有黑白两种颜色可选，Wi-Fi版和3G版都有；而iPad 1只有黑色，且其3G版未在中国大陆正式发售。

跋

4G，更快的无线网络。

好像3G在我们这里还没有大规模普及呢，今年全新iPad就带来了4G，好在同时也支持3G制式的无线网络。

至于在未来的1～2年，中国移动、联通和电信，到底采用什么样的制式，到底谁最早推出，到底谁将主导4G网络，这其实都不是用户真正关心的。大家关心的，其实都很简单：网速够快吗？传输稳定吗？覆盖面够广吗？价格够实惠吗？

终有一天，高速、稳定、全覆盖、实惠的无线网络会像空气一样弥漫在我们周围，也像空气一样不可或缺。

更快速的无线网络（4G或更快），其实也就意味着更清晰的画面（图片、视频、网页）。对于像全新iPad这样的电子设备，如今已经支持4G（下载速度可达100Mbps）网络，从另一个角度上来说，它和Retina屏幕一样，为我们开启了一个更清晰的世界。

3G已经来了，4G还远吗？